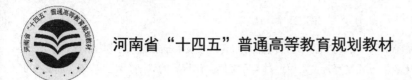

河南省"十四五"普通高等教育规划教材

U0161930

网络工程案例教程

（第2版）

主　编　姚汝贤　耿红琴

副主编　刘直良　宋三华　王娟娟

　　　　周书臣　李景富

电子工业出版社·

Publishing House of Electronics Industry

北京·BEIJING

内 容 简 介

本书以专业教学大纲为指导,以"培养具备一定应用能力的高素质技术技能型人才"为目标,基于"案例引导、任务驱动"的案例化教学方式编写,主要通过对实际案例实现步骤的详细介绍,使读者能够在实际操作中领会和掌握基本的理论知识及应用技能,体现了"基于实际工作过程所需",实现了"教、学、做"一体化的教学思想。

全书共分为 8 章,主要内容包括网络工程概述、局域网组建、网络互联、网络综合布线、网络服务与应用、小型企业局域网组建、网络安全、网络管理与维护。

本书可作为应用型本科院校计算机专业、电子商务专业和通信类专业学生的教材,也可作为读者自学计算机网络工程的入门指导书。

图书在版编目(CIP)数据

网络工程案例教程 / 姚汝贤,耿红琴主编. —2 版. —北京:电子工业出版社,2022.8

ISBN 978-7-121-44367-1

Ⅰ. ①网… Ⅱ. ①姚… ②耿… Ⅲ. ①网络工程－高等学校－教材 Ⅳ. ①TP393

中国版本图书馆 CIP 数据核字(2022)第 183017 号

责任编辑:祁玉芹　　　特约编辑:田学清

印　　刷:中国电影出版社印刷厂

装　　订:中国电影出版社印刷厂

出版发行:电子工业出版社

　　　　　北京市海淀区万寿路 173 信箱　　　　邮编:100036

开　　本:787×1 092　　1/16　　印张:19.25　　字数:492.5 千字

版　　次:2015 年 11 月第 1 版

　　　　　2022 年 8 月第 2 版

印　　次:2022 年 8 月第 1 次印刷

定　　价:59.00 元

凡所购买电子工业出版社图书有缺损问题,请向购买书店调换。若书店售缺,请与本社发行部联系,联系及邮购电话:(010)88254888,88258888。

质量投诉请发邮件至 zlts@phei.com.cn,盗版侵权举报请发邮件至 dbqq@phei.com.cn。

本书咨询联系方式:(010)68253127。

前　言

本书自 2015 年出版以来，深受读者的喜爱，尤其是一些热心的兄弟院校和读者主动联系我们就本书内容给予了不少建议和意见。2020 年，河南省教育厅发出《关于开展河南省普通高等教育"十四五"规划教材建设工作的通知》，编者为落实该通知精神，结合读者反馈和使用体会，决定对原书进行修订。

第 2 版仍坚持面向应用型人才培养，坚持面向普通高等院校学生，力争紧跟计算机网络技术的新发展，使用大量的实际工程案例辅助教学，以便学生能够具备实际工程能力。

本书内容涵盖了计算机网络的基本原理和实际工程应用所需要的技术基础知识，按照网络工程概述、局域网组建、网络互联、网络综合布线、网络服务与应用、小型企业局域网组建、网络安全、网络管理与维护等顺序把相关技术基础、网络协议、设备安装与调试、网络工程设计等方面的知识结合在一起，并利用典型案例加深知识理解，强化动手能力。

修订版内容在原有理论知识没有大变的情况下，采用新的华为技术和目前流行的服务器技术来解决网络工程问题。全书共分为如下 8 章。

第 1 章：网络工程概述，主要介绍计算机网络与网络工程、计算机网络体系结构、传输介质、网络互联设备、网络工程的构建原则等知识。

第 2 章：局域网组建，包括家庭局域网组建、办公室局域网自建及学校宿舍无线局域网组建。

第 3 章：网络互联，通过案例介绍网络规划的基本步骤、组网的一些核心技术及 VLAN、DHCP、NAT、OSPF、IPSec VPN 等技术的应用，主要采用华为网络技术来解决实际问题。

第 4 章：网络综合布线，主要介绍综合布线的标准及设计要点、综合布线各子系统的功能、综合布线系统及其优点、综合布线的施工和验收过程及应注意的事项。

第 5 章：网络服务与应用，主要介绍主流服务器的配置与管理，采用 Windows Server 来实现 Web 服务、FTP 服务、邮件服务、DHCP 服务、远程控制技术等服务器配置技术。

第 6 章：小型企业局域网组建，主要介绍网络工程的整个流程，包括网络规划、网络方案设计、工程项目管理、工程监理等。

第 7 章：网络安全，介绍网络信息安全基本方法及计算机网络安全基本技能，主要介绍 Windows 账户安全配置、破解 FTP 用户名和密码等热点应用。

第 8 章：网络管理与维护，主要通过网络管理与维护中的一些实际案例来介绍网络管理与维护的基础知识。

本书由姚汝贤、耿红琴任主编，刘直良、宋三华、王娟娟、周书臣、李景富任副主编。第 1、2 章由王娟娟编写，第 3 章由宋三华编写，第 4、6 章由李景富编写，第 5 章由周书臣编写，第 7、8 章由刘直良编写。全书由姚汝贤、耿红琴两位教授统稿审核。此外，特别感谢华为技术培训部夏颖老师，感谢她在百忙中为我们提供技术支持。

虽然编者想尽最大努力把网络工程中的核心知识和经典案例呈现给大家，但由于时间和水平有限，本书中难免有不妥之处。欢迎各位同行、读者给出宝贵意见，我们将不胜感激。

编者

目　　录

第 1 章　网络工程概述

▌▌教学目标

通过本章的学习，学习者应能理解计算机网络的基本概念和组成，了解计算机网络的主要传输介质与互联设备，掌握计算机网络的体系结构，并能描述每一层的主要功能，理解数据在网络各层中的传输及其技术实现，了解网络工程的构建原则。

▌▌教学内容

本章主要介绍计算机网络的基本概念和组成、计算机网络的传输介质与互联设备、计算机网络的体系结构、网络工程的构建原则等，主要包括以下内容。

（1）计算机网络的基本概念。
（2）OSI 参考模型与 TCP/IP 参考模型。
（3）双绞线的结构与制作。
（4）交换机、路由器的基本工作原理。
（5）网络工程的构建原则。

▌▌教学重点与难点

（1）网络的体系结构与协议。
（2）TCP/IP 参考模型及数据在网络各层中的传输过程。
（3）交换机、路由器的基本工作原理。

1.1　计算机网络与网络工程

1.1.1　计算机网络的基本概念

计算机网络是指把地理位置分散、具有独立功能的计算机，通过网络和通信技术连接起来，实现数据通信和资源共享的系统。

1. 两级结构模式

按照网络组织的两级结构模式把计算机网络划分为资源子网和通信子网。资源子网由计算机系统、I/O 设备、各种软件和数据资源组成，承担着整个网络的数据处理任务，向用户提供各种资源和网络服务。通信子网由通信硬件和通信软件组成，其功能是提供通信手段和通信服务。

两级结构模式的计算机网络以资源共享为主要目的，这种网络结构设计简单，把资源子网和通信子网分离，使得这两个部分都可单独设计，从而简化了整个网络的设计。两级结构模式的计算机网络可以搭载已有的公用服务网络，以减少投资成本。

2．计算机网络的基本功能

数据通信是计算机网络的基本功能，资源共享是计算机网络的核心。

（1）数据通信。

数据通信用来实现计算机与终端或计算机与计算机之间传输各种信息，利用这一功能，地理位置分散的数据终端或计算机可通过计算机网络连接起来进行集中的控制和管理。

（2）资源共享。

资源共享包括软件资源和硬件资源的共享。共享的软件资源包括程序、文件和数据等。利用计算机网络共享硬件设备可以避免重复购置，提高设备的利用率。

1.1.2　网络工程的基本概念

工程指的是以相关给定的目标为依据，应用有关的科学知识和技术手段，通过有组织的活动实现事务的管理过程，基于这种管理方式可以构建和维护有效的、实用的和高质量的项目。

计算机网络工程指的是，为达到一定的网络设计目标，根据相关的网络构建规范或标准，基于工程管理的步骤详细地进行网络的规划，按照实际可行的规划方案，构建实际所需计算机网络的过程。一个可行的网络工程方案要具备三个基本特征，即充分满足应用需求、具有较高的性价比、最大限度保护用户的投资。

一个完整的计算机网络工程的实施包括如下几方面内容。

1．网络规划与设计

网络规划包括需求、管理、安全性、规模、结构、互联、扩展性等方面的分析；网络设计包括拓扑结构设计、地址分配与聚合设计、冗余设计等。

网络工程是一项复杂的系统工程，不仅涉及很多技术问题，还涉及管理、组织、经费、法律等其他问题，因此必须遵守一定的系统分析与设计方法。生命周期法就是一种有效的网络规划设计方法。网络的生命周期包括可行性研究、分析、设计、实施、维护与升级五个阶段。

2．网络工程的组织实施

网络工程的组织实施包括工程组织及其建设方案、组织结构、工程的监理与验收、网络技术、网络设备、操作系统、网络管理系统、数据库、防火墙、ISP（Internet服务提供商）的分析与选型、综合布线、系统集成、Internet接入等。

3．网络综合布线系统

网络的综合布线系统是一个模块化、灵活性极高的建筑物或建筑群内的信息传输系统，是建筑物内的"信息高速公路"。一个良好的综合布线系统对其服务的设备应具有一定的独立性，并能互联许多不同的通信设备，且支持视频会议、监视电视等图像系统。综合布线系统一般采用星状拓扑结构，该结构下的每个分支子系统都是相对独立的单元，对每个分支子系统的改动不影响其他子系统。

4．网络管理与维护

网络管理与维护的主题涉及：网络管理功能，包括配置、性能、故障、计费、安全管理；网管系统逻辑结构，包括逻辑模型的组成、Internet 管理逻辑模型；SNMP 协议的管理模型、鉴别机制、委托代理、通信过程；网络维护的任务、准备、方法和工具软件；各种网络设备和链路常见故障的排除；网络管理集成化、分布式、智能化等新进展。

1.2　计算机网络体系结构

计算机网络是由多台独立的计算机和各类终端通过传输媒体连接起来相互交换数据信息的复杂系统，相互通信的计算机系统必须高度协调地工作。计算机网络体系结构从整体角度抽象地定义了计算机网络的构成及各个网络部件之间的逻辑关系和功能，给出了协调工作的方法和计算机必须遵守的规则。

1.2.1　网络的体系结构和协议

代表现代计算机网络的计算机网络体系结构是按结构化方式进行设计的，分层定义了网络通信功能，制定了各层的通信协议标准。每一层都建立在它的下层之上（除了底层）。每一层在逻辑上相互独立，且都具有特定的功能。不同的网络体系结构，其层次的数量，各层的名字、内容和功能会有所不同。然而，在所有的计算机网络体系结构中，每一层的目的都是向上一层提供一定的服务。

计算机网络的层次模型摒弃了传统的面向传输硬件的网络概念，非常适用于以业务为基础的现代网络。它使传输网成为一个独立于业务和应用的灵活、可靠和低成本的基础网，专门用于信息位流的传输。在此基础平台之上，我们可以组建各种各样的业务网，从而适应各式各样的业务和应用的需要。

计算机网络上的数据通信发生在不同系统的实体之间。实体是指能发送和接收信息的任何物体，如用户应用程序、进程、浏览器、电子邮件软件、数据库管理系统等。系统则是指一个物理的物体，可以是计算机、终端设备、网络设备等。系统中一般存在多个实体。

两个实体要成功地交换信息就必须具有同样的语言。交换什么，怎样交换及何时交换，都必须遵从互相都能接受的一些规则，这些规则的集合称为协议。协议主要由说明数据格式和结构的语法、定义数据每一位意义的语义、描述事件实现顺序的时序关系三个部分组成。

每个协议都有特定的目的，所以各个协议的功能是不一样的。但是有一些功能会经常出现在不同的协议中，如差错检测和纠正、对数据的分块和重组、为数据块编号排序、发送和接收速度的协调匹配等。协议的设计过程通常要考虑网络系统的拓扑结构、信息的传输量、所采用的传输技术、数据存取方式，还要考虑其效率、价格和适用性等问题。

在组建网络的过程中，考虑到网络设备各方面的特性，用户会要求把不同厂商生产的设备互联在一起。为使这些设备相互间能正常交换信息，各个生产厂商都要遵守预先制定的标准，以保证设备间协同工作的能力。尽管标准有时会延长产品的开发时间，降低设计的灵活性，但是来自用户的需求使工业界认识到使用标准的必要性。目前，标准已被网络设备的制造者接受，并正在起到促进技术发展的作用。

1.2.2　OSI 参考模型

为了使不同体系结构的计算机网络都能互连，国际标准化组织（ISO）在 1977 年成立了专门机构研究该问题。他们提出了一种试图使各种计算机在世界范围内互连成网的标准框架，即开放系统互连参考模型 OSI/RM（Open Systems Interconnection Reference Model），又称为 OSI 参考模型，即 ISO 7498:1984 国际标准。

OSI 参考模型是连接异种计算机的标准框架，为连接分布式的"开放"系统提供了基础。"开放"就是指遵循 OSI 标准后，一个系统就可以和其他遵循该标准的系统进行通信。

OSI 标准在制定过程中采用了分层的体系结构方法，即将一个庞大而复杂的计算机互连问题划分为若干个较容易处理的范围较小的问题。ISO/OSI 的七层网络体系结构如图 1-1 所示。各层根据其功能，分别称为物理层、数据链路层、网络层、传输层、会话层、表示层和应用层。

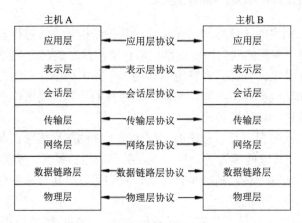

图 1-1　ISO/OSI 的七层网络体系结构

物理层建立在物理媒体上，是 OSI 参考模型的底层，负责在物理媒体上传输数据位。所有的通信设备、计算机等均需要用物理媒体互连起来，因此物理层是组成计算机网络的基础。物理层的功能是通过物理媒体，建立、维护和拆除实体之间的物理连接，实现实体之间的位流传输，向数据链路层提供透明的位流传输服务。

数据链路层主要的作用是通过一些数据链路层协议，在相邻节点的物理链路上建立数据链路，实现可靠的数据传输，从而保证数据通信的正确性。数据链路层的主要功能包括数据链路的管理、帧同步、差错检测和恢复、信息流量控制、数据的透明传输、寻址等。

网络层的任务是将数据信息从源端传输到目的端。从源端到目的端可以经过许多中继节点，也可能要经过几个通信子网，这是网络层与物理层、数据链路层的主要区别。网络层是处理端到端数据传输的底层，具备路由选择、拥塞控制等功能。

传输层的目标是为用户在网络上提供有效、可靠和价格合理的数据传输服务。传输层是整个协议层次结构中最关键的一层。较低层的协议一般要比传输层简单，且容易理解。对于两个需要利用网络进行通信的主机来说，端到端的可靠通信问题要靠传输层协议来解决。另外，许多网络应用也只需要在两台机器之间进行可靠的位流传输，而不需要任何会话层和表示层的服务。

会话层给会话用户提供一种称为会话的连接，并在其上提供以普通方式传输数据的方法。会话层的主要功能是数据的交换和会话的管理。

表示层的主要功能是保证所传输的数据经传输后不改变意义。各种计算机都有自己的数据信息表示方法，不同的计算机之间交换数据信息需要经过一定的转换，这样才能使数据的意义在不同计算机内保持一致。

应用层是 OSI 参考模型的最高层，借助应用实体（AE）、应用协议和表示服务交换信息，并给应用进程访问 OSI 环境提供手段。应用层的作用是在实现多个进程相互通信的同时，完成一系列业务处理所需要的服务功能。这些服务功能与业务功能（如远程文件操作、远程报文分发等）有密切的关系。

1.2.3　TCP/IP 参考模型

OSI 参考模型是理论上比较完善的体系结构，它的各层协议也考虑得比较周到，但由于种种原因没有得到应用。目前得到广泛应用的是 TCP/IP 参考模型和符合 TCP/IP 协议栈标准的产品，几乎所有的工作站和服务器都配有 TCP/IP 协议，这使得 TCP/IP 协议成为计算机网络事实上的标准。

TCP/IP 参考模型源自 ARPANET。ARPANET 是最早出现的计算机网络之一，现代计算机网络的很多概念和方法都是从 ARPANET 中发展起来的。ARPANET 研究计划要求网络的通信设备和通信线路在部分损坏时，仍能正常工作，同时要求 ARPANET 能适应从文件传输到实时数据传输的各种应用需求。因此 ARPANET 研究计划要求的是一种灵活的网络体系结构，实现异种网的互联与互通。针对这些要求人们设计了 TCP/IP 协议族，形成了 TCP/IP 参考模型。TCP/IP 协议之所以能迅速发展和被广泛应用，是因为它适应了世界范围内网络通信的需要。

TCP/IP 参考模型与 OSI 参考模型有不少区别，如图 1-2 所示。因为 TCP/IP 参考模型在设计时考虑到要与具体的网络无关，所以在 TCP/IP 参考模型的标准中没有对最低的两层做出规定。这样，TCP/IP 参考模型就只有四层。

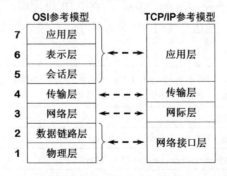

图 1-2　OSI 参考模型与 TCP/IP 参考模型的比较

TCP/IP 参考模型的最高层是应用层，相当于 OSI 参考模型的应用层、表示层、会话层，传输层与 OSI 参考模型的传输层相对应，网际层与 OSI 参考模型的网络层相对应，网络接口层与 OSI 参考模型的数据链路层和物理层相对应。在 TCP/IP 参考模型中，没有与 OSI 参考模型中的表示层和会话层相对应的层次。

网际层的主要功能是负责将源主机的报文分组发送到目的主机，源主机与目的主机可以在同一个网上，也可以在不同的网上。网际层的协议被命名为 IP（Internet Protocol）协议。IP 协议的功能包括三个方面。

（1）处理来自传输层的数据段发送请求。在收到数据段发送请求之后，首先将数据段装入 IP 数据报，填充报头（又称头部），选择发送路径，然后将数据报传输到下一层。

（2）处理接收到的数据报。在接收到其他主机发送的数据报之后，检查目的地址，选择路由，转发出去；若目的地址为本节点 IP 地址，则除去报头，将数据段交给传输层处理。

（3）处理网络互联的路径、流量控制与拥塞问题。传输层在 TCP/IP 参考模型中处于网际层之上。传输层负责在源端和目的端主机上的对等实体间建立端到端连接。TCP/IP 参考模型的传输层定义了两种协议：传输控制协议（Transport Control Protocol，TCP）和用户数据报协议（User Datagram Protocol，UDP）。TCP 协议是一种可靠的面向连接的协议，能将一台主机的字节流无差错地传输到目的主机。TCP 协议首先将应用层的字节流分成多个数据段（Segment），然后将一个个数据段交给网际层，发送到目的主机。在目的主机上，网际层把接收到的数据段交给传输层，传输层将多个数据段还原成字节流递交给应用层。TCP协议还要完成流量控制功能，协调收发双方的发送与接收速度，达到正确传输的目的。UDP 协议是一个不保证可靠性的无连接协议，用于不需要 TCP 协议的排序和流量控制能力的场合。

应用层位于传输层的上面，是 TCP/IP 参考模型的最高层，包含所有的高层协议。最早引入的协议有远程终端协议（Telnet）、文件传输协议（FTP）、简单邮件传输协议（SMTP），以及大量的、后来不断增加的各种应用协议，如域名系统、HTTP 协议等。

网际层下面是网络接口层，它是 TCP/IP 参考模型的底层，负责通过网络发送和接收 IP 数据报。TCP/IP 参考模型允许主机连入网络时使用多种协议。不同的网络，网络接口层可以使用不同的协议，如局域网的 Ethernet、Token Ring、X.25 的分组交换网等。

按照层次结构思想构成的一组从上到下单向依赖的各层协议称为协议族，它们的具体实现常称为协议栈（Protocol Stack）。目前 TCP/IP 参考模型的各层已定义和开发了许多协议，并且不断有新的协议被开发出来，组成了 TCP/IP 协议族。TCP/IP 参考模型与 TCP/IP 协议族如图 1-3 所示，图中左边是 TCP/IP 参考模型，右边是与参考模型各层相对应的各种协议。

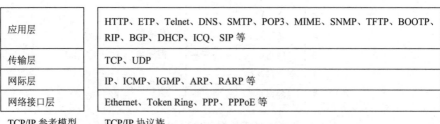

应用层	HTTP、ETP、Telnet、DNS、SMTP、POP3、MIME、SNMP、TFTP、BOOTP、RIP、BGP、DHCP、ICQ、SIP 等
传输层	TCP、UDP
网际层	IP、ICMP、IGMP、ARP、RARP 等
网络接口层	Ethernet、Token Ring、PPP、PPPoE 等
TCP/IP 参考模型	TCP/IP 协议族

图 1-3　TCP/IP 参考模型与 TCP/IP 协议族

在 TCP/IP 协议族中，TCP 协议的协议数据单元（Protocol Data Unit，PDU，相同层次的实体间交换数据的单位）称为 TCP 数据段或简称为 TCP 段。IP 协议的 PDU 称为 IP 数据报。目前广泛使用的网络接口层是以太网，它传输的位流称为帧。图 1-4 给出了用户数据通过 TCP/IP 协议栈封装的过程。

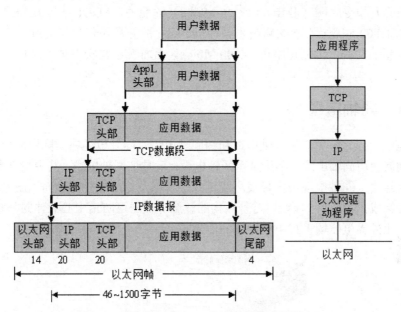

图 1-4　用户数据通过 TCP/IP 协议栈封装的过程

　　用户数据在应用层（Application Layer，AppL）添加上应用层头部构成应用层的 PDU，应用层 PDU 被发送给传输层的 TCP 协议，TCP 协议在应用层 PDU 上添加 TCP 头部构成 TCP 数据段后发送给网际层的 IP 协议。IP 协议对 TCP 数据段添加 IP 头部，构成 IP 数据报。若 IP 数据报的长度超过数据链路层的最大传输单元（Maximum Transmission Unit，MTU），则 IP 层对 IP 数据报进行分片（Fragment），每片上也有 IP 头部。IP 层发送给网络接口层的数据单元是报文分组（Packet），分组可以是一个 IP 数据报，也可以是 IP 数据报的一个片。在 TCP/IP 协议中，将数据分组再添加头部和尾部的过程称为封装。图 1-3 中的网络接口层中主要是一些以太网协议标准，以太网帧封装的是 IP 数据报。这种逐层封装是层次式网络体系结构的典型操作。

1.3　传输介质

　　局域网（LAN）常用的传输介质有同轴电缆、双绞线和光缆，以及在无线局域网情况下使用的辐射介质。

　　局域网技术在发展过程中，首先使用的是粗同轴电缆，其直径近似 13 mm（约 1/2 英寸），特性阻抗为 50 Ω。由于这种电缆很重，缺乏柔性性及价格高等问题，随后出现了细同轴电缆，其直径为 6.4 mm（约 1/4 英寸），特性阻抗也是 50 Ω。使用粗同轴缆构成的以太网（Ethernet）被称为粗缆以太网，使用细同轴电缆的以太网被称为细缆以太网。

　　20 世纪 80 年代后期，人们广泛采用了以双绞线为传输介质的技术，即 10Base-T 标准及其他局域网实现技术。为将以太网的范围进一步扩大，随后出现了 10Base-F 标准，这种技术使用光纤构成链路段，传输距离可延长到 2 km，但传输速率仍为 10 Mbit/s。

另一种采用光纤作为传输介质的技术是光纤分布式数据接口（FDDI），它是于 20 世纪 80 年代中期发展起来的一项局域网技术，提供的高速数据通信能力要高于当时的以太网（10 Mbit/s）和令牌网（4Mbit/s 或 16 Mbit/s）的能力。FDDI 是与 IEEE 802.3、IEEE 802.4 和 IEEE 802.5 完全不同的新技术，构成 FDDI 的介质不仅仅是光纤，而且访问介质的机制有了新的提高，传输速率可达 100 Mbit/s。下面就这些实现技术所用的介质逐一进行讨论。

1.3.1　同轴电缆

同轴电缆可分为两类，粗同轴电缆和细同轴电缆。同轴电缆在实际中应用很广泛，如有线电视网就使用同轴电缆。不论是粗同轴电缆，还是细同轴电缆，其中央都是一根铜线，外面包有绝缘层。同轴电缆由内导线环绕绝缘层，以及绝缘层外的金属屏蔽网和最外层的绝缘保护套组成，如图 1-5 所示。这种结构的金属屏蔽网可防止中心导体向外辐射电磁场，也可用来防止外界电磁场干扰中心导体的信号。

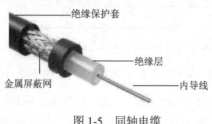

图 1-5　同轴电缆

1. 细同轴电缆连接设备及技术参数

采用细同轴电缆组网，除需要电缆外，还需要 BNC 头、T 型头及终端匹配器等，细同轴电缆组网装置如图 1-6 所示。同轴电缆组网的网卡必须带有细同轴电缆连接接口（通常在网卡上标有 BNC 字样）。

细同轴电缆组网能支持的最大的干线电缆段长度为 185 m；最大网络干线电缆长度为 925 m；每条干线电缆段支持的最大节点数为 30 个；BNC 头、T 型头之间的最小距离为 0.5 m。

BNC 头　　　　　　　　T 型头　　　　　　　　终端匹配器

图 1-6　细同轴电缆组网装置

2. 粗同轴电缆连接设备及技术参数

采用粗同轴电缆组网，除需要电缆外，还需要 EOC 网线转换器、DIX 连接器、N-系列插头、N-系列匹配器，粗同轴电缆组网设备如图 1-7 所示。使用粗同轴电缆组网，网卡必须有 DIX 接口（一般标有 DIX 字样）。

粗同轴电缆组网能支持的最大的干线电缆段长度为 500 m；最大网络干线电缆长度为

2500 m；每条干线电缆段支持的最大节点数为 100 个；收发器之间的最小距离为 2.5 m；收发器电缆的最大长度为 50 m。

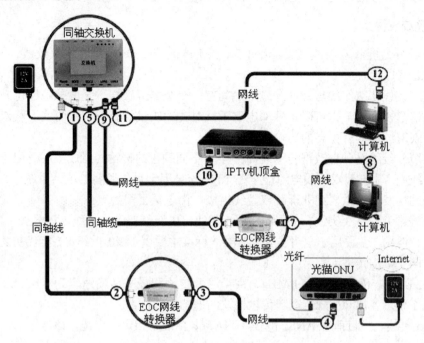

图 1-7　粗同轴电缆组网设备

1.3.2　双绞线

双绞线是综合布线工程中最常用的一种传输介质。

1．双绞线工作原理

双绞线采用一对互相绝缘的金属导线互相绞合的方式来抵御一部分外界电磁波干扰，更主要的是降低自身信号的对外干扰。把两根带绝缘层的铜导线按一定密度互相绞在一起，可以降低信号干扰的程度，每一根导线在传输中辐射的电磁波会被另一根导线上发出的电磁波抵消。

双绞线一般由两根 22～26 号绝缘铜导线相互缠绕而成，在实际使用时，双绞线是由多对双绞线一起包在一个绝缘电缆套管里的。典型的双绞线有 4 对，也有更多对双绞线放在一个电缆套管里的，这些称为双绞线电缆。双绞线如图 1-8 所示。

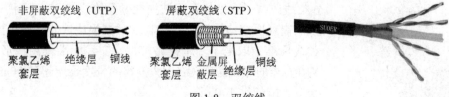

图 1-8　双绞线

在双绞线电缆（也称双扭线电缆）内，不同线对具有不同的扭绞长度，一般来说，扭绞长度在 38.1～140 mm 内，按逆时针方向扭绞。相邻线对的扭绞长度在 12.7 cm 以上，一一般扭线越密，其抗干扰能力越强。与其他传输介质相比，双绞线在传输距离、信道宽度和数据传输速率等方面均受到一定限制，但价格较为低廉。

2. 双绞线种类

双绞线分为屏蔽双绞线（Shielded Twisted Pair，STP）与非屏蔽双绞线（Unshielded Twisted Pair，UTP）。

屏蔽双绞线在双绞线与外部绝缘层之间有一个金属屏蔽层。金属屏蔽层可减少信号辐射，防止信息被窃听，也可阻止外部电磁干扰对传输质量的影响，从而使屏蔽双绞线比同类的非屏蔽双绞线具有更高的传输速率。

非屏蔽双绞线是一种数据传输线，由4对不同颜色的传输线组成，广泛用于以太网线路和电话线中。非屏蔽双绞线电缆最早在1881年被用于贝尔发明的电话系统中，随后美国的电话线网络发展为主要由非屏蔽双绞线组成，由电话公司拥有。

双绞线常见的有3类线、5类线和超5类线，以及最新的6类线，型号如下。

（1）1类线，主要用于语音传输（1类线标准主要用于20世纪80年代初之前的电话线），不同于数据传输。

（2）2类线，传输频率为1 MHz，用于语音传输和最高传输速率为4 Mbit/s的数据传输，常见于使用4 Mbit/s规范令牌传输协议的旧的令牌网。

（3）3类线，指目前在ANSI和EIA/TIA 568标准中指定的电缆，该电缆的传输频率为16 MHz，用于语音传输及最高传输速率为10 Mbit/s的数据传输，主要用于10Base-T标准的网络。

（4）4类线，该类电缆的传输频率为20 MHz，用于语音传输和最高传输速率为16 Mbit/s的数据传输，主要用于基于令牌的局域网和10Base-T/100Base-T标准的网络。

（5）5类线，该类电缆增加了绕线密度，外套是一种高质量的绝缘材料，传输频率为100 MHz，用于语音传输和最高传输速率为1000 Mbit/s的数据传输，主要用于100Base-T标准和1000Base-T标准的网络。这是最常用的以太网电缆。

（6）超5类线，具有衰减小、串扰少的特点，并且具有更高的衰减与串扰的比值（ACR）和信噪比（Structural Return Loss）、更小的时延误差，性能得到很大提高。超5类线主要用于千兆以太网（1000 Mbit/s）。

（7）6类线，该类电缆的传输频率为1～250 MHz。6类线布线系统在200 MHz时，综合衰减串扰比（PS-ACR）应该有较大的余量，提供两倍于超5类线的带宽。6类线布线系统的传输性能远远高于超5类线标准，适用于传输速率高于1 Gbit/s的应用。6类线与超5类线的一个重要的不同点在于，6类线改善了在串扰及回波损耗方面的性能，对于新一代全双工的高速网络应用而言，优良的回波损耗性能是极重要的。6类线标准中取消了基本链路模型，布线标准采用星形拓扑结构，要求的布线距离为：永久链路的长度不能超过90 m，信道长度不能超过100 m。

图1-9　RJ-45接头

通常，计算机网络所使用的是3类线和5类线，其中10Base-T标准的网络使用的是3类线，100Base-T标准的网络使用的是5类线。利用双绞线组网，双绞线和其他网络设备（如网卡）连接必须用 RJ-45 接头（也叫水晶头），如图 1-9 所示。

利用双绞线组网，可以获得良好的稳定性，因此双绞线在实际应用中越来越多。尤其是近年来，随着以太网的发展，利用双绞线组网无须再增加其他设备，因此被业界普通采用。

1.3.3　光缆

光纤是光导纤维的简称，用极细的石英玻璃纤维作为传输介质。光纤传输是指利用激光二极管或发光二极管在通电后产生光脉冲信号，光脉冲信号沿光纤进行传输。在光纤中，是用光束表示数据的，即用光的有和无表示数据 1 和 0。

光纤通信系统的传输带宽远远大于其他各种传输介质的带宽。光纤能以 1000 Mbit/s 的速率发送数据，大功率的激光器可以驱动 100 km 长的光纤，而中间不带任何中继设备。光缆（Optical Fiber Cable）主要由光纤（细如头发的玻璃丝）和塑料保护套管及塑料外皮构成，光缆内没有金属物质，一般无回收价值。光缆是一定数量的光纤按照一定方式组成纤芯，外包有护套，有的还包覆外护层，用以实现光信号传输的一种通信线路，如图 1-10 所示。

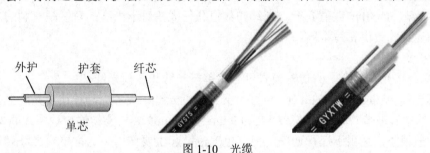

图 1-10　光缆

光缆是当今信息社会各种信息网的主要传输工具。如果把互联网称作"信息高速公路"，那么光缆网就是"信息高速公路"的基石——光缆网是互联网的物理路由。

目前，长途通信光缆的传输方式已由 PDH 向 SDH 发展，传输速率已由当初的 140 Mbit/s 发展到 2.5 Gbit/s、4×2.5 Gbit/s、16×2.5 Gbit/s，甚至更高，也就是说，一对纤芯可开通 3 万条、12 万条……48 万条话路，甚至向更多话路发展。光纤与电导体构成的传输介质最基本的差别是，光纤的传输信息是光束，而非电气信号。因此，光纤传输的信号不受电磁的干扰。

1. 光纤简介

（1）光是一种电磁波。

可见光部分的波长范围是 390～760 nm，大于 760 nm 的部分是红外光，小于 390 nm 的部分是紫外光。目前光纤中应用较多的是 850 nm、1310 nm、1550 nm 三种。

（2）光的折射、反射和全反射。

因光在不同物质中的传播速度是不同的，所以光从一种物质射向另一种物质时，在两种物质的交界面处会产生折射和反射。而且，折射光的角度会随入射光的角度的变化而变化。当入射光的角度达到或超过某一角度时，折射光会消失，入射光全部被反射回来，这就是光的全反射。不同的物质对相同波长的光的折射角度是不同的（不同的物质有不同的光折射率），相同的物质对不同波长的光的折射角度也不同。光纤通信就是基于以上原理而形成的，光线在光纤中的折射如图 1-11 所示。

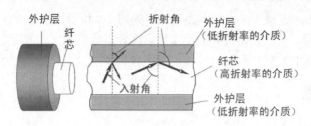

图 1-11　光线在光纤中的折射

2．光纤结构及种类

（1）光纤结构。

光纤裸纤一般分为三层：中心为高折射率玻璃芯（芯径一般为 50 μm 或 62.5 μm），中间为低折射率硅玻璃包层（直径一般为 125 μm），最外层采用树脂涂层作为保护层。

（2）数值孔径。

入射到光纤端面的光并不能全部被光纤传输，只有在某个角度范围内的入射光才可以。这个角度就称为光纤的数值孔径。光纤的数值孔径大些对于光纤的对接是有利的。不同厂家生产的光纤的数值孔径不同。

（3）光纤的种类。

① 光纤按光在光纤中的传输模式可分为单模光纤和多模光纤。

单模光纤（Single Mode Fiber，SMF）又称为细光纤，或者称为轴路径光纤，如图 1-12 所示。它的中心玻璃芯较细（芯径一般为 9 μm 或 10 μm），只能传输一种模式的光。因此，其模间色散很小，适用于远程通信，但其色度色散起主要作用，这样单模光纤对光源的谱宽和稳定性有较高的要求，即谱宽要窄，稳定性要好。

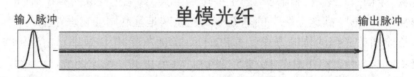

图 1-12　单模光纤

单模光纤的工作原理是，光束是沿光纤的轴径进行传播（轴路径传播方式）的。由于光束是沿直线传播的，因此单模光纤的信息传输量有限，但它能进行远距离的传输，单段单模光纤的有效距离最长可达 100 km。

多模光纤（Multi Mode Fiber，MMF）又称为粗光纤，或者称为非轴路径光纤，如图 1-13 所示。它的中心玻璃芯较粗（50 μm 或 62.5μm），可传输多种模式的光。但其模间色散较大，这就限制了传输数字信号的频率，而且随距离的增加，限制情况会更加严重。因此，多模光纤传输的距离比较近，一般单段多模光纤只能传输 2～3 km 的距离，若希望有 1000 Mbit/s 的带宽，则单段多模光纤的长度不得超过 600 m。

多模光纤沿光纤管道壁间以反射（折射）的方式进行传播（非轴路径传播方式），光束在非轴路径光纤中的传播距离比沿轴路径进行的直线传播的距离要长得多，所以多模光纤的传输速率比单模光纤低，而且传输距离较近。

这里的"模"，即"射线"的含义。单模光纤中只有一条（单条）射线，多模光纤中有多条射线。

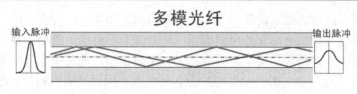

图 1-13　多模光纤

② 光纤按最佳传输频率窗口可分为常规型光纤和色散位移型光纤。

常规型光纤：光纤生产厂家将光纤传输频率最佳化在单一波长的光上，如 1310 nm。

色散位移型光纤：光纤生产厂家将光纤传输频率最佳化在两种波长的光上，如 1310 nm 和 1550 nm。

③ 光纤按折射率分布情况可分为突变型光纤和渐变型光纤。

突变型光纤：光纤中心芯到玻璃包层的折射率是突变的。其成本低，模间色散大，适用于短途低速通信，如工控。但单模光纤的模间色散很小，所以单模光纤都采用突变型光纤。

渐变型光纤：光纤中心芯到玻璃包层的折射率是逐渐变小的，可使光线按正弦形式传播，这能减少模间色散，提高光纤带宽，增加传输距离，但成本较高，现在的多模光纤多为渐变型光纤。

（4）常用光纤规格。

单模光纤：8/125 μm、9/125 μm、10/125 μm。

多模光纤：欧洲标准为 50/125 μm；美国标准为 62.5/125 μm。

工业、医疗和低速网络用光纤：100/140 μm、200/230 μm。

塑料光纤：98/1000 μm，用于汽车控制。

同轴电缆、双绞线、光缆的性能比较如表 1-1 所示。

表 1-1　同轴电缆、双绞线、光缆的性能比较

传输介质	价　格	电磁干扰	带　宽	单段最大长度
非屏蔽双绞线	最便宜	高	小	100 m
屏蔽双绞线	一般	低	中等	100 m
同轴电缆	一般	低	大	185/500 m
光缆	最高	没有	极大	几十千米

1.3.4　无线介质

无线介质即无线传输介质，如微波、红外线。有线传输介质有一个共同的缺点，即它们都需要一根线缆连接计算机，这在很多场合下是不方便的。无线介质不使用电子或光学导体，在大多数情况下，地球的大气便是数据的物理性通路。从理论上讲，无线介质最好应用于难以布线的场合或远程通信。

1. 无线电波

无线电波（Radio Wave）是一种全方位传播的电波，其传播方式有两种：一是直接传播，即电波沿地球表面向四周传播；二是靠大气层中电离层的反射进行传播。

无线电波的频率范围为 10～16 kHz，在电磁波频谱里，属于"对频"。当使用无线电波的时候，需要考虑的一个重要问题是电磁波频率的范围（频谱）是相当有限的，其中大

部分都已被电视、广播及重要的政府和军队系统占用。因此，只有很少一部分留给网络计算机使用，而且这些频率大部分都由国内无线电管理委员会统一管制。要使用一个受管制的频率必须向无线电管理委员会申请许可证。如果设备使用的是未经管制的频率，则功率必须在 1 W 以下，这种管制的目的是限制设备的作用范围，从而限制对其他信号的干扰。这相当于限制了未管制无线电波的通信带宽。

下面这些频率是未受管制的：902～925 MHz；2.4 GHz（全球通用）；5.72～5.85 GHz。

无线电波可以穿透墙壁，也可以到达普通网络线缆无法到达的地方。针对无线电链路连接的网络，现在已有相当坚实的工业基础，在业界也得到了迅速发展。

2．微波

微波（Laser）是一种定向传播的电波，收发双方的天线必须相对应才能收发信息，即发端的天线要对准收端，收端的天线要对准发端。

3．卫星通信

卫星通信（Satellite Communication）是典型的微波技术应用。利用同步卫星，可以进行更远距离的传输。收发双方都必须安装卫星接收及发射设备，且收发双方的天线都必须对准卫星，否则不能收发信息。一颗同步卫星发射的电波能覆盖地球的1/3，因此，3 颗同步卫星就能覆盖全球，也就是说，利用 3 颗同步卫星就能实现全球通信。

4．红外线

红外线（Infrared）被广泛用于室内短距离通信。家家户户使用的电视及音响设备的遥控器就是利用红外线技术进行遥控的。红外线也是具有方向性的。

红外线的优点是制造工艺简单，价格便宜；缺点是传输距离有限，一般只限于室内通信，而且不能穿透坚实的物体（如砖墙等）。红外线通信可有效地进行数据的安全保密控制。

5．激光

激光可用于在空中传输数据。与微波通信一样，激光通信至少要有两个激光站点。每个激光站点都拥有发送信息和接收信息的能力。因为激光能在很长的距离上聚焦，所以激光的传输距离很远，能传输几十千米。

与微波一样，激光也是沿直线传播的。激光不能穿透建筑物和山脉，但可以穿透云层。

1.4　网络互联设备

网络互联通常是指将不同的网络或相同的网络用互联设备连接在一起而形成一个范围更大的网络，也指为提高网络性能和易于管理而将一个原来很大的网络划分为几个子网或网段。

对局域网而言，所涉及的网络互联问题有网络距离延长、网段数量的增加、不同局域网之间的互联等。

网络互联中常用的设备有网卡、中继器（Repeater）、集线器（Hub）、交换机（Switch）、路由器（Router）、调制解调器（Modem）和网关（Gateway）等。

1.4.1　网卡

网卡又称网络适配器或网络接口卡（Network Interface Card，NIC），是使计算机联网的设备，如图 1-14 所示。平常所说的网卡就是将个人计算机和局域网连接的网络适配器。

图 1-14　网卡

网卡插在计算机主板插槽中，负责将用户要传输的数据转换为网络上其他设备能够识别的格式，通过网络介质传输。网卡的主要技术参数为带宽、总线接口类型、电气接口方式等。网卡的基本功能为从并行到串行的数据转换、包的装配和拆装、网络存取控制、数据缓存和网络信号收发。目前主要使用 8 位和 16 位的网卡。

网卡必须具备两大技术：网卡驱动技术和 I/O 技术。网卡驱动技术使网卡和网络操作系统兼容，实现个人计算机与网络的通信。I/O 技术可以通过数据总线实现个人计算机和网卡之间的通信。网卡是计算机网络中最基本的设备。在计算机局域网络中，如果有一台计算机没有网卡，那么这台计算机将不能和其他计算机进行网络通信，也就是说，这台计算机和网络是孤立的。

1．网卡的分类

根据网络技术的不同，网卡的分类也有所不同，如大家熟知的以太网网卡、令牌环网卡和 ATM 网卡等。据统计，目前国内约有 90%以上的局域网采用以太网网卡。

目前，网卡一般分为普通工作站网卡和服务器专用网卡。因为网络服务种类较多，性能也有差异，所以网卡也可按以下的标准进行分类。

按网卡所支持带宽的不同，网卡可分为 10 Mbit/s 网卡、100 Mbit/s 网卡、10/100 Mbit/s 自适应网卡、1000 Mbit/s 网卡。

按网卡总线接口类型的不同，网卡可以分为 ISA 网卡、EISA 网卡和 PCI 网卡三类，其中 PCI 网卡较常使用。ISA 网卡的带宽一般为 10 Mbit/s，PCI 网卡的带宽从 10 Mbit/s 到 1000 Mbit/s 都有。PCI 网卡要比 ISA 网卡快。

2．网卡的接口类型

根据传输介质的不同，网卡出现了 AUI 接口（粗同轴电缆接口）、BNC 接口（细同轴电缆接口）、RJ-45 接口（双绞线接口）、光纤接口四种接口类型。其中 AUI 接口（粗缆接口）、BNC 接口（细缆接口）现在已很少用到，所以在选用网卡时，应注意网卡所支持的接口类型，否则可能不适用于你的网络。

3．网卡的选购

选购网卡时应注意以下几个要点。

（1）网卡的应用领域。

目前，以太网网卡有 10 Mbit/s、100 Mbit/s、10/100 Mbit/s 及 1000 Mbit/s 网卡。对于大数据量的网络来说，服务器应该采用千兆以太网网卡，这种网卡多用于服务器与交换机之间的连接，以提高整体系统的响应速率。10 Mbit/s、100 Mbit/s 和 10/100 Mbit/s 网卡则属于人们经常购买且常用的网络设备，这三种产品的价格相差不大。

所谓 10/100 Mbit/s 自适应是指网卡可以与远端网络设备（集线器或交换机）自动协商，确定当前的可用速率是 10 Mbit/s 还是 100 Mbit/s。通常的变通方法是购买 10/100 Mbit/s 网卡，这样既有利于保护已有的投资，又有利于网络的进一步扩展。就整体价格和技术发展而言，千兆以太网到桌面机已逐渐增加，但 10 Mbit/s 的时代已经逐渐远去。因此对中小企业来说，应该尽可能采购高速网卡。

（2）注意总线接口方式。

1994 年以来，PCI 及其升级的 PCI-E 总线接口标准日益成为网卡的首选总线架构，目前已牢固地确立了在服务器和高端桌面机中的地位。PCI 总线以太网网卡的高性能、易用性和增强了的可靠性使其被标准以太网网络广泛采用，并得到了个人计算机业界的支持。

（3）网卡兼容性和运用的技术。

快速以太网在桌面级普遍采用 10Base-TX 技术，以非屏蔽双绞线为传输介质，因此，快速以太网的网卡设一个 RJ-45 接口。由于小型办公室网络普遍采用双绞线作为网络的传输介质，并进行结构化布线，因此选择单一 RJ-45 接口的网卡就可以了。

适用性好的网卡应通过各主流操作系统的认证，至少具备如下操作系统的驱动程序：Windows、Linux、UNIX 和 MacOS。智能网卡上自带处理器或带有专门设计的 AISC 芯片，可承担使用非智能网卡时由计算机处理器承担的一部分任务，因此即使在网络信息流量很大时，也极少占用计算机的内存和 CPU 时间。智能网卡性能好，但价格较高，主要用在服务器上。

另外，有的网卡在 BootROM 上"做文章"，加入防病毒功能；有的网卡则与主机板配合，借助一定的软件，实现 Wake on LAN（远程唤醒）功能，可以通过网络远程启动计算机；还有许多台式计算机干脆将网卡集成到了主机板上，笔记本电脑或移动终端则把网卡作为主机基础硬件。

（4）网卡生产商。

由于网卡技术的成熟性，目前生产以太网网卡的厂商除国外的 3Com、英特尔和 IBM 等公司外，还有中国台湾的多家公司，后者生产的网卡（或集成芯片）性能好，价格低，具有较强的优势。

1.4.2　中继器

中继器（Repeater）又称为转发器，是物理层连接设备，如图 1-15 所示。由于存在损耗，因此在线路上传输的信号功率会逐渐衰减，衰减到一定程度时将造成信号失真，这会导致接收错误。中继器就是为解决这一问题而设计的。中继器完成物理线路的连接，对衰减的信号进行放大，保持与原数据相同。

中继器负责在两个节点的物理层上按位传输信息，完成信号的复制、调整和放大功能，以此来延长网络的长度，如图 1-16 所示。（LED/LCD 代表台式计算机或笔记本电脑，下同）

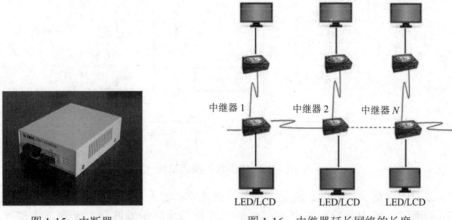

图 1-15　中断器　　　　　　　　　　　　图 1-16　中继器延长网络的长度

中继器分为近程中继器和远程中继器两种，近程中继器的传输距离为 50～100 m，远程中继器的传输距离为 1000～5000 m，用中继器连接不同网段如图 1-17 所示。

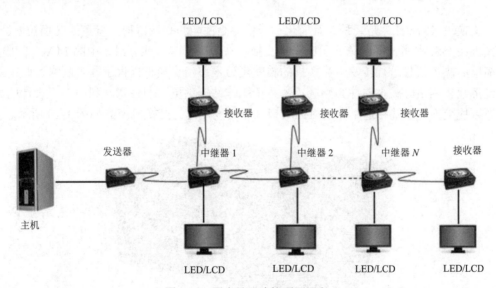

图 1-17　用中继器连接不同网段

以太网标准约定在一个以太网上最多只允许出现 5 个网段，最多只能使用 4 个中继器，在一个网段上最多只允许连接 2 个中继器，而且其中只有 3 个网段可挂接计算机终端。

双绞线以太网布线可总结为"54321 规则"，适用于综合布线，具体如下。

5：允许 5 个网段，每个网段的最大长度为 100 m。

4：在同一信道上允许连接 4 个中继器或集线器。

3：在其中的 3 个网段上可以增加节点。

2：在另 2 个网段上，除作为中继器链路外，不能接任何节点。

1：上述规则将组建一个大型的冲突域，最大站点数为 1024 个，网络直径达 2500 m。

图 1-18 显示了中继器的概念结构。

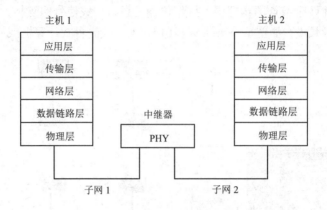

图 1-18　中继器的概念结构

中继器的优点是安装简便，使用方便，价格便宜。由于技术的进步，使用铜缆接口（双绞线或同轴电缆）的中继器已不多见，目前主要使用光纤中继器通过光缆（光纤）来连接距离较远的网络。

1.4.3　交换机

交换机（Switch）是一种具有简化、低价、高性能和高端口密集特点的交换技术产品，交换机在 OSI 参考模型的第二层操作。交换机按每一个包（或分组）中的 MAC 地址中相对简单的决策信息进行转发。交换机的转发延迟很小。交换机提供了许多网络互联功能，能经济地将网络分成小的冲突网域，为每个工作站提供更大的带宽。利用专门设计的集成电路可使交换机以线路速率在所有的端口并行转发信息。交换机产品如图 1-19 所示。

图 1-19　交换机产品

集线器的特点是共享带宽。在共享带宽的集线器中，若接入集线器的终端用户有 n 个，则每个终端用户可用的带宽为总带宽的 $1/n$。例如，设集线器的入口总带宽为 10 Mbit/s，若有 4 个终端用户连接，则每个终端用户所能使用的带宽为 2.5 Mbit/s。若终端用户增加到 8个，则每个终端用户所能使用的带宽仅为总带宽的 1/8，即 1.25 Mbit/s。由此看出，接入集线器的终端用户越多，每个终端用户所能使用的带宽就越小，其网络效率也随之下降。

而交换机具有"独占带宽"的特性，无论接入交换机的终端用户有多少个，每个终端

用户所使用的带宽与交换机的接入带宽都完全一致。例如，设交换机的接入带宽为
100 Mbit/s，无论接入交换机的终端用户有多少个，每个终端用户占用的带宽均为
100 Mbit/s。

1．交换机的功能和特点

（1）具有与集线器同样的功能。
（2）具有存储转发、分组交换能力。
（3）具有子网和虚拟专用网管理能力。
（4）各终端用户独占带宽。
（5）交换机可以堆叠。

2．交换机的分类

交换机包括电话交换机和数据交换机两种，下面所讨论的都是指数据交换机。从规模
应用上讲，局域网交换机可分为企业级交换机、部门级交换机和工作组级交换机等。

当局域网交换机作为骨干交换机时，支持 500 个信息点及以上的大型企业应用的交换
机为企业级交换机，支持 300 个信息点及以下的中型企业应用的交换机为部门级交换机，
支持 100 个信息点以内的交换机为工作组级交换机。

3．三种交换技术

（1）端口交换。

端口交换技术最早出现在插槽式的集线器中，这类集线器的背板通常划分有多条以太
网网段（每条网段为一个广播域），不用网桥或路由器连接，网络之间是互不相通的。以
太网模块插入后通常被分配到某个背板的网段上，端口交换用于将以太网模块的端口在背
板的多个网段之间进行分配、平衡。

（2）帧交换。

帧交换是目前应用最广的局域网交换技术，它通过对传统传输介质进行微分段，提供
并行传输的机制，来减小冲突域，获得大的带宽。一般来讲，每个公司的产品的实现技术
均会有差异，但对网络帧的处理方式一般有以下两种。

① 直通交换。提供线速处理能力，交换机只读出接收到的网络帧的前 14 个字节，就
将网络帧传输到相应的端口上。

② 存储转发。通过对网络帧的读取进行错误校验和控制。

直通交换技术的交换速度非常快，但缺乏对网络帧进行更高级的控制，缺乏智能性和
安全性，同时无法支持具有不同速度的端口的交换。因此，各厂商把存储转发技术作为重点。

有的厂商甚至对网络帧进行分解，将网络帧分解成固定大小的信元，信元处理极易用
硬件实现，处理速度快，同时能够完成高级控制功能，如优先级控制。

（3）信元交换。

ATM 交换机采用固定长度为 53 个字节的信元进行交换。由于长度固定，因此信元交
换便于用硬件实现。ATM 交换机采用专用的非差别连接，并行运行，可以通过一个交换机
同时建立多个节点，但并不会影响每个节点之间的通信能力，还容许在源节点和目标节点
间建立多个虚拟链接，以保障足够的带宽和容错能力。同时 ATM 交换机采用了统计时分电

路进行复用，从而能大大提高通道的利用率，达到 25 Mbit/s、155 Mbit/s、622 Mbit/s，甚至达到 2.4 Gbit/s 的传输能力。

4．交换机选购

局域网交换机是组成网络系统的核心设备。对用户而言，局域网交换机主要的指标是端口的配置、数据交换能力、包交换速度等因素。因此，在选择交换机时要注意以下事项。

（1）交换端口的数量。

（2）交换端口的类型。

（3）系统的扩充能力。

（4）主干线连接手段。

（5）交换机的总交换能力。

（6）是否需要路由选择能力。

（7）是否需要热切换能力。

（8）是否需要容错能力。

（9）能否与现有设备兼容，顺利衔接。

（10）网络管理能力。

1.4.4　路由器

路由器是一种网络设备，如图 1-20 所示。路由器能够利用一种或几种网络协议将本地或远程的一些独立的网络连接起来，每个网络都有自己的逻辑标识。路由器通过逻辑标识

将指定类型的封包（如 IP 包）从一个逻辑网络中的某个节点，进行路由选择，传输到另一个网络上的某个节点。

路由就是指通过网络把信息从源地点移动到目标地点的活动。一般来说，在路由过程中，信息至少会经过一个中间节点。

路由和交换之间的主要区别是，交换发生在 OSI 参考模型的第二层（数据链路层），而路由发生在第三层（网络层）。这一区别决定了路由和交换在移动信息的过程中需要使用不同的控制信息，所以两者实现各自功能的方式是不同的。

图 1-20　路由器

路由器是互联网的主要节点设备。路由器通过路由决定数据的转发。转发策略称为路由选择（Routing），这是路由器名称的由来（Router，转发者）。作为不同网络之间互相连接的枢纽，路由器系统构成了基于 TCP/IP 的 Internet 的主体脉络，也可以说，路由器系统构成了 Internet 的骨架。路由器的处理速度是网络通信的主要瓶颈之一，路由器的可靠性则直接影响着网络互联的质量。因此，在园区网、广域网，乃至整个 Internet 研究领域中，路由器技术始终处于核心地位，其发展历程和方向成为整个 Internet 研究的一个缩影。

路由器的一个作用是连通不同的网络，另一个作用是选择信息传输的线路。选择通畅快捷的近路，能大大提高通信速度，减轻网络系统通信负荷，节约网络系统资源，提高网络系统畅通率，从而让网络系统发挥出更大的效益。

通过广域网（WAN）实现局域网（LAN）之间的互联，通常都使用路由器，广域网和局域网的连接如图 1-21 所示。

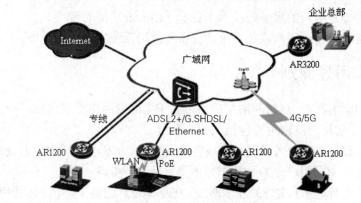

图 1-21　广域网和局域网的连接

路由器连接网络的协议概念结构如图 1-22 所示。

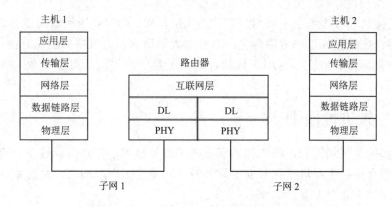

图 1-22　路由器连接网络的协议概念结构

1.5　网络工程的构建原则

计算机网络工程的构建必须遵循一定的系统设计原则，并以该总体原则为指导，设计经济合理、技术先进和资源优化的工程构建方案。计算机网络工程的构建原则通常包括如下几个方面。

1.5.1　可靠性原则

可靠性是网络信息系统能够在规定条件下和规定时间内完成规定功能的特性。可靠性是系统安全的基本要求之一，是所有网络信息系统的建设和运行目标。可靠性原则用于保证在人为或随机性破坏下，系统依然安全可用。提高系统的可靠性有很多途径和专门技术，如下方法可供参考。

- 对数据进行完善备份，如进行日备份、周备份；注意数据异地备份，以防止火灾和其他自然灾害或人为破坏。
- 对设备进行备份，发现损坏设备用备件及时进行更换。
- 关键设备（如重要的服务器及网络设备）应具有容错功能，选用双机备份或双机热备份（对不能中断的服务）技术、集群（Cluster）技术等。

● 应用网络管理技术严格监控系统、设备和应用系统的运行和操作。

1.5.2 实用性原则

实用性指的是构建的计算机网络工程系统基于实际的网络需求出发，能极大程度地满足实际业务需求。实用性原则主要包括如下4个方面。

● 系统总体设计要充分考虑用户当前各业务层次、各环节管理中数据处理的便利性和可行性，把满足用户业务要求作为重要目标进行考虑。

● 采用总体设计、分步实施的技术路线。在总体设计的前提下，先选择用户需求迫切、产生应用效益高、管理中的较低层进行实施，稳步向中高层及系统全面推进。这样系统能始终与用户的实际需求紧密联系在一起，增强系统的实用性，而且可使系统建设保持良好的连贯性。

● 人机接口设计应考虑不同用户层次的实际需求，如对使用频繁的业务人员而言，人机接口应以提高工作效率为主；对领导人员而言，人机接口应以方便使用为主。

● 用户接口设计应充分考虑人体特征和视觉特征，界面尽可能美观大方，操作简便实用。

1.5.3 先进性原则

先进性指的是采用国际、国内先进和成熟的信息技术，使系统能够在一定的时期内保持效能，适应今后技术发展变化和业务发展变化的需要。一般而言，目前系统的先进性原则主要体现在以下4个方面。

● 采用先进的、开放的系统体系结构，如网络通信采用TCP/IP体系结构和基于Intranet的信息技术等。

● 计算机技术根据需要采用一些新技术，如容错技术、双机互为备份技术、廉价冗余磁盘阵列（RAID）技术、共享磁盘阵列技术和多媒体技术等。

● 采用先进的网络技术，如宽带IP技术、ATM技术、局域网交换技术、网络管理技术和流量负载均衡技术等。

● 采用先进的项目管理技术，为了保证项目的质量和系统的科学性，项目管理的科学性是必要的。

1.5.4 可扩展性原则

可扩展性指的是网络要能适应用户当前需求及将来需求的增长、新技术发展等变化。在保护原有投资的同时，要满足用户数的增加，以及用户随时随地增加设备、增加网络功能等需求。随着应用规模的发展，系统能灵活方便地进行硬件或软件系统的扩展和升级。在网络设计时应考虑网络在未来几年中的发展，让网络的扩展可以在现有网络的基础上通过简单地增加设备和增大链路带宽的方法来实现，以适应不断增长的业务需求，保护本次网络建设的投资。提高网络工程的可扩展性一般考虑如下相关问题。

● 以参数化方式设置、管理硬件设备的配置、删减、扩充、端口等，系统化管理软件平台，系统化管理并配置应用软件。

- 应用软件要采用面向对象的方法进行开发，使之具有较好的可维护性和可移植性，可根据需要修改某个模块、增加新的功能，以及重新组合系统的结构，从而达到软件可复用的目的。
- 数据存储结构设计在合理、规范的基础上，同时具有可维护性，对数据库表的修改和维护可以在较短的时间内完成。
- 系统部分功能考虑采用参数定制及生成方式，以保证其具备普遍适应性。
- 系统部分功能采用多种处理选择模块，以适应管理模块的变更。
- 系统提供通用报表及模块管理组装工具，以支持新的应用。

1.5.5   安全性原则

网络安全（Network Security）是指保护网络中的软硬件资源不受非法访问、获取、篡改、破坏的计算机网络维护技术。网络安全是保障网络稳定正常运行的重要方面。凡是涉及网络上信息的保密性、完整性、可用性、真实性和可控性的相关技术和理论都是网络安全要研究的领域。网络工程设计的安全性原则主要包括如下 7 个方面。

1．网络分段

网络分段通常被认为是控制"网络广播风暴"的一种基本手段，也是保证网络安全的一项重要措施。其目的就是将非法用户与敏感的网络资源相互隔离，从而防止可能的非法侦听。

2．虚拟局域网

采用交换式局域网技术组建的局域网，可以应用虚拟局域网（VLAN）技术来加强内部网络管理。VLAN 技术的核心是网络分段，根据不同的部门及不同的安全机制，将网络进行隔离，可以达到限制用户非法访问的目的。在集中式网络环境下，通常将中心的所有主机系统集中到一个 VLAN 里，在这个 VLAN 里不允许有任何用户节点，从而较好地保护敏感的主机资源。VLAN 内部的连接采用交换实现，VLAN 与 VLAN 之间的连接则采用路由实现。

3．网络访问权限设置

局域网中的主机如果不进行权限和用户身份设置，则可以完全被网络中的其他用户访问，所以在局域网中设置访问权限，实现数据的加密服务显得非常重要。局域网是以用户为中心的系统，登录控制能有效地控制用户登录服务器、路由器和交换机等网络设备并获取资源。登录控制大致分为用户名的识别和验证、用户密码的识别和验证、账号的缺省限制检查三个方面。登录控制能有效地保证网络的安全。

权限控制是针对网络非法操作所提出的一种安全保护措施。对用户和用户组赋予一定的权限，可以限制用户和用户组对目录、子目录、文件、打印机和其他共享资源的访问，也可以限制用户和用户组对共享文件、目录和共享设备的操作。

4．网络设备安全控制

局域网中的路由器和三层交换机基本上都内置防火墙功能，且可通过设置 IP 访问列表与 MAC 地址绑定等方案对网络中的数据进行过滤，限制出入网络的数据，从而增加网络安全性。

5．防火墙控制

防火墙是目前最为流行、也是使用最广泛的一种网络安全技术。防火墙作为分离器、限制器和分析器，用于执行两个网络之间的访问控制策略，有效地监控内部网和 Internet 之间的任何活动，既可为内部网提供必要的访问控制，又不会造成网络瓶颈，并通过安全策略控制进出系统的数据，保护内部网的关键资源。

6．入侵检测系统

入侵检测系统（Intrusion Detection System，IDS）指的是任何有能力检测系统或网络状态改变的系统或系统的集合。IDS 能发送警报或采取预先设置好的行动来帮助保护用户的网络。IDS 可以是一台简单的主机，也可以是一个复杂的系统，使用多台主机来帮助捕获、处理并分析网络流量。

7．杀毒软件

目前，计算机病毒技术与计算机反病毒技术之间的矛盾越来越尖锐。病毒的"变异性"使得用户防不胜防，几乎每天都会出现无数种新病毒，稍有不慎，病毒就会给用户造成严重后果。对计算机病毒的防范应该首先杜绝它的传染途径，对存储介质和网络都进行实时监控，并且安装优秀的杀毒软件，对系统时常进行扫描和病毒清除，还应该建立系统备份和还原机制，以防不测。

1.6 网络未来发展与世界新格局

互联网极大地影响着人们的生活和工作方式，目前已经成为人类社会的重要基础设施和各国的重要战略资源。网络空间已成为继陆、海、空和太空之后的"人类第五疆域"。

从当前的发展规模来看，互联网所承载的设备规模和服务规模越来越大，网络可扩展性正面临严峻挑战：一方面是业务需求的不断变化；另一方面是网络在安全、服务质量、管理等方面不断面临新挑战。

在这一背景下，全球各个国家纷纷从国家战略层面上高度重视未来网络的布局，并先后启动了一批重大研究计划，分别从未来网络体系结构、网络核心关键技术、未来网络试验床等方面同步开展该领域的创新研究。与此同时，工业界充分意识到未来网络相关领域带来的商业价值，纷纷投入巨资布局相关重点核心技术，以期望抓住发展机遇，建立产业生态圈，推动未来网络技术的发展和应用，推出全新的面向市场的产品和服务。

随着车联网、物联网、工业互联网、远程医疗、智能家居、超高清视频传输（4K/8K）、AR/VR、空间网络等新业务类型和需求的出现，未来的网络正呈现出一种泛在化的趋势。

未来网络技术的发展将对我国的发展和建设起到关键性支撑作用。随着新媒体业务、工业控制、5G 等新应用场景的出现，未来网络发展将包括新的媒体数据传输技术、新的网络服务和应用及其使能技术、新的网络架构及其演进，网络研究将集中在探索新媒体、新服务、新架构、新 IP 几大领域。

第 2 章　局域网组建

▌ 教学目标

通过本章的学习，学习者应能了解计算机局域网规划设计，掌握简单局域网硬件选择及基本配置方法。

▌ 教学内容

本章重点介绍计算机局域网组网技术，主要包括局域网规划、设计、实施步骤，设备安装与调试，资源共享设置等。

▌ 教学重点与难点

（1）设备安装与调试。
（2）计算机网络通信设备选型与使用。

案例一　家庭局域网组建

【案例描述】

小明家是一个三口之家，家中宽带入户，现在想组建一个家庭局域网，使得家中电视、手机、计算机、监控设备等既可以共享资源，又能够独立访问互联网。

【案例分析】

目前宽带入户都提供一个光猫（学名为光纤调制解调器，主要作用是光电信号转换）。要想手机等无线设备入网，此时还需要一个无线交换机或无线路由器，目前使用无线路由器的居多。

【实施方案】

因为家中既有计算机等有线设备，又有手机等无线设备，所以有线+无线网络连接方案比较适合家庭局域网的组建。家庭网络组网方案如图 2-1 所示。

根据图 2-1，组建家庭局域网需要增加一个无线路由器和若干网线。

市场上的无线路由器有许多品牌，质量和安全性参差不齐。本方案选择华为 WS5200 无线路由器作为家庭组网主要设备，其外形如图 2-2 所示。

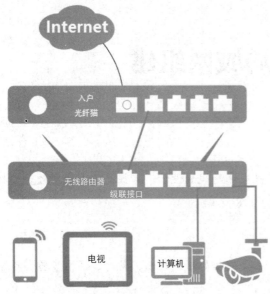

图 2-1　家庭网络组网方案

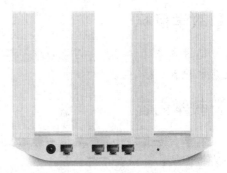

图 2-2　华为 WS5200 无线路由器外形

华为 WS5200 无线路由器的接口如图 2-3 所示，从左到右依次为电源接口，4 个以太网接口。其中，左侧第一个以太网接口用来级联光纤。

图 2-3　华为 WS5200 无线路由器的接口

另外，需要准备若干双绞线（本案例的网线选用双绞线），双绞线可以自己制作，也可以在市场上购买，但需要注意双绞线长度需求。

【实施步骤】

按照实施方案的要求，步骤如下。

第一步：向家庭附近的 Internet 服务商申请宽带接入。

目前中国移动、中国联通、中国电信三大电信运营商都有宽带接入业务，可以打官方服务电话或到家附近的网点办理宽带接入业务。

第二步：购置网络设备及附属产品。

网购或到实体店购置无线路由器一台。本案例以华为 WS5200 无线路由器为例，如果读者购置的是其他品牌路由器，则实施步骤大同小异，配置详见该产品的说明书。

同时购置或制作足够的网线备用。

第三步：网络布线。

根据实施方案中的联网方案（见图 2-1），用网线连接计算机等有线设备到无线路由器的以太网接口上。

第四步：配置网络。

最好使用笔记本电脑或手机等无线设备，便于连接无线路由器并进行配置。

（1）用无线设备配置路由器。打开笔记本电脑无线网络，搜索到该路由器的 Wi-Fi 信号（见图 2-4），接入。记住，路由器的底部一般会有 Wi-Fi 初始信息，如图 2-5 所示。

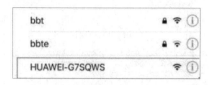

图 2-4　WIFI 信号

图 2-5　路由器底部的初始信息

（2）有线设备配置路由器。使用网线将计算机和无线路由器连接起来，配置计算机 IP 地址为 192.168.3.100。下面以 Windows 10 为例，介绍 IP 地址的具体配置过程。

依次单击 Windows 图标→设置→网络和 Internet 选项→更改适配器选项→以太网网卡。双击打开以太网进行进一步的配置，IP 地址的配置步骤如图 2-6 所示。

图 2-6　IP 地址的配置步骤

第五步：无线路由器参数设置。

将计算机连接到无线路由器之后，断开入户级联，如图 2-7 所示。

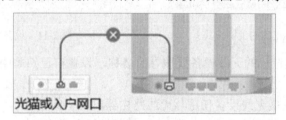

图 2-7　断开入户级联

（1）打开浏览器，在地址栏中输入 192.168.3.1 进入初始设置界面，如图 2-8 所示。

（2）单击图 2-8 中的"马上体验"按钮，无线路由器会检测 WAN 口网线连接情况。直接单击"先不插网线，继续配置"超链接，路由器的入户线检测提示如图 2-9 所示。

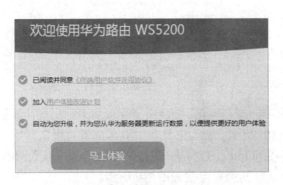

图 2-8　进入初始设置界面　　　　　　　　图 2-9　路由器的入户线检测提示

（3）选择正确的上网方式，如图 2-10 所示。

（4）一般，运营商会提供宽带账号和宽带密码，输入运营商提供的宽带账号和宽带密码。单击"下一步"按钮，设置 Wi-Fi 信息，如图 2-11 所示。

图 2-10　选择正确的上网方式①　　　　　　　图 2-11　设置 Wi-Fi 信息

"Wi-Fi 名称"是自己的无线设备要搜寻的名称，设置自己熟悉的名称或采用默认名称都行。

"新 Wi-Fi 密码"是无线设备使用该无线路由器时提供的密码。

"创建管理密码"是下次登录 192.168.3.1 时提供的密码。

将这些信息记录在一个地方，放在家中保存好，以备后用。

（5）单击"下一步"按钮，报告配置完成并显示 Wi-Fi 名称，如图 2-12 所示。

---

① 图 2-10 中"宽带帐号"的正确写法为"宽带账号"。

（6）路由器重启后，会出现如图 2-13 所示的管理登录界面（以后只要不重新初始化路由器，再次用浏览器登录 192.168.3.1 也会出现此界面。）

图 2-12　报告配置完成并显示 Wi-Fi 名称　　　　　　图 2-13　管理登录界面

（7）选择"我的 Wi-Fi"进行设置。输入用户名和密码进入路由器 Web 界面后，单击"我的 Wi-Fi"图标，如图 2-14 所示。

图 2-14　"我的 Wi-Fi"图标

根据情况，可以选择 Wi-Fi 的"穿墙"模式，使得整个家庭中的无线设备都能接收到信号。

第六步：网络测试。

把前面拔掉的连接光猫的网线重新插到无线路由器上。

对于手机等无线设备，选择前面设置好的 Wi-Fi "TP3206-70"，输入设置的 Wi-Fi 密码即可上网。

对于计算机等有线设备，把网线连接好，自动获取 IP 地址即可上网。

如果不能上网，请按以下步骤检测。

（1）所有线缆是否连接正确。

（2）图 2-10 中的宽带账号和宽带密码是否正确。不清楚的可以拨打电信服务商的热线电话进行咨询，重新在路由器中设置。

相关知识

1．双绞线线缆的制作

（1）前期准备。

双绞线的基本知识。

双绞线是相互缠绕在一起的 4 对线缆，共 8 根，每根都用颜色区分，如图 2-15 所示。

ISO 规定了两种线序标准——T568A 和 T568B，市场上使用较多的是 T568B 标准，且大部分设备可自适应两个标准。

T568A 线序（从左到右）：绿白，绿，橙白，蓝，蓝白，橙，棕白，棕。

T568B 线序（从左到右）：橙白，橙，绿白，蓝，蓝白，绿，棕白，棕。

T568 线序标准如图 2-16 所示。

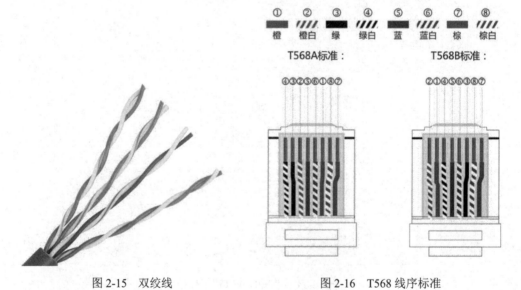

图 2-15　双绞线　　　　　　　　图 2-16　T568 线序标准

（2）工具准备。

制作双绞线需要压线钳 1 把、双绞线若干米、RJ-45 接头若干个（一根线需要 2 个 RJ-45 接头，留有冗余）、测线仪 1 个。

（3）制作步骤。

第一步，剥线。使用压线钳的剥线口，或者专用的剥线钳，把双绞线外部的包皮剥除一段，露出类似图 2-15 的 4 对线缆。剥线操作如图 2-17 所示。

第二步，撸线与排序。分开 4 对线缆，用手把每根线缆撸直，并按照 T568 的线序标准排列好，握紧排好序的线缆，如图 2-18 所示，进行下一步操作。

第三步，剪线。将撸直排好序的线缆用一只手捏紧，用另一只手握压线钳剪线，将线剪至 1cm 左右、8 根线缆横截面整齐的样子，如图 2-19 所示。注意捏线的手不能松。

图 2-17　剥线操作

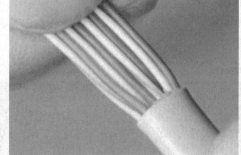
图 2-18　撸线与排序操作

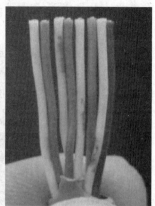
图 2-19　剪切好的双绞线

第四步，插线。用力将剪好的线缆插入 RJ-45 接头，如图 2-20 所示。注意 RJ-45 接头的方位，金属片的一面朝上，保证每根线缆都抵达 RJ-45 接头的底部与金属片接触。

第五步，压线。用压线钳的压线口压紧 RJ-45 接头即可。

网线的另一端也按照上面的五个步骤制作即可。

第六步，测试。将网线的两端分别插入测线仪的两端，开启测线仪，分别观测测线仪的两端，指示灯从 1 到 8 依次亮起即可。测试网线如图 2-21 所示。

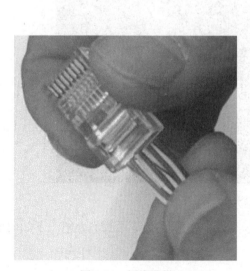
图 2-20　插线操作

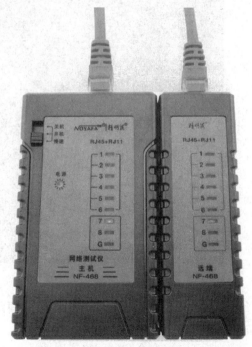
图 2-21　测试网线

2．ping 命令

（1）ping 命令基础知识。

ping 原是潜水艇人员的专用术语，表示回应的声呐脉冲。在网络中，ping 命令是一个十分好用的 TCP/IP 工具，主要的功能是测试网络的连通性和分析网络速度。在使用 ping 命令之前，首先来了解一下 ping 命令。

（2）ping 命令详解。

打开"命令提示符"界面。通过单击"开始"菜单中的"附件"命令，单击"命令提示符"命令，（或者按"Win+R"组合键后，再键入 cmd 和按 Enter 键）即可打开如图 2-22 所示的"命令提示符"界面。

图 2-22   "命令提示符"界面

我们输入"ping/？"命令，列出 ping 命令的相关参数，如图 2-23 所示。

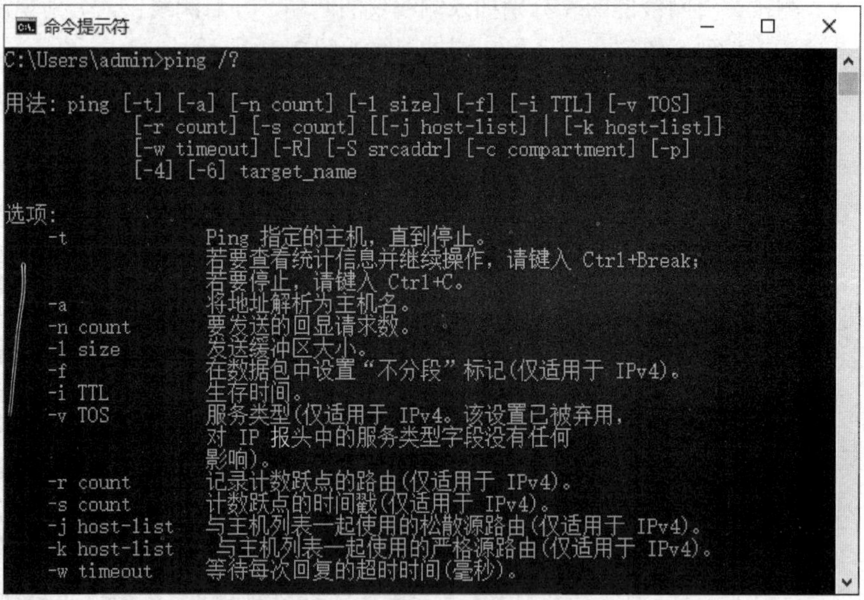

图 2-23   ping 命令的相关参数

从图 2-23 中可以看到，每个参数都有解释，在此不再赘述。下面我们介绍一下如何使用 ping 命令来测试网络的连通性。

（3）使用 ping 命令测试网络连通性。

使用 ping 命令测试网络的连通性有五个步骤。

第一步，使用 ipconfig /all 参数查看本地网络信息设置是否正确，本地网络信息如图 2-24 所示。

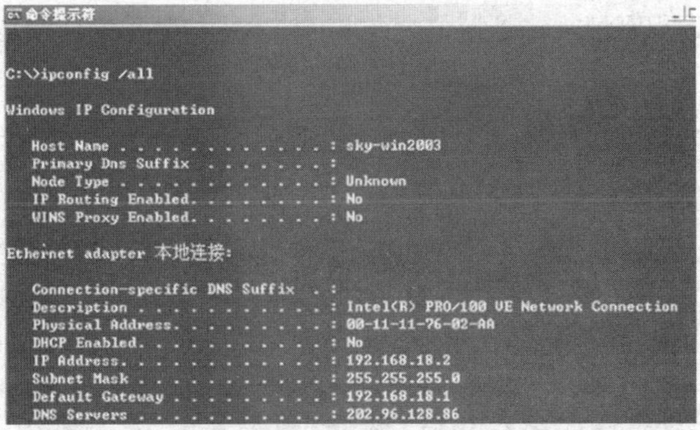

图 2-24　本地网络信息

第二步，ping 127.0.0.1，127.0.0.1 是回送地址。ping 回送地址是为了检查本地的 TCP/IP 协议有没有设置好，ping 127.0.0.1 显示界面如图 2-25 所示。

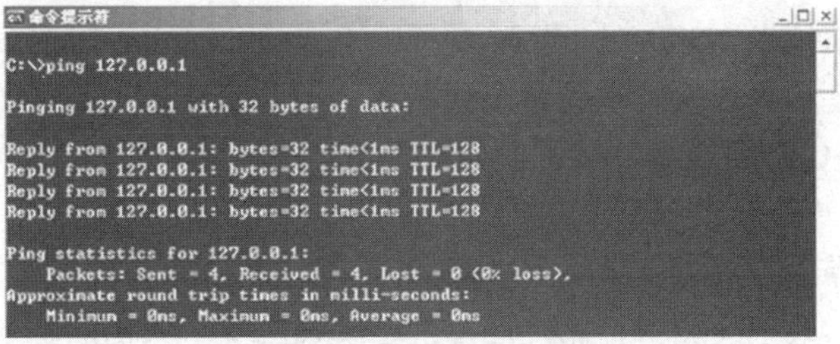

图 2-25　ping 127.0.0.1 显示界面

第三步，ping 本机 IP 地址，这是为了检查本机的 IP 地址是否设置正确，ping 本机 IP 地址显示界面如图 2-26 所示。（如果配置了"自动获得 IP 地址"或 IP 地址与例子的地址不同，本测试可能会失败。本机的具体 IP 地址请询问网络管理员）

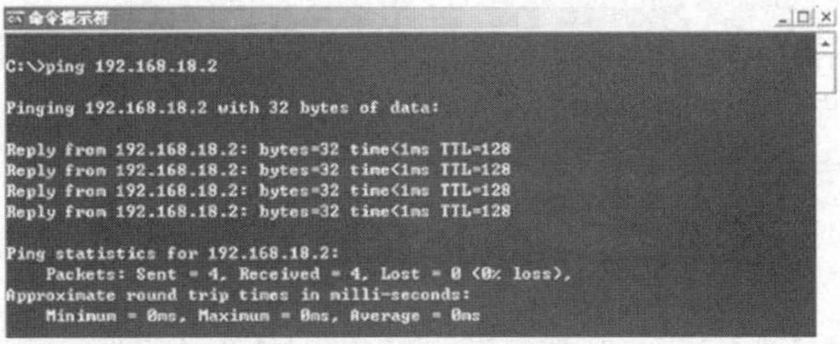

图 2-26　ping 本机 IP 地址显示界面

第四步，ping 本网网关，测试主机到网关是否畅通，ping 本网网关界面如图 2-27 所示。

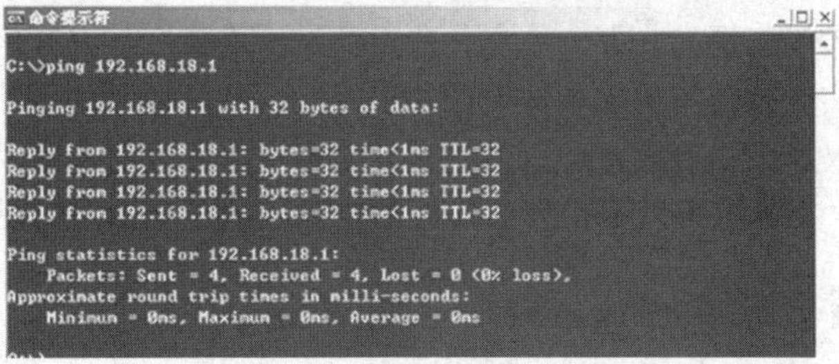

图 2-27　ping 本网网关界面

第五步，ping 远程网址，这是为了检查本网或本机与外部的连接是否正常，ping 远程网址界面如图 2-28 所示。

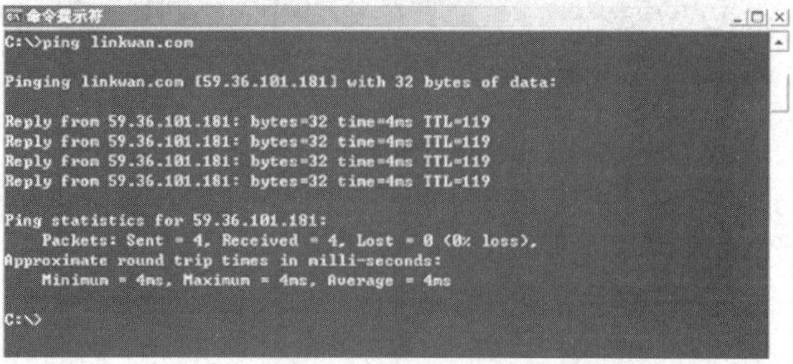

图 2-28　ping 远程网址界面

3．局域网关键技术

第五代移动通信技术（5th Generation Mobile Communication Technology，简称 5G）是具有高速率、低时延和大连接特点的新一代宽带移动通信技术，是实现人、机、物互联的网络基础设施。在 5G 网络技术领域里，华为公司一共申请了超过 3200 多项的核心技术专利，排名全球第一。

为满足 5G 多样化的应用场景需求，5G 的关键性能指标更加多元化。ITU 定义了 5G 八大关键性能指标，其中高速率、低时延、大连接成为 5G 突出的特征，用户体验速率达 1Gbit/s，时延低至 1ms，用户连接能力达 100 万条连接/平方千米。

从 5G 开始商用已经过去两年多了，在这两年多里，许多国家在加速进行 5G 设置的部署，但从各国在 5G 方面的发展情况来看，中国无疑是布局速度最快的国家。从工业和信息化部公布的数据来看，截至 2021 年 11 月，我国已有 5G 基站 139.6 万个，数量占全球 70%以上，建成了全球规模最大、技术最先进的 5G 独立组网网络。

遥遥领先的基站覆盖率让中国的 5G 终端用户数量明显高于其他国家，截至 2021 年 11 月，中国 5G 终端用户数量达到了 4.97 亿户，数量占全球 80%以上，普及程度超过其他国家。

案例二　办公室局域网组建

【案例描述】

随着计算机技术、网络技术、通信技术、数据库技术等的不断发展，人们利用信息技术处理数据的能力大幅度提高，办公信息化建设凸显出重要性。办公信息化首先要组建办公室的局域网，来实现办公室内软硬件资源共享，办公室区域网的硬件资源共享的优势突出，打印机、扫描仪、硬盘等设备可以得到充分的利用，各种信息的"上传下达"可以实现无损耗、无延迟，提高办公效率。那么作为网络工程师，应如何实现办公室局域网呢？

【案例分析】

办公室局域网占地空间小、规模小，主要作用是实现网络通信和资源共享，联网后，所有办公室计算机可以共享文件、打印机、扫描仪等办公设备，还可以共用一条 Internet 接入线路上网，共享 Internet 资源。

【实施方案】

仔细思考办公室局域网组建的详细需求，进行需求分析，并画出网络拓扑图，根据需求分析的情况制定详细的组网实施方案，确立组建办公室局域网的原则，选定一种既经济又实用的办公室局域网组建方式，完成本案例。

1. 组建原则

本案例重点要考虑的因素是有线局域网可靠的"应用为本"原则。

办公室局域网的设计应遵循"应用为本"的原则，在应用的基础上应考虑到满足未来几年内用户对网络带宽的需求，以及网络规模和带宽的扩展能力。

2. 网络选型

现在局域网市场几乎完全被性能优良、价格低廉、升级和维护方便的以太网占领，所以一般局域网都选择以太网。现在许多计算机主板集成了 100/1000 Mbit/s 传输速率的网卡，组建办公室网络仅需要购买交换机、双绞线、RJ-45 接头等基本设备和器材即可。

3. 联网方案

采用有线网络连接方案，该方案信号传输稳定，传输质量也较高，信号受房间格局、阻挡物、气候、电磁干扰等影响较小。办公室计算机间有时会交换大的数据，对网络质量要求相对较高，本方案正好满足需求。

4. 硬件选型

对于交换机、双绞线、RJ-45 接头等附属设备，重点是交换机。交换机的类型、生产企业众多，如何选择适合自己的交换机呢?

首先，客户自身的网络应用需求是交换机选型的关键。如果仅办公使用，仅需要数据通信，则不必要求交换机性能太高。

其次，对网络扩展的预期。如果不久的将来单位的网络会迅速扩展，则可以考虑选择可管理型交换机，到时可以有效利用，保护投资。如果单位不大，网络也不会扩展太大，仅在办公室使用，就可选非管理型交换机。

最后，考虑最优性价比。在客户可以承受的成本下选择性能、价格和品牌合适的交换机。

部分交换机主要参数对照如表 2-1 所示。

表 2-1　部分交换机主要参数对照

品牌型号	华为 S1700-24（AC）	Cisco SF90-24	H3C S1026E	TP-LINK TL-SF1009PE

主要参数				
产品类型	快速以太网交换机	快速以太网交换机	千兆以太网交换机	快速以太网交换机
应用层级	二层	二层	二层	二层
传输速率	10/100 Mbit/s	10/100 Mbit/s	10/100 Mbit/s	10/100 Mbit/s
交换方式	存储-转发	存储-转发	存储-转发	存储-转发
背板带宽	4.8Gbit/s	4.8Gbit/s	4.8Gbit/s	4.8Gbit/s
包转发率	3.6 Mpps	3.6 Mpps	3.6Mpps	3.6Mpps
端口参数				
端口结构	非模块化	非模块化	非模块化	非模块化
端口数量	24 个	24 个	26 个	9 个
端口描述	24 个 10/100 Mbit/s 自适应以太网端口	24 个 10/100 Mbit/s 端口	24 个 10/100 Mbit/s 自适应以太网端口，以及 2 个 1000 Mbit/s 上行端口	9 个 10/100 Mbit/s RJ-45 端口，其中 1~8 号端口支持 PoE 功能

【实施步骤】

第一步：购置网络设备及附属产品。

以 12 人、12 台台式计算机、1 台多功能一体机为例计算，所需网络相关产品如表 2-2 所示。

表 2-2　所需网络相关产品

设备名称	设备功能及类型描述	数　量	用　　途
多功能一体机	打印、复印	1 台	办公室共享该多功能一体机
交换机	24 口、二层交换	1 台	连接办公室相关设备
网线	超 5 类	13 根	根据所需长度来计算，自己制作或到市场上购买
RJ-45 接头	连接	26 个	自己制作网线才需要
压线钳	网络线缆压制	1 把	自己制作网线才需要

第二步：网络布线。

网络设备最好放在节点的中央位置，这样做不是为了节约综合布线的成本，而是为了提高网络的整体性能，提高网络传输质量。双绞线的传输距离是 100 m，在 95 m 时才能获得最佳的网络传输质量。在进行网络布线时，最好能够设计一个合理的位置，放置网络设备。

确定交换机位置后，分别截取相应长度的双绞线（配备 RJ-45 接头），注意双绞线的长度不得超过 100 m，否则影响使用效果，为了布线更合理，应充分考虑交换机放置位置。完成布线后，将网线一头插在网卡接头处，另一头插在路由器上，办公室网络拓扑结构如图 2-29 所示。

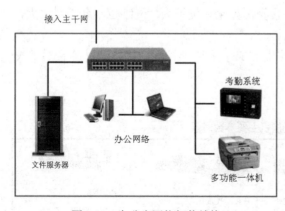

图 2-29　办公室网络拓扑结构

第三步：配置网络。

操作系统启动后，单击系统托盘的"网络"图标，选择"网络和 Internet 设置"选项，单击"更改适配器选项"命令，右击"以太网"，选择"属性"选项，在弹出的对话框中勾选"Internet 协议版本 4 (TCP/IPv4)"复选框，再单击"属性"按钮，进入 IP 地址设置界面。Windows 10 本地连接网络配置如图 2-30 所示。

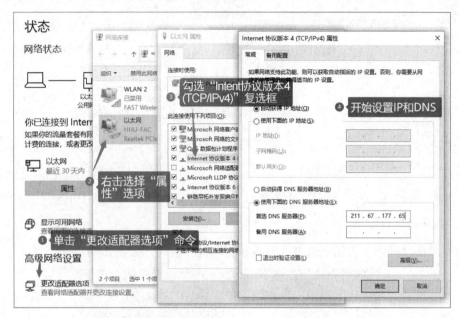

图 2-30　Windows 10 本地连接网络配置

当设置 IP 地址的第四组数据时，一般输入数字为 2～254；按照主干网网络设置相应的 IP 地址、子网掩码、网关、DNS 服务器地址；有的主干网使用的 DHCP 自动获取 IP 地址和 DNS 服务器地址。

第四步：安装打印机及共享设置。

1．取消禁用 Guest 用户

（1）在 Windows 10 桌面上，右击"此电脑"图标，在弹出的快捷菜单中选择"管理"选项，如图 2-31 所示。

图 2-31　选择"管理"选项

（2）在弹出的"计算机管理"对话框中找到"Guest"用户，如图 2-32 所示。

（3）双击"Guest"用户，打开"Guest 属性"对话框，确保"账户已禁用"复选框没有被勾选，如图 2-33 所示。

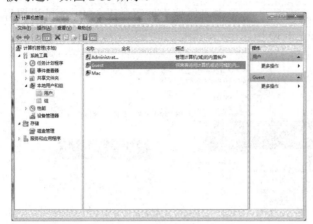

图 2-32　"计算机管理"对话框

图 2-33　"Guest 属性"对话框

2．共享目标打印机

（1）单击"开始"按钮，选择"设备和打印机"选项，如图 2-34 所示。

图 2-34　"设备和打印机"选项

（2）在弹出的窗口中找到想共享的打印机（前提是打印机已正确连接，驱动已正确安装），右击该打印机，在弹出的快捷菜单中选择"打印机属性"选项，如图 2-35 所示。

（3）切换到"共享"选项卡，勾选"共享这台打印机"，并且设置一个共享名（请记住该共享名，后面的设置可能会用到），如图 2-36 所示。

图 2-35　"打印机属性"选项

图 2-36　勾选"共享这台打印机"

3．进行高级共享设置

（1）右击系统托盘的"网络"图标，在弹出的快捷菜单中选择"打开'网络和 Internet'设置"选项，如图 2-37 所示。

图 2-37　"打开'网络和 Internet'设置"选项

（2）记住所处的网络类型，在弹出的窗口中单击"网络和共享中心"命令，如图 2-38 所示。

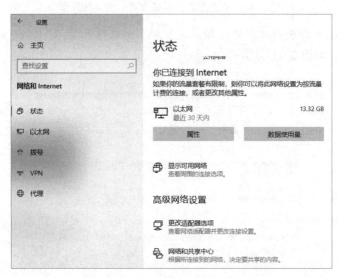

图 2-38　"网络和共享中心"命令

（3）单击"更改高级共享设置"命令，如图 2-39 所示。

图 2-39　"更改高级共享设置"命令

（4）如果是家庭或工作网络，"更改高级共享设置"的具体设置可参考图 2-40。

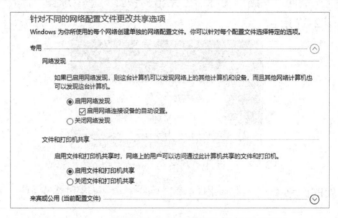

图 2-40　"更改高级共享设置"的具体设置

注意：如果是来宾或公用网络，具体设置和上面的情况类似，但应该设置"来宾或公用"下面的选项，如图 2-41 所示。

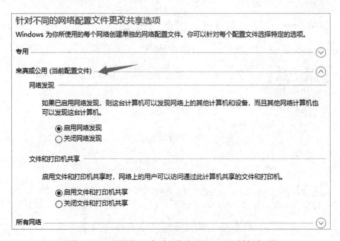

图 2-41　设置"来宾或公用"下面的选项

第五步：设置工作组。

在添加目标打印机之前，首先要确定局域网内的计算机是否都处于一个工作组，具体过程如下。

（1）右击"此电脑"图标，在弹出的快捷菜单中选择"属性"→"高级系统设置"选项，弹出"系统属性"对话框，如图 2-42 所示。

图 2-42　"系统属性"对话框

（2）如果计算机的工作组设置不一致，请单击图 2-42 中的"更改"按钮；如果一致，则可以直接退出，跳到第六步。

注意：请记住"计算机名"，如图 2-43 所示，后面的设置会用到。

（3）如果计算机处于不同的工作组，则可以在"计算机名/域更改"对话框中进行设置，如图 2-44 所示。

图 2-43　"计算机名"选项卡

图 2-44　"计算机名/域更改"对话框

注意：此设置要在计算机重启后才能生效，所以在设置完成后不要忘记重启一下计算机，使设置生效。

第六步：在其他计算机上添加目标打印机。

注意： 此步操作是在局域网内的其他需要共享打印机的计算机上进行的。此步操作在 Windows 7 系统中的过程是类似的，本文以 Windows 10 为例进行介绍。

添加的方法有多种，在此为读者介绍其中的一种。

首先，无论使用哪种方法，都应先进入"控制面板"，打开"设备和打印机"窗口，并单击"添加打印机"选项卡，如图 2-45 所示。

图 2-45　"添加打印机"选项卡

然后，选择"添加网络、无线或 Bluetooth 打印机"选项，单击"下一步"按钮，如图 2-46 所示。

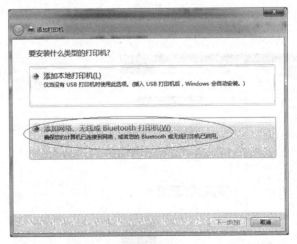

图 2-46　"添加网络、无线或 Bluetooth 打印机"选项

单击"下一步"按钮之后，系统会自动搜索可用的打印机。

如果前面的几步设置都正确的话，那么只要耐心等待，一般系统都能找到，接下来只需要跟着提示一步步操作就行了。如果等待后，系统仍然找不到所需要的打印机，则可以先单击"我需要的打印机不在列表中"命令，再单击"下一步"按钮，如图 2-47 所示。

　　如果不想等待的话，可以先直接单击"停止"按钮，再单击"我需要的打印机不在列表中"命令，接着单击"下一步"按钮，如图 2-48 所示。

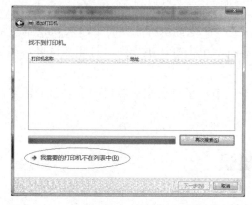

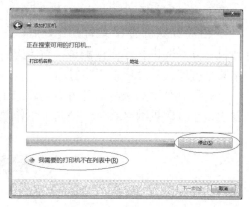

图 2-47　"我需要的打印机不在列表中"命令　　　　　图 2-48　"停止"按钮

　　接下来的设置就有多种方法了。

　　（1）选中"浏览打印机"单选按钮，单击"下一步"按钮，如图 2-49 所示。

　　（2）找到连接着打印机的计算机，单击"选择"按钮，如图 2-50 所示。

图 2-49　"浏览打印机"按钮　　　　　　　图 2-50　"选择"按钮

　　（3）选择目标打印机（打印机名就是在图 2-36 中设置的共享名），单击"选择"按钮，如图 2-51 所示。

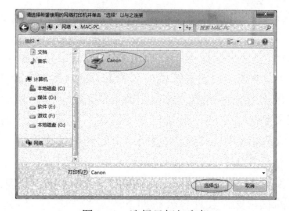

图 2-51　选择目标打印机

接下来的操作比较简单，系统会自动找到并把该打印机的驱动程序安装好。这样，打印机就成功添加了。

第七步：网络及打印机共享测试。

当13台计算机的IP地址配置好后，在系统的"命令提示符"界面中输入ping命令对计算机、互联网进行连通性测试；对于每台计算机，单击打印机属性，打印测试页，测试网络共享打印机是否可以正常打印。

至此，办公室局域网组建就大功告成了，不但满足了办公室计算机网上办公的需求，而且实现了打印机网络共享，提高了工作效率。

相关知识

交换机的选择方法

交换机作为局域网的常用设备之一，其性能及功能决定着网络的可管理性和数据转发能力。在日常办公中，选择交换机应该注意以下几个方面。

（1）业务需求。

办公室网络规模大小不一。当选择交换机时，应在满足当前网络业务需求的同时，考虑未来网络业务需求的发展，从而决定购置什么类型的交换机。对于一般办公室，购置普通的二层交换机即可；在网络业务复杂、规模较大的办公室网络建设中，三层交换机可能更为合适。

此外，是否需要PoE交换机也要考虑清楚。PoE交换机是指支持以太网供电的交换机，在为一些基于IP的终端（如IP电话、无线AP、网络摄像机等）传输数据信号的同时，能为此类设备提供直流电。办公室内是否有IP电话，以后是否安装网络摄像机和无线AP等，都要考虑清楚。

（2）端口参数。

端口参数主要包括端口数量、端口速率和端口类型等。

① 端口数量。交换机的端口数量决定着接入的设备数量，目前办公网络中常用的有4口交换机、8口交换机、24口交换机等。当选择交换机时，应该计算好终端的数量规模并考虑未来需求，留有冗余端口。

② 端口速率。端口速率目前有百兆、千兆、万兆等类型。目前办公网络中，千兆端口用得较多一些。

③ 端口类型。目前交换机端口类型有纯电缆接口（RJ-45接口，接双绞线）、纯光纤接口（接光纤）等，也有电缆接口、光纤接口二者混合的（2~4个光纤接口进行级联，其他端口是电缆接口）。目前办公室用电缆接口交换机的较多一些，但应该考虑上一级的网络接口是什么类型，如果到办公室的信息接口是光纤接口，那么购置的交换机最好带有光纤接口，这样可以直接级联，否则还需要购置网络上的光电转换设备。

（3）背板带宽。

背板带宽是指交换机端口处理器和数据总线间所能吞吐的最大数据量，其实就是交换机上所有端口能提供的总带宽，其计算公式如下：

背板带宽=端口数量×端口速率×2

以 24 口千兆交换机为例，其背板带宽= 24×1000 Mbit/s×2÷1000=48 Gbit/s。

（4）包转发率。

包转发率也称为接口吞吐量，是指通信设备上某接口的数据包转发能力，单位通常为 pps（packet per second）。包转发率是交换机的一个重要参数，标志着交换机的具体性能。如果包转发率太小，交换机就会成为网络瓶颈，给整个网络的传输效率带来负面影响。

（5）功能支持。

此外，还要注意交换机是否支持 VLAN，是否支持生成树协议，是否具有路由功能等。交换机的功能越多，使用起来越方便，但是价格也会随之增加。

案例三　学校宿舍无线局域网组建

【案例描述】

学校宿舍进行网络改造，想在原有网络的基础上组建无线局域网，让同学们的笔记本电脑和手机等移动设备可以联网。

【案例分析】

经过调查发现，学校每栋宿舍楼已经有网络接入，目前仅缺少无线网络覆盖。

【实施方案】

根据调查，可以在原有网络的基础上增加 AC 和 AP，组建无线局域网，达到无线网络覆盖宿舍的目的。宿舍无线网络拓扑如图 2-52 所示。

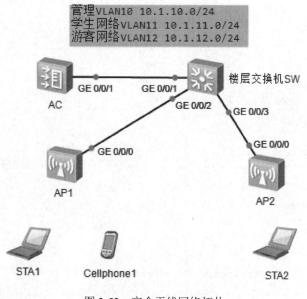

图 2-52　宿舍无线网络拓扑

【实施步骤】

1. 配置

购置 AC 和若干 AP，经过布线后，可以进行相关 WLAN 的配置。配置步骤和命令如下。

（1）楼层交换机 SW 基本配置。

```
<Huawei>system-view
[Huawei]sysname sw
[sw]vlan batch 10 to 12
[sw]interface Vlanif 10
[sw-Vlanif10]ip address 10.1.10.1 24
[sw-Vlanif10]quit
[sw]int vlanif 11
[sw-Vlanif11]ip address 10.1.11.1 24
[sw-Vlanif11]quit
[sw]int vlanif 12
[sw-Vlanif12]ip add 10.1.12.1 24
[sw-Vlanif12]quit
[sw-GigabitEthernet0/0/1]port link-type trunk
[sw-GigabitEthernet0/0/1]port trunk allow-pass vlan 10 to 12
[sw-GigabitEthernet0/0/1]quit
[sw]int g0/0/2
[sw-GigabitEthernet0/0/2]port link-type trunk
[sw-GigabitEthernet0/0/2]port trunk allow-pass vlan 10 to 12
[sw-GigabitEthernet0/0/2]port trunk pvid vlan 10
[sw]int g0/0/3
[sw-GigabitEthernet0/0/3]port link-type trunk
[sw-GigabitEthernet0/0/3]port trunk allow-pass vlan 10 to 12
[sw-GigabitEthernet0/0/3]port trunk pvid vlan 10
```

（2）AC 基本配置。

```
<AC6005>system-view
[AC6005]sysname AC
[AC]vlan batch 10 to 12
[AC]interface vlanif 10
[AC-Vlanif10]ip address 10.1.10.100 24
[AC-Vlanif10]quit
[AC]int vlanif 11
[AC-Vlanif11]ip address 10.1.11.100 24
[AC-Vlanif11]quit
[AC]int vlan 12
[AC-Vlanif12]ip address 10.1.12.100 24
[AC-Vlanif12]quit
[AC]int g0/0/1
[AC-GigabitEthernet0/0/1]port link-type trunk
[AC-GigabitEthernet0/0/1]port trunk allow-pass vlan 10 to 12
[AC-GigabitEthernet0/0/1]quit
//增加默认路由，实现与交换机的互通，双方也可以使用其他路由协议
```

```
[AC]ip route-static 0.0.0.0 0.0.0.0 10.1.10.1
```

至此，AC 和楼层交换机 SW 可以互通。

（3）AC 上的 DHCP 配置。

```
[AC]ip pool ap
[AC-ip-pool-ap]network 10.1.10.0 mask 24
[AC-ip-pool-ap]option 43 sub-option 3 ascii 10.1.10.100
[AC-ip-pool-ap]quit

[AC]ip pool student
[AC-ip-pool-student]network 10.1.11.0 mask 24
[AC-ip-pool-student]gateway-list 10.1.11.1
[AC-ip-pool-student]quit

[AC]ip pool guest
[AC-ip-pool-guest]network 10.1.12.0 mask 24
[AC-ip-pool-guest]gateway-list 10.1.12.1
[AC-ip-pool-guest]quit

[AC]dhcp enable
[AC]int vlanif 10
[AC-Vlanif10]dhcp select global
[AC-Vlanif10]quit
[AC]int vlan 11
[AC-Vlanif11]dhcp select global
[AC-Vlanif11]quit
[AC]int vlan 12
[AC-Vlanif12]dhcp select global
[AC-Vlanif12]quit
```

（4）在 AC 上创建宿舍 AP 域管理模板。

```
[AC]wlan
[AC-wlan-view]regulatory-domain-profile name house
[AC-wlan-regulate-domain-house]country-code CN
[AC-wlan-regulate-domain-house]quit
[AC-wlan-view]
```

（5）创建 AP 组并引用宿舍 AP 域管理模板。

```
[AC-wlan-view]ap-group name house-ap-group
[AC-wlan-ap-group-house-ap-group]quit
[AC-wlan-view]
```

（6）配置 AC 源接口。

```
[AC]capwap source interface Vlanif 10
```

（7）配置 AP 认证方式，添加 AP 到 house-ap-group。

```
[AC]wlan
[AC-wlan-view]ap auth-mode mac-auth
[AC-wlan-view]ap-mac 00E0-FC25-60F0 ap-id 0
[AC-wlan-ap-0]ap-group house-ap-group
```

```
[AC-wlan-ap-0]ap-name ap1
[AC-wlan-ap-0]quit
[AC-wlan-view]ap-mac 00E0-FC84-37A0 ap-id 1
[AC-wlan-ap-1]ap-group house-ap-group
[AC-wlan-ap-1]ap-name ap2
[AC-wlan-ap-1]quit
```

本案例中 AP 的 MAC 地址在设备的背面，当用 eNSP 模拟时，选择"AP1"→"配置"选项。在"AP 基础配置"下有 MAC 地址，如图 2-53 所示。

图 2-53　MAC 地址

（8）创建学生和游客的访问安全模板。

```
[AC-wlan-view]security-profile name student-pwd
[AC-wlan-sec-prof-student-pwd]security wpa-wpa2 psk pass-phrase a0123456 aes
[AC-wlan-sec-prof-student-pwd]quit
[AC-wlan-view]security-profile name guest-pwd
[AC-wlan-sec-prof-guest-pwd]security wpa-wpa2 psk pass-phrase b0123456 aes
[AC-wlan-sec-prof-guest-pwd]quit
```

（9）创建 ssid 模板。

```
[AC-wlan-view]ssid-profile name student
[AC-wlan-ssid-prof-student]quit
[AC-wlan-view]ssid-profile name guest
[AC-wlan-ssid-prof-guest]quit
```

（10）创建 VAP 模板，设置转发模式并引用对应的安全模板和 ssid 模板。

```
[AC-wlan-view]vap-profile name student
[AC-wlan-vap-prof-student]forward-mode direct-forward
[AC-wlan-vap-prof-student]service-vlan vlan-id 11
[AC-wlan-vap-prof-student]ssid-profile student
[AC-wlan-vap-prof-student]security-profile student-pwd
[AC-wlan-vap-prof-student]quit
[AC-wlan-view]vap-profile name guest
[AC-wlan-vap-prof-guest]forward-mode direct-forward
[AC-wlan-vap-prof-guest]service-vlan vlan-id 12
[AC-wlan-vap-prof-guest]security-profile guest-pwd
[AC-wlan-vap-prof-guest]ssid-profile guest
[AC-wlan-vap-prof-guest]quit
[AC-wlan-view]
```

（11）在 AP 组中引用 VAP 模板和宿舍 AP 域管理模板。

```
[AC-wlan-view]ap-group name house-ap-group
[AC-wlan-ap-group-house-ap-group]vap-profile student wlan 1 radio all
[AC-wlan-ap-group-house-ap-group]vap-profile guest wlan 2 radio all
[AC-wlan-ap-group-house-ap-group]regulatory-domain-profile house
```

2．测试

我们在 AC 中使用 display ap all 命令，可以查看 AP 的状态。

```
<AC>display ap all
Info: This operation may take a few seconds. Please wait for a moment.done.
Total AP information:
nor : normal     [2]
--------------------------------------------------------------------
ID  MAC      Name Group   IP       Type      State STA Up  time
--------------------------------------------------------------------
0  00e0-fc25-60f0 ap1  house-ap-group 10.1.10.242 AP4050DN-E  nor 14M:15S
1  00e0-fc84-37a0 ap2  house-ap-group 10.1.10.53 AP4050DN-E  nor 14M:21S
--------------------------------------------------------------------
Total: 2
<AC>
```

在任意无线设备上，选择 VAP 列表上的 Wi-Fi 信号，输入对应的密码，可以获得 IP 地址并连接到网络。无线设备联网如图 2-54 所示。

图 2-54　无线设备联网

此时可以看到，无线设备可以正常工作。我们在无线设备中使用 ipconfig 命令可以查看到获得的 IP 地址，使用 ping 命令可以测试网络的连通性。无线设备联网测试如图 2-55 所示。

```
STA>ipconfig

Link local IPv6 address...........: ::
IPv6 address......................: :: / 128
IPv6 gateway......................: ::
IPv4 address......................: 10.1.11.52
Subnet mask.......................: 255.255.255.0
Gateway...........................: 10.1.11.1
Physical address..................: 54-89-98-86-2E-D5
DNS server........................:

STA>ping 10.1.10.100

Ping 10.1.10.100: 32 data bytes, Press Ctrl_C to break
From 10.1.10.100: bytes=32 seq=1 ttl=255 time=125 ms
From 10.1.10.100: bytes=32 seq=2 ttl=255 time=125 ms
From 10.1.10.100: bytes=32 seq=3 ttl=255 time=125 ms
From 10.1.10.100: bytes=32 seq=4 ttl=255 time=140 ms
From 10.1.10.100: bytes=32 seq=5 ttl=255 time=141 ms

--- 10.1.10.100 ping statistics ---
 5 packet(s) transmitted
 5 packet(s) received
 0.00% packet loss
 round-trip min/avg/max = 125/131/141 ms
```

图 2-55　无线设备联网测试

可以看到，无线设备可以和外部正常通信。至此，我们完成了无线局域网的实验验证。

相关知识

无线局域网

（1）无线局域网简介。

无线局域网（Wireless Local Area Network，WLAN）是指应用无线通信技术将计算机设备互联起来，构成的可以互相通信和实现资源共享的网络体系。无线局域网的特点是通过无线的方式连接网络，从而使网络的构建和终端的移动更加灵活。

1997年，第一个无线局域网标准 IEEE 802.11 正式颁布实施，为无线局域网技术提供了统一标准，速率为 1~2 Mbit/s。

1999年，IEEE 委员会制定了新的无线局域网标准，分别取名为 IEEE 802.11a 和 IEEE 802.11b。IEEE 802.11a 定义了一个在 5 GHz 的 ISM 频段上的、数据传输速率可达 54 Mbit/s 的物理层。IEEE 802.11b 定义了一个在 2.4 GHz 的 ISM 频段上的、数据传输速率高达 11 Mbit/s 的物理层。

2003年，IEEE 802.11g 标准形成，目的是在 2.4 GHz 频段上实现 IEEE 802.11a 的速率要求。IEEE 802.11g 采用 PBCC 或 CCK/OFDM 调制方式，使用 2.4 GHz 频段，对现有的 IEEE 802.11b 系统向下兼容。IEEE 802.11g 既能适应传统的 IEEE 802.11b 标准（在 2.4 GHz 频段下提供的数据传输速率为 11 Mbit/s），又符合 IEEE 802.11a 标准（在 5GHz 频段下提供的数据传输速率为 54 Mbit/s），从而解决了对已有的 IEEE 802.11b 设备的兼容问题。用户可以配置与 IEEE 802.11a、IEEE 802.11b 及 IEEE 802.11g 均相互兼容的多方式无线局域网，有利于促进无线网络市场的发展。

2009年，IEEE 802.11n 标准出现，其工作在 2.4 GHz 或 5.8 GHz 频段。数据传输速率高达 300~600 Mbit/s，兼容 IEEE 802.11/IEEE 802.11b/IEEE 802.11a 标准。

经过多年的发展，无线局域网在技术上已经日渐成熟，应用日趋广泛，将从小范围应用进入主流应用。

（2）无线局域网的主要组件。

无线局域网的主要组件有以下两个。

① 无线网卡。无线网卡提供与有线网卡一样丰富的系统接口，包括 PCMCIA、CardBus、PCI 和 USB 等。

② 接入点。接入点的作用相当于局域网集线器。接入点在无线局域网和有线网络之间接收、缓冲、存储和传输数据，以支持一组无线用户设备。接入点通常通过标准以太网网线连接到有线网络上，并通过天线与无线设备进行通信。在有多个接入点时，用户可以在接入点之间漫游切换。接入点的有效范围是 20~500 m。根据技术、配置和使用情况，一个接入点可以支持 15~250 个用户，通过添加更多的接入点，可以比较轻松地扩充无线局域网，从而减少网络拥塞并扩大网络的覆盖范围。

（3）无线局域网的配置模式。

无线局域网的配置模式有以下两种。

① 对等模式，即 Ad-hoc 模式。这种模式包含多个无线终端和一个服务器，均配有无线网卡，但不连接到接入点和有线网络，而通过无线网卡进行相互通信。对等模式主要用于在没有基础设施的地方快速而轻松地构建无线局域网。

② 基础结构模式，即 Infrastructure 模式。该模式是目前常见的一种模式，包含一个接入点和多个无线终端，接入点通过电缆与有线网络连接，通过无线电波与无线终端连接，可以实现无线终端之间的通信，以及无线终端与有线网络之间的通信。通过对这种模式进行复制，可以实现多个接入点相互联接的更大的无线网络。

本章小结

本章结合案例介绍了小型局域网组建的方式方法、组建原则及实施方案，相关知识点介绍了计算机网络应用基本原理、网络硬件设备及架构，并且结合案例实施方案讨论了家庭局域网、办公室局域网、学校宿舍无线局域网的组建、施工、检测等问题。

实训项目

局域网组建

（1）实训目标。

了解宿舍网络组建原则；掌握宿舍网络组建、设备安装与调试方法、熟练网线的制作；掌握网络检测设备的使用。

（2）实训要求。

运用宿舍网络组建方法，组建家庭局域网、办公室局域网（有线+无线功能）。

第 3 章　网络互联

教学目标

通过本章的学习，学习者应了解网络互联的相关技术，重点掌握 VLAN、DHCP、NAT、OSPF、IPSec VPN 等技术的应用。

教学内容

本章介绍计算机网络组网技术，主要包括以下方面。
（1）VLAN 技术。
（2）DHCP 技术。
（3）OSPF 等路由技术。
（4）NAT 技术。
（5）IPSec VPN 技术。

教学重点与难点

（1）重点是各种组网技术的应用。
（2）难点是几种技术的工作原理。

案例一　楼宇网络组建

【案例描述】

小刘是学校网络中心的一名技术员，学校现在新建一栋实验楼，实验楼内有三个教学院系，学校要求小刘完成该楼宇内的网络组建。

【案例分析】

根据以上情况，小刘做了实地调查，对实验楼内的用户需求进行了进一步梳理，用户需求分析如表 3-1 所示。

表 3-1　用户需求分析

楼　层	院系名称	类　型	数量/台	要　　求
一楼	信息工程学院	教师机	80	处在同一个广播域，与其他广播域隔离
		学生机	300（平均分布在 3 个机房中）	每个机房一个广播域，与其他广播域隔离

续表

楼　层	院系名称	类　型	数量/台	要　求
二楼	材料与化学学院	教师机	58	处在同一个广播域，与其他广播域隔离
		学生机	200（平均分布在 2 个机房中）	每个机房一个广播域，与其他广播域隔离
三楼	电子工程学院	教师机	39	处在同一个广播域，与其他广播域隔离
		学生机	100（平均分布在 2 个机房中）	每个机房一个广播域，与其他广播域隔离

根据用户需求，需要在楼层内使用二层交换机实现接入互联，在楼层间使用三层交换机实现不同类型用户互通。

【实施方案】

小刘在考察实验楼的基础上，对需求进行详细的分析后，通过网络选型、联网方案设计、硬件选型等几个环节对该任务进行了实施，具体步骤如下。

1. 网络选型

传统的以太网技术在局域网设计上可以高质量地达到通信要求，经过对比，小刘决定使用千兆以太网作为楼宇内的通信网络。这样既可以满足当前实验楼的具体需求，又方便以后的网络升级改造。

2. 联网方案设计

楼宇内网络连接可以采用接入层和汇聚层技术来进行联网。

通常将网络中直接面向用户连接或访问网络的部分称为接入层。接入层的目的是，允许多类型的终端用户连接到网络，因此接入层交换机具有低成本和高端口密度特性。

将位于接入层和核心层之间的部分称为分布层或汇聚层。汇聚层交换机是多台接入层交换机的汇聚点，它必须能够处理来自接入层设备的所有通信量，并提供到核心层的上行链路，因此汇聚层交换机与接入层交换机比较，需要具有更高的性能和更高的交换速率。

图 3-1 所示为联网方案。

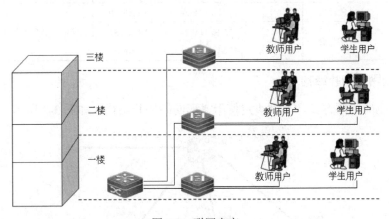

图 3-1　联网方案

3. 硬件选型

根据联网方案，本项目决定选择以下硬件。

（1）二层交换机。

二层交换机工作于 OSI 参考模型的第二层（数据链路层），因此称为二层交换机。二层交换技术发展比较成熟，二层交换机属于数据链路层设备，可以识别数据包中的 MAC 地址，根据 MAC 地址进行转发，并将这些 MAC 地址与对应的端口记录在自己内部的一个地址表中。

常用的品牌有华为、Cisco、TP-LINK、H3C、锐捷等。

（2）三层交换机。

三层交换机具有二层交换机的交换功能和三层路由器的路由功能，可将 IP 地址用于网络路径选择，并实现不同网段间数据的快速交换。

从兼容性、安全性、稳定性等综合因素出发，小刘选择了华为交换机。

【实施步骤】

按照实施方案的要求，实施步骤如下。

1. 规划 IP 地址

小刘在前期调查分析的基础上，使用无类 IP 地址及变长子网掩码等技术对实验楼的每一类型用户进行了详细的 IP 地址及端口规划，如表 3-2 所示。

表 3-2　IP 地址及端口规划

楼层	院系名称	微机类型	数量/台	IP 地址及子网掩码	所属 VLAN	对应的楼层交换机	对应的端口分布
一楼	信息工程学院	教师机	80	172.16.10.0/24	VLAN 10	一楼汇聚层交换机	端口 1～3
		学生机	300 （3 个机房）	172.16.11.0/24	VLAN 11		端口 5～10
				172.16.12.0/24	VLAN 12		端口 11～15
				172.16.13.0/24	VLAN 13		端口 16～20
二楼	材料与化学学院	教师机	58	172.16.20.0/24	VLAN 20	二楼汇聚层交换机	端口 1～3
		学生机	200 （2 个机房）	172.16.21.0/24	VLAN 21		端口 5～10
				172.16.22.0/24	VLAN 22		端口 11～15
三楼	电子工程学院	教师机	39	172.16.30.0/24	VLAN 30	三楼汇聚层交换机	端口 1～3
		学生机	100 （2 个机房）	172.16.31.0/24	VLAN 31		端口 5～10
				172.16.32.0/24	VLAN 32		端口 11～15

2. 规划网络拓扑结构

根据前面的联网方案，小刘决定使用树形网络拓扑结构，如图 3-2 所示。

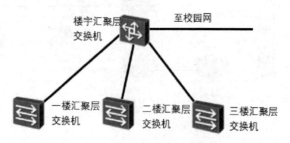

图 3-2　树形网络拓扑结构

3. 实验验证

小刘决定使用 eNSP 来验证设计的合理性，实验拓扑如图 3-3 所示。

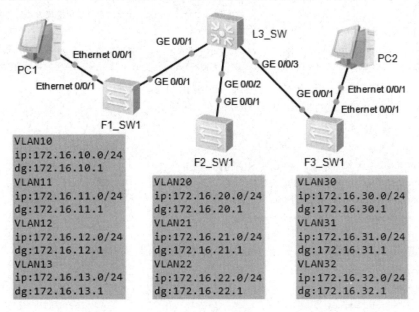

VLAN10
ip:172.16.10.0/24
dg:172.16.10.1
VLAN11
ip:172.16.11.0/24
dg:172.16.11.1
VLAN12
ip:172.16.12.0/24
dg:172.16.12.1
VLAN13
ip:172.16.13.0/24
dg:172.16.13.1

VLAN20
ip:172.16.20.0/24
dg:172.16.20.1
VLAN21
ip:172.16.21.0/24
dg:172.16.21.1
VLAN22
ip:172.16.22.0/24
dg:172.16.22.1

VLAN30
ip:172.16.30.0/24
dg:172.16.30.1
VLAN31
ip:172.16.31.0/24
dg:172.16.31.1
VLAN32
ip:172.16.32.0/24
dg:172.16.32.1

图 3-3 实验拓扑

说明：

L3_SW 为楼宇汇聚层交换机；F1_SW1 为一楼汇聚层交换机；F2_SW1 为二楼汇聚层交换机；F3_SW1 为三楼汇聚层交换机。

实验配置的详细信息如下。

（1）在 eNSP 中配置 F1_SW1 交换机，配置信息如下。

```
<Huawei>system-view                          //从用户视图进入系统视图
[Huawei]sysname F1_SW1                        //给交换机命名
[F1_SW1]vlan batch 10 to 13                   //创建 VLAN10、VLAN11、VLAN12、VLAN13
[F1_SW1]gvrp                                  //开启 gvrp，交换机动态注册 VLAN
[F1_SW1]port-group group-member Ethernet 0/0/1 to Ethernet 0/0/3
                                              //批处理以太网端口 1～3
[F1_SW1-port-group]port link-type access      //将以太网端口 1～3 设置为 access 模式
[F1_SW1-port-group]port default vlan 10        //设置 VLAN10 为该端口的 PVID
[F1_SW1-port-group]quit                        //退出当前模式
[F1_SW1]port-group group-member Ethernet 0/0/5 to Ethernet 0/0/10
[F1_SW1-port-group]port link-type access
[F1_SW1-port-group]port default vlan 11
[F1_SW1-port-group]quit
[F1_SW1]port-group group-member Ethernet 0/0/11 to Ethernet 0/0/15
[F1_SW1-port-group]port link-type access
[F1_SW1-port-group]port default vlan 12
[F1_SW1-port-group]quit
[F1_SW1]port-group group-member Ethernet 0/0/16 to Ethernet 0/0/20
[F1_SW1-port-group]port link-type access
```

```
[F1_SW1-port-group]port default vlan 13
[F1_SW1-port-group]quit
[F1_SW1]interface g0/0/1
[F1_SW1]gvrp                              //在端口上开启gvrp，gvrp先在系统模式下开启，再在端口上开
启。这样系统就可以通过该端口动态获取局域网中的VLAN信息
[F1_SW1-GigabitEthernet0/0/1]port link-type trunk                //设置端口为trunk模式
[F1_SW1-GigabitEthernet0/0/1]port trunk allow-pass vlan all       //允许所有VLAN通过
```

（2）在eNSP中配置F2_SW1交换机，配置信息如下。

```
<Huawei>system-view
[Huawei]sysname F2_SW1
[F2_SW1]vlan batch 20 to 22
[F2_SW1]gvrp
[F2_SW1]port-group group-member Ethernet 0/0/1 to Ethernet 0/0/3
[F2_SW1-port-group]port link-type access
[F2_SW1-port-group]port default vlan 20
[F2_SW1-port-group]quit
[F2_SW1]port-group group-member Ethernet 0/0/5 to Ethernet 0/0/10
[F2_SW1-port-group]port link-type access
[F2_SW1-port-group]port default vlan 21
[F1_SW1-port-group]quit
[F2_SW1]port-group group-member Ethernet 0/0/11 to Ethernet 0/0/15
[F2_SW1-port-group]port link-type access
[F2_SW1-port-group]port default vlan 22
[F2_SW1-port-group]quit
[F2_SW1]interface g0/0/1
[F2_SW1]gvrp
[F2_SW1-GigabitEthernet0/0/1]port link-type trunk
[F2_SW1-GigabitEthernet0/0/1]port trunk allow-pass vlan all
```

（3）在eNSP中配置F3_SW1交换机，配置信息如下。

```
<Huawei>system-view
[Huawei]sysname F3_SW1
[F3_SW1]vlan batch 30 to 32
[F3_SW1]gvrp
[F3_SW1]port-group group-member Ethernet 0/0/1 to Ethernet 0/0/3
[F3_SW1-port-group]port link-type access
[F3_SW1-port-group]port default vlan 30
[F3_SW1-port-group]quit
[F3_SW1]port-group group-member Ethernet 0/0/5 to Ethernet 0/0/10
[F3_SW1-port-group]port link-type access
[F3_SW1-port-group]port default vlan 31
[F3_SW1-port-group]quit
[F3_SW1]port-group group-member Ethernet 0/0/11 to Ethernet 0/0/15
[F3_SW1-port-group]port link-type access
[F3_SW1-port-group]port default vlan 32
[F3_SW1-port-group]quit
[F3_SW1]interface g0/0/1
```

```
[F3_SW1]gvrp
[F3_SW1-GigabitEthernet0/0/1]port link-type trunk
[F3_SW1-GigabitEthernet0/0/1]port trunk allow-pass vlan all
```

（4）在 eNSP 中配置 L3_SW 交换机，配置信息如下。

```
<Huawei>system-view
[Huawei]sysname L3_SW
[L3_SW]vlan batch 10 to 13 20 to 22 30 to 32
[L3_SW]gvrp
[L3_SW]interface vlanif 10                          //进入 VLAN10 接口
[L3_SW-Vlanif10]ip address 172.16.10.1 24          //设置 VLAN10 的管理 IP 地址，这样 VLAN10 下
的所有设备网关即该地址
[L3_SW-Vlanif10]quit
[L3_SW]interface vlanif 11
[L3_SW-Vlanif11]ip address 172.16.11.1 24
[L3_SW-Vlanif11]quit
[L3_SW]interface vlanif 12
[L3_SW-Vlanif12]ip address 172.16.12.1 24
[L3_SW-Vlanif12]quit
[L3_SW]interface vlanif 13
[L3_SW-Vlanif13]ip address 172.16.13.1 24
[L3_SW-Vlanif13]quit
[L3_SW]interface vlanif 20
[L3_SW-Vlanif20]ip address 172.16.20.1 24
[L3_SW-Vlanif20]quit
[L3_SW]interface vlanif 21
[L3_SW-Vlanif21]ip address 172.16.21.1 24
[L3_SW-Vlanif21]quit
[L3_SW]interface vlanif 22
[L3_SW-Vlanif22]ip address 172.16.22.1 24
[L3_SW-Vlanif22]quit
[L3_SW]interface vlanif 30
[L3_SW-Vlanif30]ip address 172.16.30.1 24
[L3_SW-Vlanif30]quit
[L3_SW]interface vlanif 31
[L3_SW-Vlanif31]ip address 172.16.31.1 24
[L3_SW-Vlanif31]quit
[L3_SW]interface vlanif 32
[L3_SW-Vlanif32]ip address 172.16.32.1 24
[L3_SW-Vlanif32]quit
[L3_SW]port-group group-member g0/0/1 to g0/0/3
[L3_SW-port-group]gvrp
[L3_SW-port-group]port link-type trunk
[L3_SW-port-group]port trunk allow-pass vlan all
```

（5）测试验证。我们在实验拓扑中，启动 PC1、PC2，设置 IP 地址，如图 3-4 和图 3-5
所示。

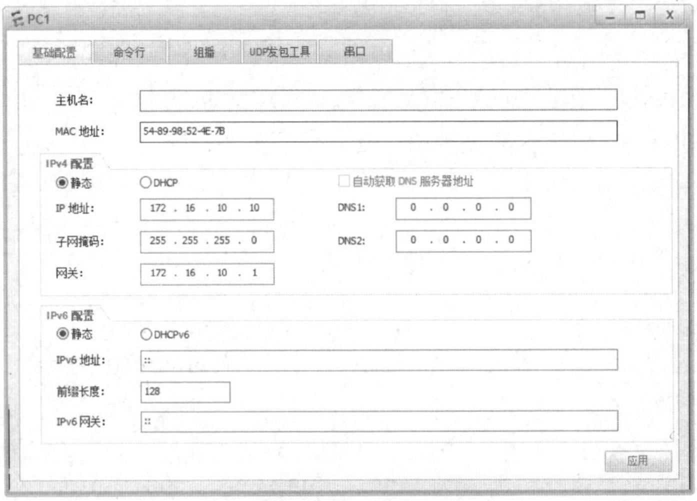

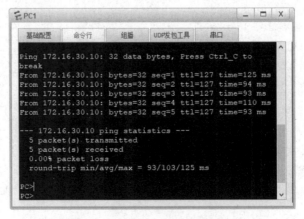

图 3-4 PC1 IP 地址设置

图 3-5 PC2 IP 地址设置

在 PC1 中，单击"命令行"选项卡。在命令行中输入 ping 命令，测试 PC1、PC2 的连通性，如图 3-6 所示。

图 3-6 测试 PC1、PC2 的连通性

可以发现，VLAN 之间已经可以相互通信，说明不同楼层的不同计算机之间能够相互通信。

相关知识

1．无类 IP 地址及子网划分

在早期，32 位的 IP 地址可以分为以下几类。

- A 类地址：前 8 位是 0～127 的 IP 地址。网络 ID 是前 8 位，主机 ID 是后 24 位。
- B 类地址：前 8 位是 128～191 的 IP 地址。网络 ID 是前 16 位，主机 ID 是后 16 位。
- C 类地址：前 8 位是 192～223 的 IP 地址。网络 ID 是前 24 位，主机 ID 是后 8 位。
- D 类地址和 E 类地址：前 8 位是 224～255 的地址。D 类地址用于组播，E 类地址用于科学实验。

如果机械地按照 A 类、B 类、C 类来划分网络，那么一个网络中如果有 500 台主机，C 类的网络地址不够（只能有 256 个主机地址），得用一个 B 类地址。但 B 类网络的容量是 65534 个主机地址，只用了 500 个，剩下的 65034 个主机地址没用上，造成浪费。

于是技术人员使用了一个办法——无类 IP 地址。无类 IP 地址在有类 IP 地址的分类规则的基础上，进一步把主机 ID 划分成子网 ID。有类 IP 地址的掩码（Net Mask）长度是固定的，A 类 8 位，B 类 16 位，C 类 24 位。而无类 IP 地址允许用一部分主机 ID 作为网络 ID，因此掩码长度可变。

子网划分用子网掩码把 32 位的 IP 地址划分为网络 ID 与主机 ID，在有类 IP 地址 A、B、C 分类的基础上进一步把网络 ID 分成更小的网络。子网掩码用来指定子网划分的幅度。

RFC 950 定义了子网掩码的使用，子网掩码是一个 32 位的二进制数，其对应网络地址的所有位置都为 1，对应主机地址的所有位置都为 0。

由此可知，A 类网络的默认子网掩码是 255.0.0.0，B 类网络的默认子网掩码是 255.255.0.0，C 类网络的默认子网掩码是 255.255.255.0。将子网掩码和 IP 地址按位进行逻辑"与"运算，得到 IP 地址的网络地址，剩下的部分就是主机地址，从而区分出任意 IP 地址中的网络地址和主机地址。

子网掩码常用点分十进制表示，我们还可以用 CIDR 的网络前缀法表示子网掩码，即"/<网络地址位数>;"。例如，138.96.0.0/16 表示 B 类网络 138.96.0.0 的子网掩码为 255.255.0.0。

当划分子网时，随着子网地址借用主机位数的增多，子网的数量逐渐增加，而每个子网中的可用主机数量逐渐减少。以 C 类网络为例，原有 8 位主机位，256 个主机地址，默认子网掩码为 255.255.255.0。借用 1 位主机位，产生 2 个子网，每个子网有 126 个主机地址；借用 2 位主机位，产生 4 个子网，每个子网有 62 个主机地址……在每个子网中，第一个 IP 地址（主机部分全部为 0 的 IP 地址）和最后一个 IP 地址（主机部分全部为 1 的 IP 地址）不能分配给主机使用，所以每个子网的可用 IP 地址数量为总 IP 地址数量减 2；根据子网 ID 借用的主机位数，我们可以计算出划分子网数、子网掩码、每个子网主机数，如表 3-3 所示（以 C 类网络为例）。

表 3-3　C 类网络划分

划分子网数/个	所借主机位数/位	子网掩码（二进制数形式）	子网掩码（十进制数形式）	每个子网主机数/台
2	1	11111111.11111111.11111111.10000000	255.255.255.128	126
4	2	11111111.11111111.11111111.11000000	255.255.255.192	62
8	3	11111111.11111111.11111111.11100000	255.255.255.224	30
16	4	11111111.11111111.11111111.11110000	255.255.255.240	14
32	5	11111111.11111111.11111111.11111000	255.255.255.248	6
64	6	11111111.11111111.11111111.11111100	255.255.255.252	2

我们给出一个 IP 地址及子网掩码，就可以算出其所在的网络号及所借主机位数。

例如，211.67.177.65/25，那么我们可以看出这是在原有 C 类 IP 地址的基础上进行了子网划分，形成了无类 IP 地址，该 IP 地址的网络号为 211.67.177.0。

211.67.177.65　　　　　二进制数形式　11010011.01000011.10110001.01000001

25 位子网掩码　　　　　　　　　　　　11111111.11111111.11111111.10000000

+（相与）　　　　　　　　　　　　　　11010011.01000011.10110001.00000000

结果：172.67.177.0

再给一个 IP 地址 211.67.177.165/25，它的网络号为 211.67.177.128，读者可以使用上面的方法计算网络号是否正确。

2．VLAN

VLAN（Virtual LAN），翻译成中文是"虚拟局域网"。LAN（局域网）可以是由少数几台家用计算机构成的家庭网络，也可以是由数以百计的计算机构成的企业网络。VLAN 中的 LAN 特指使用路由器分割的局域网，也就是广播域。

在此我们先学习一下广播域的概念。

（1）广播域。

广播域指的是广播帧（目标 MAC 地址全部为 1）所能传输到的范围，即能够直接通信的范围。严格地说，不仅是广播帧，多播帧（Multicast Frame）和目标不明的单播帧（Unknown Unicast Frame）也能在同一个广播域中畅行无阻。

本来，二层交换机只能构建单一的广播域，不过使用 VLAN 功能后，它能够将网络分割成多个广播域。

那么，为什么需要分割广播域呢？那是因为，如果仅有一个广播域，有可能会影响到网络整体的传输性能。具体原因，请参看如图 3-7 所示的网络拓扑加深理解。

图 3-7 是一个由 5 台二层交换机（交换机 1～交换机 5）连接了大量客户机构成的网络。假设这时，计算机 A 需要与计算机 B

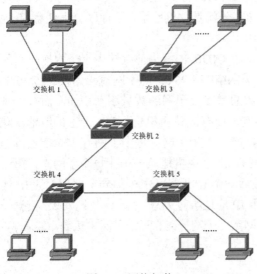

图 3-7　网络拓扑

通信。在基于以太网的通信中，必须在数据帧中指定目标 MAC 地址才能正常通信，因此计算机 A 必须先广播 ARP 请求（ARP Request），来尝试获取计算机 B 的 MAC 地址。

交换机 1 收到广播帧（ARP 请求）后，会将它转发给除接收端口外的其他所有端口，也就是 Flooding。交换机 2 收到广播帧后也会 Flooding。交换机 3、交换机 4、交换机 5 也会 Flooding。最终 ARP 请求会被转发到同一网络中的所有客户机上。广播帧的传播如图 3-8 所示。

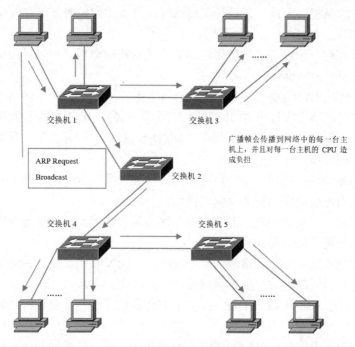

图 3-8　广播帧的传播

注意，这个 ARP 请求原本是为了获得计算机 B 的 MAC 地址而发出的。也就是说，只要计算机 B 能收到就万事大吉了。可是事实上，广播帧却传遍整个网络，导致所有的计算机都收到了它。如此一来，一方面，广播帧消耗了网络整体的带宽；另一方面，收到广播帧的计算机还要消耗一部分 CPU 时间来对它进行处理。这造成了网络带宽和 CPU 运算能力的大量无谓消耗。

但是，广播帧真会那么频繁地出现吗？

答案：是的！实际上广播帧会非常频繁地出现。当利用 TCP/IP 协议栈通信时，除前面出现的 ARP 广播帧外，还有可能发出 DHCP、RIP 等很多其他类型的广播帧。

ARP 广播帧是在需要与其他主机通信时发出的。当客户机请求 DHCP 服务器分配 IP 地址时，就必须发出 DHCP 广播帧。当使用 RIP 作为路由协议时，每隔 30s 路由器都会对邻近的其他路由器广播一次路由信息。RIP 以外的其他路由协议使用多播帧传输路由信息，这也会被交换机转发（Flooding）。除 TCP/IP 外，NetBEUI、IPX 和 Apple Talk 等协议也经常需要用到广播帧。例如，在 Windows 下双击打开"网络计算机"时就会发出广播（多播）帧（Windows XP 除外）。

总之，广播帧就在我们身边。下面是一些常见的广播通信。

- ARP 请求：建立 IP 地址和 MAC 地址的映射关系。
- RIP：一种路由协议。

- DHCP：用于自动设定 IP 地址的协议。
- NetBEUI：Windows 使用的网络协议。
- IPX：Novell Netware 使用的网络协议。
- Apple Talk：苹果公司的 Macintosh 计算机使用的网络协议。

如果整个网络只有一个广播域，那么一旦发出广播帧，就会传遍整个网络，给网络中的主机带来额外的负担。因此，在设计局域网时，需要注意如何才能有效地分割广播域。

（2）广播域的分割与 VLAN 的必要性。

当分割广播域时，一般都必须使用路由器。使用路由器后，可以以路由器上的网络接口（LAN Interface）为单位分割广播域。

但是，通常情况下路由器上不会有太多的网络接口，其数量多为 1～4 个。随着宽带连接的普及，宽带路由器（或称作 IP 共享器）变得较为常见，但是需要注意的是，它们上面虽然带着多个（一般为 4 个）连接局域网一侧的网络接口，但那实际上是路由器内置的交换机，并不能分割广播域。

若使用路由器分割广播域的话，所能分割广播域个数完全取决于路由器的网络接口个数，用户无法自由地根据实际需要分割广播域。

与路由器相比，二层交换机一般带有多个网络接口。因此，如果能使用二层交换机分割广播域，那么无疑灵活性会大大提高。

用于在二层交换机上分割广播域的技术，就是 VLAN 技术。通过利用 VLAN 技术，我们可以自由设计广播域的构成，提高网络设计的自由度。

在理解了"为什么需要 VLAN"之后，接下来让我们了解一下交换机是如何使用 VLAN 分割广播域的。

首先，在一台未设置任何 VLAN 的二层交换机上，任何广播帧都会被转发给除接收端口外的所有其他端口（Flooding）。例如，计算机 A 发送广播帧后，广播帧会被转发给端口 2、端口 3、端口 4。

这时，如果先在交换机上生成两个 VLAN，如图 3-9 所示，同时设置端口 1、端口 2 属于 VLAN1（广播域 1），端口 3、端口 4 属于 VLAN2（广播域 2）。再从计算机 A 发出广播帧的话，交换机就只会把它转发给同属于一个 VLAN 的其他端口，也就是同属于 VLAN1 的端口 2，不会再转发给属于 VLAN2 的端口。

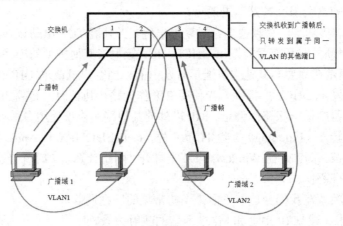

图 3-9　在交换机上生成两个 VLAN

同样，当计算机 C 发送广播帧时，广播帧只会被转发给其他属于 VLAN2 的端口，不会被转发给属于 VLAN1 的端口。

这样，VLAN 通过限制广播帧转发的范围分割了广播域。VLAN 在实际使用中是用"VLAN ID"来区分的。

如果要更为直观地描述 VLAN 的话，我们可以把它理解为将一台交换机在逻辑上分割成了数台交换机。在一台交换机上生成 VLAN1、VLAN2 两个 VLAN，也可以看作将一台交换机换作两台虚拟的交换机。交换机上的 VLAN 划分如图 3-10 所示。

在两个 VLAN 之外生成新的 VLAN 时，可以想象成又添加了新的交换机。

但是，VLAN 生成的逻辑上的交换机是互不相通的。因此，在交换机上设置 VLAN 后，如果未进行其他处理，那么 VLAN 间是无法通信的。

明明接在同一台交换机上，却偏偏无法通信——这个事实也许让人难以接受。但它既是 VLAN 方便易用的特征，又是使 VLAN 令人难以理解的原因。

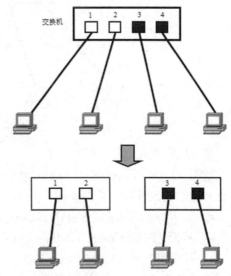

图 3-10　交换机上的 VLAN 划分

那么，当我们需要在不同的 VLAN 间通信时该怎么办呢？请大家回忆一下：VLAN 是广播域。而通常两个广播域之间是由路由器连接的，广播域之间来往的数据包都是由路由器中继的。因此，VLAN 间的通信也需要路由器提供中继服务，这被称作 VLAN 间路由。

VLAN 间路由可以使用普通的路由器，也可以使用三层交换机。在这里希望大家先记住不同 VLAN 间互相通信时需要用到路由功能。

（3）交换机的端口。

交换机的端口可以分为两种：访问链接（Access Link）端口和汇聚链接（Trunk Link）端口。

接下来就让我们依次学习这两种不同端口的特征。

访问链接端口指的是"只属于一个 VLAN，且仅向该 VLAN 转发数据帧"的端口。在大多数情况下，访问链接端口所连的是客户机。

通常设置 VLAN 的顺序是：①生成 VLAN；②设定访问链接端口（决定各端口属于哪一个 VLAN）；③设定访问链接端口的方法可以是事先固定的，也可以根据所连的计算机而动态改变。前者生成的 VLAN 被称为静态 VLAN，后者生成的 VLAN 被称为动态 VLAN。

① 静态 VLAN。

静态 VLAN 又被称为基于端口的 VLAN（Port Based VLAN）。顾名思义，静态 VLAN 明确指定了各端口属于哪个 VLAN，如图 3-11 所示。

由于需要一个个端口地指定，因此当网络中的计算机数量超过一定值（如数百台）后，设定操作就会变得繁杂无比。并且，客户机每次变更所连端口，都必须同时更改该端口所属 VLAN 的设定——这显然不适合那些需要频繁改变拓扑结构的网络。

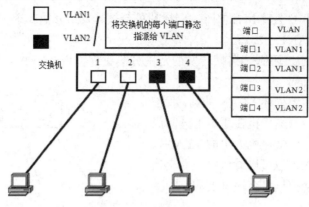

图 3-11　静态 VLAN

② 动态 VLAN。

动态 VLAN 可以根据每个端口所连的计算机，随时改变端口所属的 VLAN。这就可以避免上述的更改设定之类的操作。动态 VLAN 可以大致分为三种。

- 基于 MAC 地址的 VLAN（MAC Based VLAN）。
- 基于子网的 VLAN（Subnet Based VLAN）。
- 基于用户的 VLAN（User Based VLAN）。

三种动态 VLAN 的差异主要在于根据 OSI 参考模型哪一层的信息决定端口所属的 VLAN。

基于 MAC 地址的 VLAN 通过查询并记录端口所连计算机上网卡的 MAC 地址来决定端口的所属 VLAN。假定有一个 MAC 地址 "A" 被交换机设定为属于 VLAN10，那么不论 MAC 地址为 "A" 的这台计算机连在交换机哪个端口上，该端口都会被划分到 VLAN10 中。当计算机连端口 1 时，端口 1 属于 VLAN10；当计算机连端口 2 时，端口 2 属于 VLAN10。基于 MAC 地址的 VLAN 如图 3-12 所示。

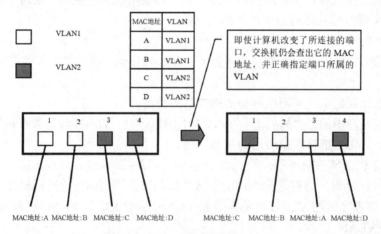

图 3-12　基于 MAC 地址的 VLAN

由于这种 VLAN 是基于 MAC 地址决定端口所属 VLAN 的，因此可以理解为这是一种在 OSI 参考模型的第二层设定访问链接端口的办法。

但是，基于 MAC 地址的 VLAN 在设定时必须调查所连接的所有计算机的 MAC 地址并加以登录，而且如果计算机交换了网卡，仍然需要更改设定。

基于子网的 VLAN 是通过所连计算机的 IP 地址，来决定端口所属 VLAN 的。不像基于 MAC 地址的 VLAN，在基于子网的 VALN 中，即使计算机交换了网卡或其他原因导致 MAC 地址改变，只要它的 IP 地址不变，就仍可以加入原先设定的 VLAN。基于子网的 VLAN 如图 3-13 所示。

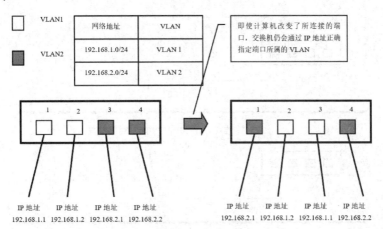

图 3-13　基于子网的 VLAN

因此，与基于 MAC 地址的 VLAN 相比，基于子网的 VALN 能够更为简便地改变网络结构。IP 地址是 OSI 参考模型中第三层的信息，所以我们可以理解为基于子网的 VLAN 是一种在 OSI 参考模型的第三层设定访问链接端口的方法。

基于用户的 VLAN 是根据交换机各端口所连的计算机上当前登录的用户，来决定该端口属于哪个 VLAN 的。这里的用户一般是计算机操作系统登录的用户，如可以是 Windows 域中使用的用户名。这些用户名信息，属于 OSI 参考模型第四层以上的信息。

总的来说，决定端口所属 VLAN 时利用的信息在 OSI 参考模型中的层面越高，就越适于构建灵活多变的网络。

综上所述，设定访问链接端口的方法有静态 VLAN 和动态 VLAN 两种，其中动态 VLAN 可以继续细分。

基于子网的 VLAN 和基于用户的 VLAN 有可能是网络设备厂商使用独有的协议实现的，不同厂商的设备之间互联有可能出现兼容性问题。因此，在选择交换机时，一定要注意事先确认。

表 3-4 所示为静态 VLAN 和动态 VLAN 的分析。

表 3-4　静态 VLAN 和动态 VLAN 的分析

种　　类		解　　说
静态 VLAN（基于端口的 VLAN）		将交换机的各端口固定指派给 VLAN
动态 VLAN	基于 MAC 地址的 VLAN	根据各端口所连计算机的 MAC 地址设定
	基于子网的 VLAN	根据各端口所连计算机的 IP 地址设定
	基于用户的 VLAN	根据各端口所连计算机上的登录用户设定

到此为止，我们学习的都是使用单台交换机设置 VLAN 的情况。那么，如果需要设置跨越多台交换机的 VLAN，又该如何呢？

在规划企业级网络时，很有可能会遇到隶属于同一部门的用户分散在同一座建筑物中的不同楼层的情况，这时就需要考虑如何跨越多台交换机设置 VLAN 的问题了。假设有如图 3-14 所示的网络，且需要将不同楼层的用户 A、用户 C 和用户 B、用户 D 设置在两个不同的 VLAN 中。

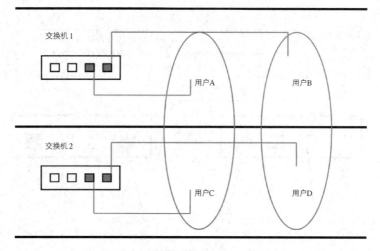

图 3-14　不同楼层的 VLAN 划分

这时关键的问题就是交换机 1 和交换机 2 如何连接。

简单的方法就是在交换机 1 和交换机 2 上各设一个 VLAN 专用的端口并互联。不同楼层的 VLAN 数据传输解决方案如图 3-15 所示。

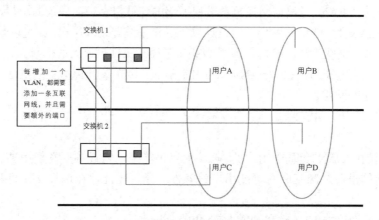

图 3-15　不同楼层的 VLAN 数据传输解决方案

但是，这个办法从扩展性和管理效率来看都不好。例如，在现有网络基础上新建 VLAN 时，为了让这个 VLAN 能够互通，就需要在交换机间连接新的网线。建筑物楼层间的纵向布线是比较麻烦的，一般不能由基层管理人员随意进行。并且，VLAN 越多，楼层间（严格地说是交换机间）互联所需的端口越多，交换机端口的利用效率低是对资源的一种浪费，也限制了网络的扩展。

为了避免这种低效率的连接方式，人们想办法让交换机间互联的网线集中到一根上，这时使用的就是汇聚链接端口。

汇聚链接端口指的是能够转发多个不同 VLAN 的通信数据的端口。

汇聚链接端口上流通的数据帧都被附加了用于识别分属于哪个 VLAN 的特殊信息。

　　现在让我们回过头来考虑一下，刚才那个网络如果采用汇聚链接端口又会如何呢？用户只需要简单地将交换机间互联的端口设定为汇聚链接端口就可以了。这时使用的网线仍是普通的 UTP，而不是什么其他的特殊线。图 3-15 中是交换机间互联，因此需要用交叉线来连接。

　　接下来，让我们具体看看汇聚链接端口是如何实现跨越交换机间的 VLAN 的。

　　用户 A 发送的数据帧从交换机 1 经过汇聚链接端口到达交换机 2 时，在数据帧上附加了表示属于 VLAN1 的标记。

　　交换机 2 收到数据帧后，通过检查 VLAN 标记发现这个数据帧是属于 VLAN1 的，因此去除标记后根据需要将复原的数据帧只转发给其他属于 VLAN1 的端口。这时的转发，是指经过确认目标 MAC 地址并与 MAC 地址列表比对后，只转发给目标 MAC 地址所连的端口。除此之外，只有当数据帧是一个广播帧、多播帧或目标不明的单播帧时，它才会被转发到所有属于 VLAN1 的端口。

　　VLAN2 发送数据帧时的情形与上面相同。带标记的 VLAN 帧传输如图 3-16 所示。

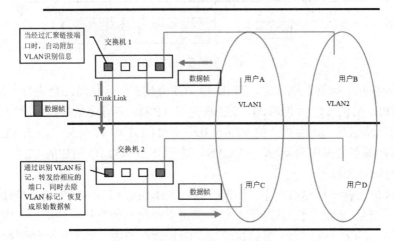

图 3-16　带标记的 VLAN 帧传输

　　经过汇聚链接端口时附加的 VLAN 识别信息，有可能支持标准的 IEEE 802.1Q 协议，也可能支持 Cisco 产品独有的 ISL（Inter Switch Link）。如果交换机支持这些规则，那么用户就能够高效率地构建跨越多台交换机的 VLAN。

　　汇聚链接端口上流通着多个 VLAN 的数据，自然负担较重。因此，在设定汇聚链接端口时，有一个前提，就是必须支持 100 Mbit/s 以上的传输速率。

　　另外，在默认条件下，汇聚链接端口会转发交换机上存在的所有 VLAN 的数据。换一个角度看，可以认为汇聚链接端口同时属于交换机上所有的 VLAN。由于实际应用中很可能并不需要转发所有 VLAN 的数据，因此为了减轻交换机的负担，也为了减少对带宽的浪费，我们可以设定能够经由汇聚链接端口互联的 VLAN。

　　在交换机的汇聚链接端口上，可以通过对数据帧附加 VLAN 信息，构建跨越多台交换机的 VLAN。

　　附加 VLAN 信息的方法，最具有代表性的是 IEEE 802.1Q。

　　IEEE 802.1Q 是经过 IEEE 认证的对数据帧附加 VLAN 识别信息的协议。

　　IEEE 802.1Q 所附加的 VLAN 识别信息位于数据帧中"发送源 MAC 地址"与"类别域

（Type Field）"之间。具体内容为 2 字节的 TPID 和 2 字节的 TCI，共计 4 字节。

在数据帧中添加了 4 字节的内容，那么 CRC 值自然会有所变化。这时数据帧上的 CRC 值是插入 TPID、TCI 后，对包括它们在内的整个数据帧重新计算后所得的值。以太网帧及 IEEE 802.1Q 帧如图 3-17 所示。

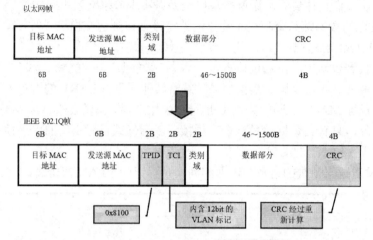

图 3-17 以太网帧及 IEEE 802.1Q 帧

当数据帧离开汇聚链接端口时，TPID 和 TCI 会被去除，这时还会进行一次 CRC 值的重新计算。TPID 的值固定为 0x8100。交换机通过 TPID，来确定数据帧内附加了基于 IEEE 802.1Q 的 VLAN 信息。而实质上的 VLAN ID，是 TCI 中的 12 位元。由于 VLAN ID 总共有 12 位，因此最多可供识别 4096 个 VLAN。基于 IEEE 802.1Q 附加的 VLAN 信息，就像在传递物品时附加的标签。

华为交换机还有一种端口类型，即混合端口（Hybrid 端口，华为交换机默认端口）。Hybrid 端口是交换机上既可以连接客户机，又可以连接其他交换机的端口，因此既可以作为访问链接端口，又可以作为汇聚链接端口。Hybrid 端口收发数据帧的规则如下。

当接收到不带标记的数据帧时，会添加该端口的 PVID（Port VLAN ID，即默认 VLAN ID）。如果 PVID 在允许通过的 VLAN 中，则接收该数据帧，否则丢弃该数据帧。

当接收到带标记的数据帧时，检查该标记中的 VLAN ID 是否在端口允许通过的 VLAN 列表中，如果允许就让数据帧通过，否则丢弃。

当发送数据帧时，检查该端口是否允许该 VLAN 数据帧通过。如果允许通过，且属于该端口的 PVID，则不带标记发送，否则带标记发送。

（4）VLAN 间路由的必要性。

根据目前学习的知识，我们已经知道两台计算机即使连接在同一台交换机上，只要所属的 VLAN 不同就无法直接通信。接下来我们将要学习的就是如何在不同的 VLAN 间进行路由，使分属不同 VLAN 的计算机能够互相通信。

首先来复习一下为什么不同 VLAN 间不通过路由就无法通信。在局域网内的通信，必须在数据帧头中指定通信目标的 MAC 地址。而为了获取 MAC 地址，在 TCP/IP 协议下需要使用 ARP。ARP 解析 MAC 地址的方法是通过广播。也就是说，如果广播报文无法到达，就无从解析 MAC 地址，即无法直接通信。

计算机分属不同的 VLAN，也就意味着分属不同的广播域，自然收不到彼此的广播报文。因此，属于不同 VLAN 的计算机之间无法直接互相通信。为了能够在 VLAN 间通信，需要利用 OSI 参考模型中网络层的信息（IP 地址）来进行路由。

路由功能一般由路由器提供，但在如今的 LAN 里，我们也经常利用带有路由功能的交换机——三层交换机（Layer 3 Switch）来实现。接下来就让我们分别看看使用路由器和三层交换机进行 VLAN 间路由的情况。

在使用路由器进行 VLAN 间路由时，与构建横跨多台交换机的 VLAN 时的情况类似，我们仍会遇到"该如何连接路由器与交换机"这个问题。路由器和交换机的接线方式，大致有以下两种。

将路由器与交换机上的每个 VLAN 分别连接，不论 VLAN 有多少个，路由器与交换机都只用一条网线连接。容易想到的方法当然是"把路由器和交换机以 VLAN 为单位分别用网线连接"了。将交换机上用于和路由器互联的每个端口设为访问链接端口，分别用网线与路由器上的独立端口互联。路由器和交换机的接线方式一如图 3-18 所示，交换机上有 2 个 VLAN，那么就需要在交换机上预留 2 个端口

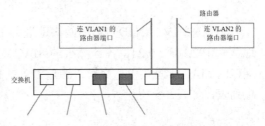

图 3-18　路由器和交换机的接线方式一

用于与路由器互联；路由器上同样需要有 2 个端口；路由器和交换机之间用 2 条网线分别连接。

如果采用这种方式，大家应该不难想象它的扩展性很成问题。每增加一个新的 VLAN，都需要消耗路由器的端口和交换机上的访问链接端口，而且需要重新布设一条网线。而路由器通常是不会带有太多局域网接口的。当新建 VLAN 时，为了对应增加 VLAN 所需的端口，就必须将路由器升级成带有多个局域网接口的高端产品，这部分成本和重新布线所带来的开销，都使得这种接线方式成为一种不受欢迎的办法。

那么，第二种办法"不论 VLAN 数量多少，都只用一条网线连接路由器与交换机"呢？当使用一条网线连接路由器与交换机并进行 VLAN 间路由时，需要用到汇聚链接端口。

具体实现过程：首先将用于连接路由器的交换机端口设为汇聚链接端口，且路由器上的端口必须支持汇聚链接端口，双方用于汇聚链接端口的协议也必须相同；然后在路由器上定义对应各个 VLAN 的"子接口（Sub Interface）"。尽管实际与交换机连接的物理端口只有一个，但在理论上我们可以把它分割为多个虚拟端口。

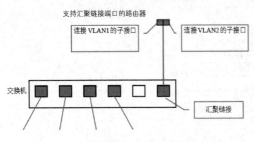

图 3-19　路由器和交换机的接线方式二

VLAN 将交换机从逻辑上分割成了多台，因此用于 VLAN 间路由的路由器必须拥有分别对应各个 VLAN 的虚拟端口。路由器和交换机的接线方式二如图 3-19 所示。

采用这种方式的话，即使之后在交换机上新建 VLAN，仍只需要一条网线连接交换机和路由器。用户只需要在路由器上新设一个对应新 VLAN 的子接口就可以了。与方式一相比，

方式二的扩展性要强得多，也不用担心需要升级局域网接口数量不足的路由器或重新布线。

接下来，我们继续学习当使用汇聚链接端口连接交换机与路由器时，VLAN 间路由是如何进行的。路由器子接口的使用如图 3-20 所示，为各台计算机及路由器的子接口设定 IP 地址。

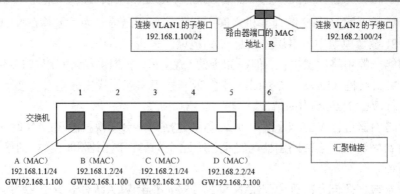

图 3-20　路由器子接口的使用

VLAN1（VLAN ID=1）的网络地址为 192.168.1.0/24，　VLAN2（VLAN ID=2）的网络地址为 192.168.2.0/24。各计算机的 MAC 地址分别为 A、B、C、D，路由器（汇聚链接）端口的 MAC 地址为 R。交换机通过对各端口所连计算机 MAC 地址的学习，生成 MAC 地址列表，如表 3-5 所示。

表 3-5　MAC 地址列表

端　　口	MAC 地址	VLAN
端口 1	A	VLAN1
端口 2	B	VLAN1
端口 3	C	VLAN2
端口 4	D	VLAN2
端口 5	—	—
端口 6	R	汇聚链接

首先考虑计算机 A 与同一 VLAN 内的计算机 B 之间通信时的情形。

计算机 A 发出 ARP 请求信息，请求解析计算机 B 的 MAC 地址。交换机收到数据帧后，检索 MAC 地址列表中与收信端口同属一个 VLAN 的表项。结果发现，计算机 B 连接在端口 2 上，于是交换机将数据帧转发给端口 2，最终计算机 B 收到该帧。收发双方同属一个 VLAN 之内的通信，一切处理均在交换机内完成。路由器处理同一 VLAN 信息的情况如图 3-21 所示。

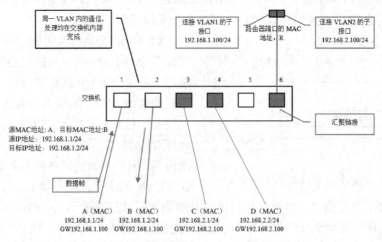

图 3-21　路由器处理同一 VLAN 信息的情况

下面介绍不同 VLAN 间的通信。让我们来考虑一下计算机 A 与计算机 C 之间通信的情况。路由器处理不同 VLAN 间信息的情况如图 3-22 所示。

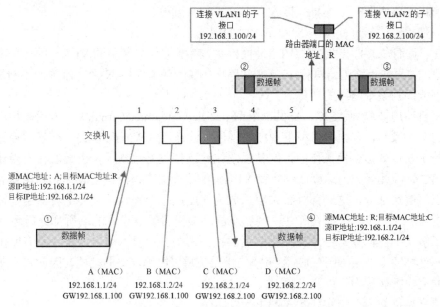

图 3-22 路由器处理不同 VLAN 间信息的情况

计算机 A 根据通信目标的 IP 地址（192.168.2.1）得出计算机 C 与本机不属于同一个网段，因此会向设定的默认网关（Default Gateway，GW）发送数据帧。在发送数据帧之前，需要先用 ARP 获取路由器的 MAC 地址。

得到路由器的 MAC 地址 R 后，需要按图 3-22 所示的步骤发送去往计算机 C 的数据帧。在数据帧①中，目标 MAC 地址是路由器的地址 R，但内含的目标 IP 地址仍是最终要通信的对象计算机 C 的地址。这一部分的内容，涉及局域网内经过路由器转发时的通信步骤，此处不进行详细说明。

交换机在端口 1 上收到数据帧①后，检索 MAC 地址列表中与端口 1 同属一个 VLAN 的表项。由于汇聚链接端口会被看作属于所有的 VLAN，因此这时交换机的端口 6 也属于被参照对象。这样交换机就知道往 MAC 地址 R 发送数据帧，需要经过端口 6 转发。

从端口 6 发送数据帧时，由于它是汇聚链接端口，因此会被附加上 VLAN 识别信息。由于原先是来自 VLAN1 的数据帧，因此如图 3-22 中数据帧②所示，数据帧会被加上 VLAN1 的识别信息后进入汇聚链接端口。路由器收到数据帧②后，确认其 VLAN 识别信息，由于该数据帧是属于 VLAN1 的数据帧，因此交由负责 VLAN1 的子接口接收。接着，根据路由器内部的路由表，判断该向哪里中继。

由于目标网络 192.168.2.0/24 属于 VLAN2，且该网络通过子接口与路由器直连，因此只要从负责 VLAN2 的子接口转发就可以了。这时，数据帧的目标 MAC 地址被改写成计算机 C 的目标地址，并且由于需要经过汇聚链接端口转发，因此被附加了属于 VLAN2 的识别信息。这就是图 3-22 中的数据帧③。

交换机收到数据帧③后，根据 VLAN 识别信息从 MAC 地址列表中检索属于 VLAN2 的表项。由于通信目标——计算机 C 连接在端口 3 上，且端口 3 为普通的访问链接端口，因此交换机会将数据帧除去 VLAN 识别信息后（数据帧④）转发给端口 3，最终计算机 C

才能成功地收到这个数据帧。

当进行 VLAN 间通信时，即使通信双方都连接在同一台交换机上，也必须经过"发送方—交换机—路由器—交换机—接收方"这样一个流程。

（5）使用路由器进行 VLAN 间路由时的问题。

现在，我们知道只要能提供 VLAN 间路由，就能够使分属不同 VLAN 的计算机互相通信。但是，如果使用路由器进行 VLAN 间路由的话，随着 VLAN 之间流量的不断增加，路由器很可能成为整个网络的瓶颈。

交换机使用被称为 ASIC（Application Specified Integrated Circuit）的专用硬件芯片处理数据帧的交换操作，在很多机型上都能实现以缆线速度（Wired Speed）交换。而路由器基本上是基于软件处理交换操作的，即使以缆线速度接收到数据帧，也无法在不限速的条件下转发出去，因此会成为速度瓶颈。就 VLAN 间路由而言，流量会集中到路由器和交换机互联的汇聚链路部分，这一部分特别容易成为速度瓶颈；并且从硬件上看，由于需要分别设置路由器和交换机，因此在一些空间狭小的环境里可能连设置的场所都成问题。

为了解决上述问题，三层交换机应运而生。三层交换机本质上就是"带有路由功能的（二层）交换机"。路由属于 OSI 参考模型中第三层（网络层）的功能，因此带有第三层路由功能的交换机被称为三层交换机。

三层交换机的内部结构如图 3-23 所示。

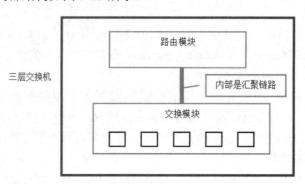

图 3-23　三层交换机的内部结构

在一台三层交换机内，分别设置了路由模块和交换模块，而路由模块与交换模块均使用 ASIC 硬件处理路由。因此，与传统的路由器相比，三层交换机可以实现高速路由。并且，路由模块与交换模块是通过汇聚链路连接的，可以确保相当大的带宽。

（6）使用三层交换机进行 VLAN 间路由（VLAN 内通信）。

在三层交换机内部，数据究竟是怎样传输的呢？基本上，这种数据传输和使用汇聚链路连接路由器与交换机时的情形相同。

假设有如图 3-24 所示的 4 台计算机与三层交换机互联。当使用路由器连接时，一般需要在局域网接口上设置对应各 VLAN 的子接口；而三层交换机在内部生成 VLAN 接口（VLAN Interface）。VLAN 接口是用于各 VLAN 收发数据的接口。（注：在 Cisco 的 Catalyst 系列交换机上，VLAN Interface 被称为 SVI——Switched Virtual Interface。）

为了与使用路由器进行 VLAN 间路由对比，让我们同样来考虑一下计算机 A 与计算机 B 通信的情况。首先目标地址为 B 的数据帧被发送到交换机，然后通过检索同一 VLAN 的 MAC 地址列表，发现计算机 B 连在交换机的端口 2 上，因此将数据帧转发给端口 2。

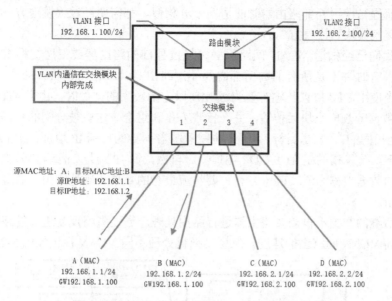

图 3-24　三层交换机处理同一 VLAN 信息的情况

接下来设想一下计算机 A 与计算机 C 通信的情况。针对目标 IP 地址，计算机 A 可以判断出通信对象不属于同一个网络，因此向默认网关发送数据帧（Frame 1）。

交换机通过检索 MAC 地址列表后，经由内部汇聚链路，将数据帧转发给路由模块。在通过内部汇聚链路时，数据帧被附加上属于 VLAN1 的 VLAN 识别信息（Frame 2）。

路由模块在收到数据帧时，先由数据帧附加的 VLAN 识别信息分辨出它属于 VLAN1，再据此判断由 VLAN1 接口负责接收并进行路由处理。因为目标网络 192.168.2.0/24 是直连路由器的网络，且对应 VLAN2，所以接下来就会从 VLAN2 接口经由内部汇聚链路转发回交换模块。在通过汇聚链路时，数据帧被附加上属于 VLAN2 的识别信息（Frame 3）。

交换机收到这个数据帧后，检索 VLAN2 的 MAC 地址列表，确认需要将它转发给端口 3。由于端口 3 是通常的访问链接端口，因此转发前会先将 VLAN 识别信息除去（Frame 4）。最终，计算机 C 成功地收到交换机转发来的数据帧。三层交换机处理不同 VLAN 信息的情况如图 3-25 所示。

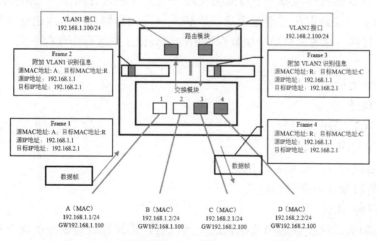

图 3-25　三层交换机处理不同 VLAN 信息的情况

整体的流程与使用外部路由器时的情况十分相似，都需要经过"发送方→交换模块→路由模块→交换模块→接收方"。

现在，我们已经知道 VLAN 间路由必须经过外部的路由器或三层交换机的内置路由模块。但是，有时并不是所有的数据都需要经过路由器（或路由模块）的。

例如，当使用 FTP 协议传输容量为数 MB 以上的较大的文件时，由于 MTU 的限制，IP 协议会将数据分割成小块后传输，并在接收方重新组合。这些被分割的数据，其"发送目标"是完全相同的。"发送目标"相同，也就意味着同样的目标 IP 地址、目标端口号（注：特别强调一下，这里指的是 TCP/UDP 端口）。自然，源 IP 地址、源端口号也应该相同。这样一连串的数据被称为流（Flow）。只要将流最初的数据正确地路由，后继的数据也会被同样地路由。

据此，后继的数据不再需要路由器进行路由处理。通过省略反复进行的路由操作，可以进一步提高 VLAN 间路由的速度。三层交换机处理不同 VLAN 标记如图 3-26 所示。

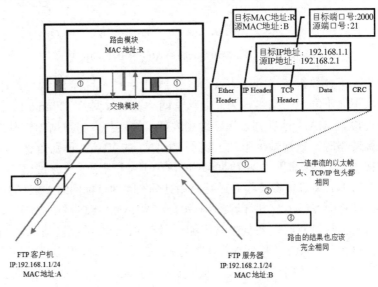

图 3-26 三层交换机处理不同 VLAN 标记

接下来，让我们具体考虑一下该如何使用三层交换机进行高速 VLAN 间路由。

整个流的第一块数据照常经过"交换机转发→路由器路由→再次由交换机转发到目标所连端口"的过程。这时，将第一块数据路由的结果记录到缓存中保存下来。需要记录的信息如下。

- 目标 IP 地址。
- 源 IP 地址。
- 目标 TCP/UDP 端口号。
- 源 TCP/UDP 端口号。
- 接收端口号（交换机）。
- 转发端口号（交换机）。
- 转发目标 MAC 地址。

同一个流的第二块及以后的数据到达交换机后，直接通过查询先前保存在缓存中的信息得出"转发端口号"后，就可以转发给目标所连端口了。

这样一来，就不需要再一次经由内部路由模块中继，仅凭交换机内部的缓存信息就足以判断应该转发的端口。

这时，交换机会对数据帧进行与路由器中继时相似的处理，如改写 MAC 地址、IP 包头中的 TTL 和 Check Sum（校验码）信息等。三层交换机流技术如图 3-27 所示。

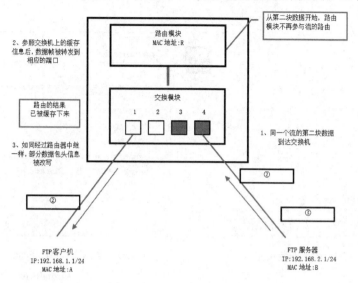

图 3-27　三层交换机流技术

通过在交换机上缓存路由结果，实现了以缆线速度（Wired Speed）接收发送方传输来的数据，并且能够全速路由、转发给接收方。

需要注意的是，类似的加速 VLAN 间路由的方法多由各厂商独有的技术实现，并且该功能的称谓因厂商而异。

3．eNSP 的安装与使用

（1）下载。

读者可以在搜索引擎里，首先搜索关键词"eNSP 下载"，然后在华为官方论坛中找到 eNSP 下载地址，如图 3-28 所示。

图 3-28　华为官方论坛中的 eNSP 下载地址

（2）安装。

下载完成后，找到安装程序，双击运行安装程序，会提示选择安装位置，如图3-29所示。

在随后的步骤里，按照提示进行操作即可，选择安装 WinPcap、Wireshark 和 VirtualBox，如图3-30所示。

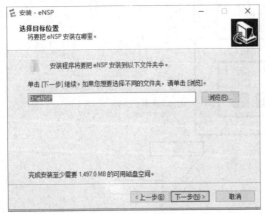

图 3-29　选择安装位置　　　　图 3-30　选择安装 WinPcap、Wireshark 和 VirtualBox

安装完成后，打开 VirtualBox，只有成功运行 VirtualBox，才能使用 eNSP，如图3-31所示。

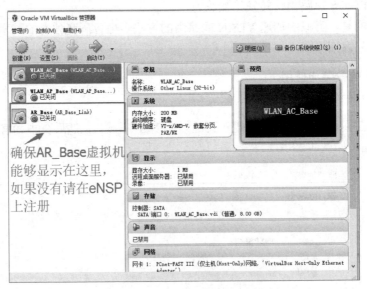

图 3-31　运行 VirtualBox

安装好 eNSP 后，就可以运行该软件进行实验模拟了。该软件内有各类网络设备和连接线路，用户可以自由建立拓扑并使用华为命令进行实验。

（3）华为命令介绍。

用户视图<Huawei>

系统视图[Huawei]

```
在用户视图下键入 system-view
quit 返回用户视图
接口视图[[Huawei -xxx]
在系统视图下键入 interface  xxx
quit 返回系统视图
return 返回用户视图
VLAN 视图
在系统视图下键入 vlan x
quit 返回系统视图
return 返回用户视图
display current-configuration            //查看当前运行配置
display vlan                             //查看 VLAN 信息
display interface vlanif                 //查看 VLAN 接口信息
```

4．IPv6 技术

IPv6（Internet Protocol Version 6，互联网协议第六版）是互联网工程任务组（IETF）设计的用于替代 IPv4 的下一代 IP 协议。IPv4 最大的问题在于网络地址资源不足，严重制约了互联网的应用和发展。IPv6 的使用，不但能解决网络地址资源数量的问题，而且能解决多种接入设备连入互联网的障碍。

从 1996 年开始，一系列用于定义 IPv6 的 RFC 被发表出来，最初的版本为 RFC1883。由于 IPv4 和 IPv6 地址格式等不相同，因此在未来的很长一段时间里，互联网中会出现 IPv4 和 IPv6 共存的局面。

2003 年 1 月 22 日，IETF 发布了 IPv6 测试性网络，即 6Bone 网络。6Bone 网络是 IETF 用于测试 IPv6 网络而进行的一项 IPng 工程项目，该项目的目的是测试如何将 IPv4 网络向 IPv6 网络迁移。截至 2009 年 6 月，6Bone 网络技术已经支持了 39 个国家的 260 个组织机构。

从 2011 年开始，主要用于个人计算机和服务器系统上的操作系统基本上都支持高质量 IPv6 配置产品。

2017 年 11 月 26 日，中共中央办公厅、国务院办公厅印发《推进互联网协议第六版（IPv6）规模部署行动计划》。

2021 年 7 月 12 日，中共中央网络安全和信息化委员会办公室、国家发展和改革委员会、工业和信息化部发布《关于加快推进互联网协议第六版（IPv6）规模部署和应用工作的通知》。目前的网络设备基本都兼容 IPv4 和 IPv6。

下面我们来认识一下 IPv6 的地址格式。

IPv6 的地址长度为 128 位，采用十六进制数表示。IPv6 地址有 3 种表示方法。

（1）冒分十六进制表示法。

格式为 X:X:X:X:X:X:X:X，其中每个 X 表示地址中的 16bit，以十六进制数表示，例如：ABCD:EF01:2345:6789:ABCD:EF01:2345:6789。

在这种表示法中，每个 X 的前导 0 是可以省略的，例如：

2001:0DB8:0000:0023:0008:0800:200C:417A 可简写为 2001:DB8:0:23:8:800:200C:417A。

（2）0 位压缩表示法。

在某些情况下，把一个 IPv6 地址中连续的一段 0 压缩为 "::"。但为保证地址解析的唯一性，地址中 "::" 只能出现一次，例如：

FF01:0:0:0:0:0:0:1101 可简写为 FF01::1101；

0:0:0:0:0:0:0:1 可简写为::1；

0:0:0:0:0:0:0:0 可简写为::。

（3）内嵌 IPv4 地址表示法。

为了实现 IPv4 与 IPv6 互通，IPv4 地址可嵌入 IPv6 地址中，此时地址常表示为 X:X:X:X:X:X:d.d.d.d，前 96bit 采用冒分十六进制表示法表示，后 32bit 则使用 IPv4 的点分十进制表示法表示，如::192.168.0.1 与::FFFF:192.168.0.1。

5．IPv6 地址类型

IPv6 协议主要定义了三种地址类型：单播地址（Unicast Address）、组播地址（Multicast Address）和任播地址（Anycast Address）。

与原来的 IPv4 地址相比，新增了任播地址，取消了原来 IPv4 地址中的广播地址，因为在 IPv6 网络中的广播功能是通过组播来完成的。

单播地址：用来唯一标识一个接口，类似于 IPv4 中的单播地址。发送到单播地址的数据报文将被传输给此地址所标识的一个接口。

组播地址：用来标识一组接口（通常这组接口属于不同的节点），类似于 IPv4 中的组播地址。发送到组播地址的数据报文将被传输给此地址所标识的所有接口。

任播地址：用来标识一组接口（通常这组接口属于不同的节点）。发送到任播地址的数据报文将被传输给此地址所标识的一组接口中距离源节点最近（根据使用的路由协议进行度量）的一个接口。

IPv6 地址分类如表 3-6 所示。

表 3-6　IPv6 地址分类

地址类型		地址前缀 （二进制数形式）	IPv6 前缀标识
单播地址	未指定地址	00…0（128 bit）	::/128
	环回地址	00…1（128 bit）	::1/128
	链路本地地址	1111111010	FE80::/10
	唯一本地地址	1111 110	FC00::/7（包括 FD00::/8 和不常用的 FC00::/8）
	站点本地地址（已弃用，被唯一本地地址代替）	1111111011	FEC0::/10
	全局单播地址	其他形式	—
组播地址		11111111	FF00::/8
任播地址			从单播地址空间中进行分配，使用单播地址的格式

IPv6 报文格式如图 3-32 所示。

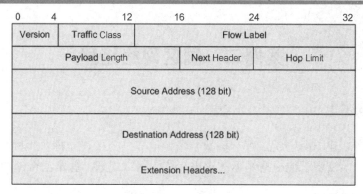

图 3-32　IPv6 报文格式

Version：版本信息，4 bit。该字段值为 4 时表示 IPv4，为 6 时表示 IPv6。

Traffic Class：流量类别，8 bit。该字段及其功能类似于 IPv4 的业务类型字段。该字段用区分业务编码点（DSCP）标记一个 IPv6 数据报，以此指明数据报应当如何处理。

Flow Label：流标签，20 bit。该字段用来标记 IP 数据报的一个流，当前的标准中没有定义如何管理和处理流标签的细节。

Payload Length：载荷长度，16 bit。该字段表示有效载荷的长度，有效载荷是指紧跟 IPv6 基本报头的数据报，包含 IPv6 扩展报头。

Next Header：下一个报头，8 bit。该字段指明了跟随在 IPv6 基本报头后的扩展报头的信息类型。

Hop Limit：跳数限制，8 bit。该字段定义了 IPv6 数据报所能经过的最大跳数，这个字段和 IPv4 中的 TTL 字段非常相似。

Source Address：源地址，128 bit。该字段表示该报文的源地址。

Destination Address：目的地址，128 bit。该字段表示该报文的目的地址。

Extension Headers：扩展报头，长度可变。IPv6 取消了 IPv4 报头中的选项字段，并引入了多种扩展报头，在提高处理效率的同时增强了 IPv6 的灵活性，为 IP 协议提供了良好的扩展能力。当超过一种扩展报头被用在同一个报文里时，报头必须按照下列顺序出现。

① IPv6 基本报头。

② 逐跳选项扩展报头。

③ 目的选项扩展报头。

④ 路由扩展报头。

⑤ 分片扩展报头。

⑥ 授权扩展报头。

⑦ 封装安全有效载荷扩展报头。

⑧ 目的选项扩展报头（指那些将被报文的最终目的地处理的选项）。

⑨ 上层扩展报头。

不是所有的扩展报头都需要被转发路由设备查看和处理的。路由设备转发时根据基本报头中 Next Header 的值来决定是否要处理扩展报头。

除了目的选项扩展报头出现两次（一次在路由扩展报头之前，另一次在上层扩展报头之前），其余扩展报头只出现一次。

有兴趣的读者，可以查看 RFC2460，对 IPv6 报文进行深入研究。

案例二　园区网络组建

【案例描述】

现将在我市新建一所中学，有一栋教学楼、一栋办公楼、一栋实验楼。小张是该校信息科的负责人，学校要求他根据实际需求进行校园网络规划，并拿出合理的方案。

【案例分析】

小张接到任务后，对学校的网络需求进行了具体了解，得到的信息如下。

（1）办公楼上共有理科组和文科组两个小组的教师需要上网，文科组有 30 人、理科组有 50 人。

（2）实验楼有一个微机室，共有 60 台计算机。要求在微机室的上课期间不能上外网（每周一至周五的 8:00—18:00），其他时间可以供学生上网（为了拓展学生 IT 知识，在非上课期间免费开放）。另外有 30 个房间，每个房间需要一个网络接口，需要外网支持。

（3）教学楼有 80 个教室，每个教室有两个网络接口，连接外网。

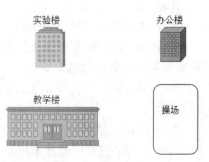

图 3-33　学校平面图

（4）学校平面图如图 3-33 所示。其中，实验楼与办公楼的距离是 100 m，实验楼与教学楼的距离是 70 m，教学楼与办公楼的距离是 130 m。

小张找到当地的 ISP 进行洽谈，想通过该 ISP 连接校园网。该 ISP 与校方签订合同，并给了一个连接 IP 地址：10.10.10.2/24，供学校与之相连，要求使用串口。

【实施方案】

1. 网络选型

局域网技术较多，小张经过认真分析决定使用成熟的以太网技术来完成设计。根据学校的实际需求，小张决定使用路由技术+ ACL+DHCP+VLAN 技术实现学校需求。

2. 联网方案

经过前期的实地考察，小张初步给出了一个联网方案，如图 3-34 所示。该方案是目前简单园区网络中使用较多的方案。

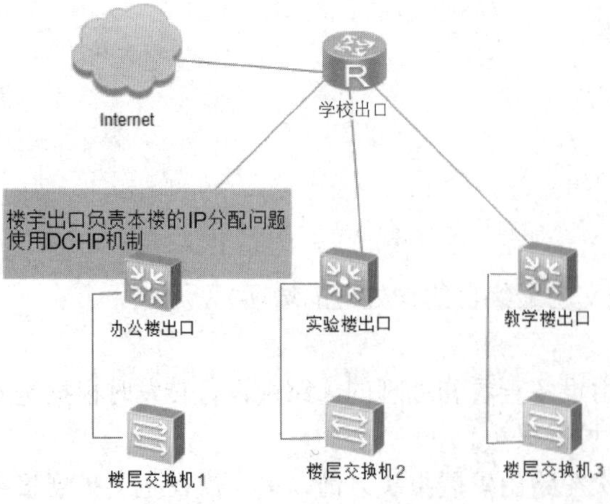

图 3-34　联网方案

（图中文字：Internet　学校出口　楼宇出口负责本楼的 IP 分配问题 使用 DCHP 机制　办公楼出口　实验楼出口　教学楼出口　楼层交换机1　楼层交换机2　楼层交换机3）

3．设备选型

接入层交换机：各个楼宇内部使用接入层交换机来连接各类用户，便于 VLAN 的划分，隔离用户广播域，选用华为 3700 系列的交换机。

汇聚层交换机：在各个楼宇的出口与学校出口路由器相连，主要功能是使 VLAN 间互通，与路由器互通，选择华为 5700 系列的交换机。

出口路由器：与 ISP 相连，负责对进出口数据进行过滤，选择华为 AR2220 路由器。

【实施步骤】

1．规划 IP 地址

规划的 IP 地址如表 3-7 所示。

表 3-7　规划的 IP 地址

物理位置	VLAN 范围	IP 网段	默认网关	获取方式
教学楼	VLAN 10	172.16.10.0/24	172.16.10.1/24	DHCP
实验楼	VLAN 20	172.16.20.0/24	172.16.20.1/24	DHCP
	VLAN 30	172.16.30.0/24	172.16.30.1/24	DHCP
办公楼	VLAN 40	172.16.40.0/24	172.16.40.1/24	DHCP
	VLAN 50	172.16.50.0/24	172.16.50.1/24	DHCP

2．规划网络拓扑

联网拓扑如图 3-35 所示。

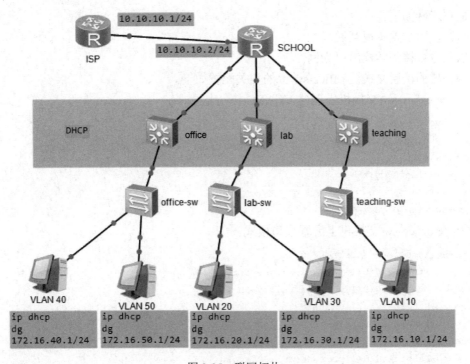

图 3-35　联网拓扑

3．实验验证

小张为了验证自己网络设计的正确性，使用华为模拟器 eNSP 进行了相关验证。实验拓扑如图 3-36 所示。

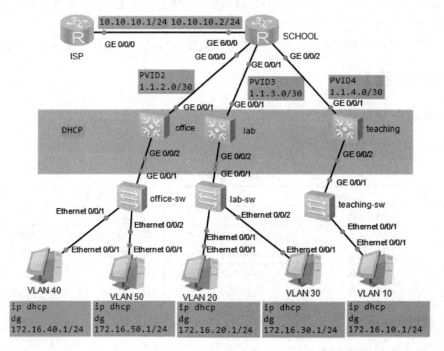

图 3-36　实验拓扑

配置步骤如下。

（1）基本配置实现互通。

以从办公楼到学校出口为例。

办公楼的楼层交换机 office-sw 上的相关配置如下。

① 在 office-sw 交换机上创建 VLAN。

```
<Huawei>system-view
[Huawei]sysname office-sw
[office-sw]vlan 40
[office-sw-vlan40]quit
[office-sw]vlan 50
[office-sw-vlan50]quit
```

② 在 office-sw 交换机上配置接口模式。

```
[office-sw]interface Ethernet0/0/1
[office-sw-Ethernet0/0/1]port link-type access
[office-sw-Ethernet0/0/1]port default vlan 40
[office-sw-Ethernet0/0/1]quit
[office-sw]interface Ethernet0/0/2
[office-sw-Ethernet0/0/2]port link-type access
[office-sw-Ethernet0/0/2]port default vlan 50
[office-sw-Ethernet0/0/2]quit
```

```
[office-sw]interface g0/0/1
[office-sw-GigabitEthernet0/0/1]port link-type trunk
[office-sw-GigabitEthernet0/0/1]port trunk allow-pass vlan all
```

办公楼的出口交换机 office 上的相关配置如下。

① 在 office 交换机上创建 VLAN。

```
<Huawei>system-view
[Huawei]sysname office
[office]vlan 2
[office-vlan2]quit
[office]vlan 40
[office-vlan40]quit
[office]vlan 50
[office-vlan50]quit
```

② 在 office 交换机上配置 SVI。

```
[office]interface Vlanif 40
[office-Vlanif40]ip address 172.16.40.1 24
[office-Vlanif40]quit
[office]interface Vlanif 50
[office-Vlanif50]ip address 172.16.50.1 24
[office-Vlanif50]quit
[office]interface Vlanif 2
[office-Vlanif2]ip address 1.1.2.1 30
[office-Vlanif2]quit
```

③ 在 office 交换机上配置 trunk 口和 PVID2。

```
[office]interface g0/0/2
[office-GigabitEthernet0/0/2]port link-type trunk
[office-GigabitEthernet0/0/2]port trunk allow-pass vlan all
[office-GigabitEthernet0/0/2]quit
[office]int g0/0/1
[office-GigabitEthernet0/0/1]port link-type access
[office-GigabitEthernet0/0/1]port default vlan 2
```

④ 在 office 交换机上配置 OSPF 路由。

```
[office]ospf router-id 1.1.1.1
[office-ospf-1]area 0
[office-ospf-1-area-0.0.0.0]network 172.16.40.0 0.0.0.255
[office-ospf-1-area-0.0.0.0]network 172.16.50.0 0.0.0.255
[office-ospf-1-area-0.0.0.0]network 1.1.2.0 0.0.0.3
```

学校出口路由器 SCHOOL 上的相关配置如下。

① 基本配置。

```
[SCHOOL]int g0/0/0
[SCHOOL-GigabitEthernet0/0/0]ip address 1.1.2.2 30
[SCHOOL-GigabitEthernet0/0/0]quit
[SCHOOL]int g0/0/1
[SCHOOL-GigabitEthernet0/0/1]ip address 1.1.3.2 30
```

```
[SCHOOL-GigabitEthernet0/0/1]quit
[SCHOOL]int g0/0/2
[SCHOOL-GigabitEthernet0/0/2]ip address 1.1.4.2 30
[SCHOOL-GigabitEthernet0/0/2]quit
```

② 路由信息配置。

这里需要说明，在学校出口路由器上一般有两种路由：一种是内部路由（OSPF、RIP、EIGRP 等）；另一种是默认路由（边界网络双方都不了解对方网络配置情况，使用默认路由最为合适）。当内部路由信息出边界时，需要路由重分发。

```
[SCHOOL]ip route-static 0.0.0.0 0.0.0.0 10.10.10.1    //通过该默认路由与 ISP 互联
[SCHOOL]ospf router-id 1.1.1.2
[SCHOOL-ospf-1]area 0
[SCHOOL-ospf-1-area-0.0.0.0]network 10.10.10.0 0.0.0.255
[SCHOOL-ospf-1-area-0.0.0.0]network 1.1.2.0 0.0.0.255
[SCHOOL-ospf-1-area-0.0.0.0]network 1.1.3.0 0.0.0.255
[SCHOOL-ospf-1-area-0.0.0.0]network 1.1.4.0 0.0.0.255
[SCHOOL-ospf-1-area-0.0.0.0]quit
[SCHOOL-ospf-1]default-route-advertise    //配置该项表示默认路由在 OSPF 中重分发
```

（2）DHCP 配置。

① 配置 DHCP 服务器。

打开 office 交换机，配置 DHCP 地址池信息如下。

```
[office]dhcp enable
[office]ip pool 40
[office-ip-pool-40]network 172.16.40.0 mask 24
[office-ip-pool-50]gateway-list 172.16.40.1
[office-ip-pool-40]dns-list 8.8.8.8
[office-ip-pool-40]lease day 3
[office-ip-pool-40]quit
[office]dhcp enable
[office]ip pool 50
[office-ip-pool-50]network 172.16.50.0 mask 24
[office-ip-pool-50]gateway-list 172.16.50.1
[office-ip-pool-50]dns-list 8.8.8.8
[office-ip-pool-50]lease day 3
[office-ip-pool-50]quit
[office]interface vlanif 40
[office-Vlanif40]dhcp select global
[office-Vlanif40]quit
[office]interface vlanif 50
[office-Vlanif50]dhcp select global
[office-Vlanif50]quit
```

② 按照如图 3-37 所示的配置方法，配置 VLAN40、VLAN50 客户机的 DHCP。

单击"命令行"选项卡，使用 ipconfig 命令查看客户机通过 DHCP 方式获取 IP 地址的情况，如图 3-38 所示。

图 3-37　DHCP 配置

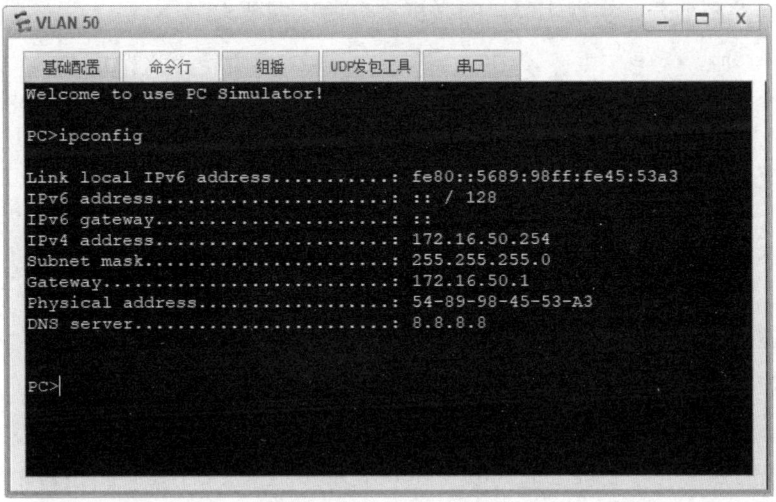

图 3-38　使用 ipconfig 命令查看 IP 地址获取情况

（3）ISP 配置。

为了验证与 ISP 实现了互通，我们在 ISP 路由器上开启了一个 LoopBack 1 口，模拟 Internet 用户。

```
[ISP]interface LoopBack 1
[ISP-LoopBack1]ip add
[ISP-LoopBack1]ip address 192.168.1.1 24
[ISP-LoopBack1]quit
```

配置 ISP 路由器。

```
[ISP]ip route-static 0.0.0.0 0.0.0.0 10.10.10.2
```

（4）测试。

此时 VLAN40 或 VLAN50 用户用 ping 命令测试与 ISP 的连通性，可以发现是连通的。 VLAN40 用户与 ISP 的连通性测试如图 3-39 所示。

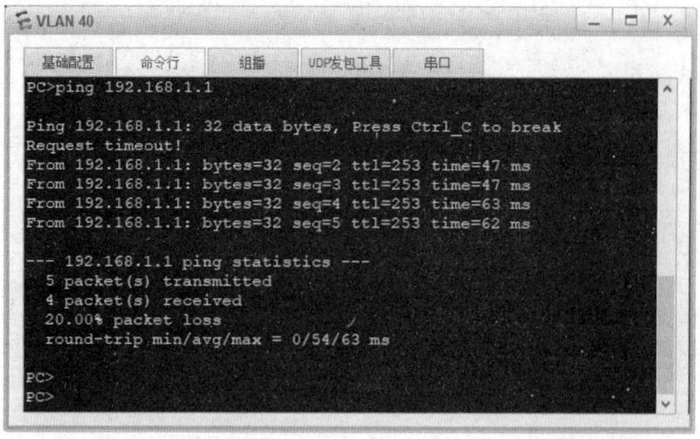

图 3-39　VLAN40 用户与 ISP 的连通性测试

（5）其他设备的配置。

根据前面（1）～（3）的步骤，可以依次进行 lab、teaching、lab-sw、teaching-sw 的基本配置，出于篇幅原因不再赘述，读者可以参看后文所有设备的运行配置信息。

（6）学校出口路由器的访问控制列表配置。

配置访问控制列表，实现实验楼的微机室分段上网要求。

```
[SCHOOL]time-range rule-vlan20 08:00 to 18:00 working-day
```

定义一个时间策略，名字叫作 rule-vlan20，有效时间是每周一至周五的 8:00—18:00。

```
[SCHOOL]acl number 3000
[SCHOOL-acl-adv-3000] rule 5 deny ip source 172.16.20.0 0.0.0.255 time-range rule-vlan20
```

定义一个访问控制列表 3000，该访问控制列表基于时间策略。

```
[SCHOOL]interface GigabitEthernet4/0/0
[SCHOOL-GigabitEthernet4/0/0]traffic-filter outbound acl 3000
```

把访问控制列表 3000 放在接口上，并负责出站过滤工作。

```
[SCHOOL-GigabitEthernet4/0/0]quit
```

此时，我们在每周一至周五的 8:00—18:00，用实验楼 VLAN20 上的终端 ping，结果是被拦截的。VLAN20 用户与外界的通信情况如图 3-40 所示。

图 3-40　VLAN20 用户与外界的通信情况

（7）所有设备的运行配置信息。

```
ISP:
  <ISP>display current-configuration
  [V200R003C00]
  #
   sysname ISP
  #
   snmp-agent local-engineid 800007DB03000000000000
   snmp-agent
  #
   clock timezone China-Standard-Time minus 08:00:00
  #
  portal local-server load flash:/portalpage.zip
  #
   drop illegal-mac alarm
  #
   wlan ac-global carrier id other ac id 0
  #
   set cpu-usage threshold 80 restore 75
  #
  aaa
   authentication-scheme default
   authorization-scheme default
   accounting-scheme default
   domain default
   domain default_admin
   local-user admin password cipher %$%$K8m.Nt84DZ}e#<0`8bmE3Uw}%$%$
   local-user admin service-type http
  #
  firewall zone Local
   priority 15
  #
  interface GigabitEthernet0/0/0
   ip address 10.10.10.1 255.255.255.0
  #
  interface GigabitEthernet0/0/1
  #
  interface GigabitEthernet0/0/2
  #
  interface NULL0
  #
  interface LoopBack1
   ip address 192.168.1.1 255.255.255.0
  #
  ip route-static 0.0.0.0 0.0.0.0 10.10.10.2
  #
  user-interface con 0
```

```
   authentication-mode password
 user-interface vty 0 4
 user-interface vty 16 20
 #
 wlan ac
 #
 return
SCHOOL:
 <SCHOOL>display current-configuration
 [V200R003C00]
 #
  sysname SCHOOL
 #
  board add 0/4 4GET
 #
  snmp-agent local-engineid 800007DB03000000000000
  snmp-agent
 #
  clock timezone China-Standard-Time minus 08:00:00
 #
 portal local-server load portalpage.zip
 #
  drop illegal-mac alarm
 #
  time-range rule-vlan20 08:00 to 18:00 working-day
 #
  set cpu-usage threshold 80 restore 75
 #
 acl number 3000
  rule 5 deny ip source 172.16.20.0 0.0.0.255 time-range rule-vlan20
 #
 aaa
  authentication-scheme default
  authorization-scheme default
  accounting-scheme default
  domain default
  domain default_admin
  local-user admin password cipher %$%$K8m.Nt84DZ}e#<0`8bmE3Uw}%$%$
  local-user admin service-type http
 #
 firewall zone Local
  priority 15
 #
 interface GigabitEthernet0/0/0
  ip address 1.1.2.2 255.255.255.252
 #
 interface GigabitEthernet0/0/1
  ip address 1.1.3.2 255.255.255.252
```

```
#
interface GigabitEthernet0/0/2
 ip address 1.1.4.2 255.255.255.252
#
interface GigabitEthernet4/0/0
 ip address 10.10.10.2 255.255.255.0
 traffic-filter outbound acl 3000
#
interface GigabitEthernet4/0/1
#
interface GigabitEthernet4/0/2
#
interface GigabitEthernet4/0/3
#
interface NULL0
#
ospf 1 router-id 1.1.1.2
 default-route-advertise
 area 0.0.0.0
  network 1.1.2.0 0.0.0.3
  network 1.1.3.0 0.0.0.3
  network 1.1.4.0 0.0.0.3
  network 10.10.10.0 0.0.0.255
#
ip route-static 0.0.0.0 0.0.0.0 10.10.10.1
#
user-interface con 0
 authentication-mode password
user-interface vty 0 4
user-interface vty 16 20
#
wlan ac
#
return
office:
<office>display current-configuration
#
sysname office
#
vlan batch 2 40 50
#
cluster enable
ntdp enable
ndp enable
#
drop illegal-mac alarm
#
dhcp enable
```

```
#
diffserv domain default
#
drop-profile default
#
ip pool 40
 gateway-list 172.16.40.1
 network 172.16.40.0 mask 255.255.255.0
 lease day 2 hour 0 minute 0
 dns-list 8.8.8.8
#
ip pool 50
 gateway-list 172.16.50.1
 network 172.16.50.0 mask 255.255.255.0
 lease day 2 hour 0 minute 0
 dns-list 8.8.8.8
#
aaa
 authentication-scheme default
 authorization-scheme default
 accounting-scheme default
 domain default
 domain default_admin
 local-user admin password simple admin
 local-user admin service-type http
#
interface Vlanif1
#
interface Vlanif2
 ip address 1.1.2.1 255.255.255.252
#
interface Vlanif40
 ip address 172.16.40.1 255.255.255.0
 dhcp select global
#
interface Vlanif50
 ip address 172.16.50.1 255.255.255.0
 dhcp select global
#
interface MEth0/0/1
#
interface GigabitEthernet0/0/1
 port link-type access
 port default vlan 2
#
interface GigabitEthernet0/0/2
 port link-type trunk
 port trunk allow-pass vlan 2 to 4094
```

```
#
interface GigabitEthernet0/0/3
........................................
interface GigabitEthernet0/0/24
#
interface NULL0
#
ospf 1 router-id 1.1.1.1
 area 0.0.0.0
  network 172.16.40.0 0.0.0.255
  network 172.16.50.0 0.0.0.255
  network 1.1.2.0 0.0.0.3
#
user-interface con 0
user-interface vty 0 4
#
return
lab:
<lab>display current-configuration
#
sysname lab
#
vlan batch 3 20 30
#
cluster enable
ntdp enable
ndp enable
#
drop illegal-mac alarm
#
dhcp enable
#
diffserv domain default
#
drop-profile default
#
ip pool vlan20
 gateway-list 172.16.20.1
 network 172.16.20.0 mask 255.255.255.0
 lease day 3 hour 0 minute 0
 dns-list 8.8.8.8
#
ip pool vlan30
 gateway-list 172.16.30.1
 network 172.16.30.0 mask 255.255.255.0
 lease day 3 hour 0 minute 0
 dns-list 8.8.8.8
#
```

```
aaa
 authentication-scheme default
 authorization-scheme default
 accounting-scheme default
 domain default
 domain default_admin
 local-user admin password simple admin
 local-user admin service-type http
#
interface Vlanif1
#
interface Vlanif3
 ip address 1.1.3.1 255.255.255.252
#
interface Vlanif20
 ip address 172.16.20.1 255.255.255.0
 dhcp select global
#
interface Vlanif30
 ip address 172.16.30.1 255.255.255.0
 dhcp select global
#
interface MEth0/0/1
#
interface GigabitEthernet0/0/1
 port link-type access
 port default vlan 3
#
interface GigabitEthernet0/0/2
 port link-type trunk
 port trunk allow-pass vlan 2 to 4094
#
interface GigabitEthernet0/0/3
.................................
interface GigabitEthernet0/0/24
#
interface NULL0
#
ospf 1 router-id 1.1.1.1
 area 0.0.0.0
  network 1.1.3.0 0.0.0.3
  network 172.16.20.0 0.0.0.255
  network 172.16.30.0 0.0.0.255
#
user-interface con 0
user-interface vty 0 4
#
return
```

```
teching:
   <teaching>display current-configuration
   #
   sysname teaching
   #
   vlan batch 4 10
   #
   cluster enable
   ntdp enable
   ndp enable
   #
   drop illegal-mac alarm
   #
   dhcp enable
   #
   diffserv domain default
   #
   drop-profile default
   #
   ip pool vlan10
    gateway-list 172.16.10.1
    network 172.16.10.0 mask 255.255.255.0
    lease day 3 hour 0 minute 0
    dns-list 8.8.8.8
   #
   aaa
    authentication-scheme default
    authorization-scheme default
    accounting-scheme default
    domain default
    domain default_admin
    local-user admin password simple admin
    local-user admin service-type http
   #
   interface Vlanif1
   #
   interface Vlanif4
    ip address 1.1.4.1 255.255.255.252
   #
   interface Vlanif10
    ip address 172.16.10.1 255.255.255.0
    dhcp select global
   #
   interface MEth0/0/1
   #
   interface GigabitEthernet0/0/1
    port link-type access
    port default vlan 4
```

```
#
interface GigabitEthernet0/0/2
 port link-type trunk
 port trunk allow-pass vlan 2 to 4094
#
interface GigabitEthernet0/0/3
..................................
interface GigabitEthernet0/0/24
#
interface NULL0
#
ospf 1 router-id 1.1.1.1
 area 0.0.0.0
  network 172.16.10.0 0.0.0.255
  network 1.1.4.0 0.0.0.3
#
user-interface con 0
user-interface vty 0 4
#
return
office-sw:
<office-sw>display current-configuration
#
sysname office-sw
#
vlan batch 40 50
#
cluster enable
ntdp enable
ndp enable
#
drop illegal-mac alarm
#
dhcp enable
#
diffserv domain default
#
drop-profile default
#
aaa
 authentication-scheme default
 authorization-scheme default
 accounting-scheme default
 domain default
 domain default_admin
 local-user admin password simple admin
 local-user admin service-type http
#
```

```
interface Vlanif1
#
interface MEth0/0/1
#
interface Ethernet0/0/1
 port link-type access
 port default vlan 40
#
interface Ethernet0/0/2
 port link-type access
 port default vlan 50
#
interface Ethernet0/0/3
.................................
interface Ethernet0/0/22
#
interface GigabitEthernet0/0/1
 port link-type trunk
 port trunk allow-pass vlan 2 to 4094
#
interface GigabitEthernet0/0/2
#
interface NULL0
#
user-interface con 0
user-interface vty 0 4
#
return
lab-sw:
<lab-sw>display current-configuration
#
sysname lab-sw
#
vlan batch 20 30
#
cluster enable
ntdp enable
ndp enable
#
drop illegal-mac alarm
#
diffserv domain default
#
drop-profile default
#
aaa
 authentication-scheme default
 authorization-scheme default
```

```
   accounting-scheme default
   domain default
   domain default_admin
   local-user admin password simple admin
   local-user admin service-type http
  #
  interface Vlanif1
  #
  interface MEth0/0/1
  #
  interface Ethernet0/0/1
   port link-type access
   port default vlan 20
  #
  interface Ethernet0/0/2
   port link-type access
   port default vlan 30
  #
  interface Ethernet0/0/3
  ................................
  interface Ethernet0/0/22
  #
  interface GigabitEthernet0/0/1
   port link-type trunk
   port trunk allow-pass vlan 2 to 4094
  #
  interface GigabitEthernet0/0/2
  #
  interface NULL0
  #
  user-interface con 0
  user-interface vty 0 4
  #
  return
teaching-sw:
  <teaching-sw>display current-configuration
  #
  sysname teaching-sw
  #
  vlan batch 10
  #
  cluster enable
  ntdp enable
  ndp enable
  #
  drop illegal-mac alarm
  #
  diffserv domain default
```

```
#
drop-profile default
#
aaa
 authentication-scheme default
 authorization-scheme default
 accounting-scheme default
 domain default
 domain default_admin
 local-user admin password simple admin
 local-user admin service-type http
#
interface Vlanif1
#
interface MEth0/0/1
#
interface Ethernet0/0/1
 port link-type access
 port default vlan 10
#
interface Ethernet0/0/2
..................................·
interface Ethernet0/0/22
#
interface GigabitEthernet0/0/1
 port link-type trunk
 port trunk allow-pass vlan 2 to 4094
#
interface GigabitEthernet0/0/2
#
interface NULL0
#
user-interface con 0
user-interface vty 0 4
#
return
```

相关知识

1. 路由选择协议

路由器提供了在异构网络中的互联机制，可以实现将数据包从一个网络发送到另一个网络。路由就是指导数据包发送的路径信息。

路由工作包含两个基本的动作。

① 确定最佳路径。

② 通过网络传输信息。

在路由的过程中，通过网络传输信息也称为（数据）交换。交换相对来说比较简单，而确定最佳路径很复杂。

Metric 是路由算法用来确定到达目的地的最佳路径的计量标准，如路径长度。为了帮助选路，路由算法初始化并维护包含路径信息的路由表，路径信息根据使用的路由算法的不同而不同。

路由算法根据许多信息来填充路由表。目标/下一跳地址告知路由器到达目的地的最佳路径的方式是把分组发送给代表"下一跳"的路由器，当路由器收到一个分组后，它就检查其目标地址，尝试将此地址与其"下一跳"相联系。

路由表中还可以包括其他信息。路由表通过比较 Metric 来确定最佳路径，这些 Metric 根据所用的路由算法的不同而不同。路由器彼此通信，通过交换路由信息维护其路由表。路由更新信息通常包含全部或部分路由表的信息，通过分析来自其他路由器的路由更新信息，路由器可以建立网络拓扑图。路由器间会发送链接状态广播信息，通知其他路由器发送者的链接状态。链接状态用于建立完整的网络拓扑图，使路由器可以确定最佳路径。

（1）静态路由。

静态路由是指由用户或网络管理员手工配置的路由信息。当网络的拓扑结构或链路的状态发生变化时，网络管理员需要手工修改路由表中相关的静态路由信息。静态路由信息在默认情况下是私有的，不会传输给其他的路由器。当然，网络管理员也可以通过对路由器进行设置使静态路由信息成为共享的。静态路由一般适用于比较简单的网络环境，在这样的环境中，网络管理员易于清楚地了解网络的拓扑结构，便于设置正确的路由信息。

使用静态路由的一个好处是网络保密性高。动态路由需要路由器之间频繁地交换各自的路由表，而对路由表的分析可以揭示网络的拓扑结构和网络地址等信息。因此，网络出于安全方面的考虑可以采用静态路由。静态路由不占用网络带宽，因为静态路由不会产生更新流量。

下面介绍静态路由的配置方法。

静态路由实验拓扑如图 3-41 所示。

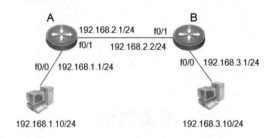

图 3-41 静态路由实验拓扑

```
[huawei]ip route-static 192.168.3.0 255.255.255.0 192.168.2.2
             目标网络          目标网络子网掩码        下一跳地址
```

默认路由是一种特殊的静态路由，指的是当路由表中与数据包的目标地址之间没有匹配的表项时，路由器能够做出的选择。如果没有默认路由，那么目标地址在路由表中没有匹配表项的数据包将被丢弃。默认路由在某些时候非常有效，当存在末梢网络时，默认路由会大大简化路由器的配置，减轻网络管理员的工作负担，提高网络性能。

默认路由和静态路由的命令格式一样，只是把目标 IP 地址和子网掩码都改成 0.0.0.0。
图 3-41 的例子可以配置为：

```
[huawei]ip route-static 0.0.0.0  0.0.0.0 192.168.2.2
```

简单来说，动态路由是指路由器能够自动地建立自己的路由表，并且能够根据实际情况的变化适时地进行调整。

动态路由协议根据选择算法分为下面两种。

距离矢量（Distance Vector）协议：根据距离矢量算法，确定网络中节点的方向与距离，包括 RIP 路由协议及 IGRP（Cisco 私有协议）路由协议。

链路状态（Link-state）协议：根据链路状态算法，计算生成网络的拓扑结构，包括 OSPF 路由协议与 IS-IS 路由协议。

（2）OSPF 协议。

OSPF 协议是围绕着图论中的一个著名算法——E.W.Dijkstra 的最短路径算法设计的。

OSPF（Open Shortest Path First，开放式最短路径优先）协议是一个内部网关协议（Interior Gateway Protocol，IGP），用于在单一自治系统（Autonomous System，AS）内决策路由。链路是路由器接口的另一种说法，因此 OSPF 协议也称为接口状态路由协议。OSPF 协议通过路由器之间通告网络接口的状态来建立链路状态数据库，生成最短路径树，每个 OSPF 路由器使用这些最短路径构造路由表。

OSPF 协议是一种典型的链路状态（Link-state）路由协议，一般用于同一个路由域内。在这里，路由域是指一个自治系统，自治系统是一组通过统一的路由政策或路由协议互相交换路由信息的网络。在自治系统中，所有的 OSPF 路由器都维护一个相同的描述这个自治系统结构的数据库，该数据库中存放的是路由域中相应链路的状态信息，OSPF 路由器正是通过这个数据库计算出其 OSPF 路由表的。

作为一种链路状态路由协议，OSPF 协议将链路状态广播（Link State Advertisement，LSA）数据包传输给在某一区域内的所有路由器，这一点与距离矢量路由协议不同。运行距离矢量路由协议的路由器将部分或全部的路由表传输给与其相邻的路由器。

① OSPF 数据包。

OSPF 数据包的类型如下。

- Hello 包。
- 数据库描述（Database Description）包，DBD 包。
- 链路状态请求（Link-state Request）包，LSR 包。
- 链路状态更新（Link-state Update）包，LSU 包。
- 链路状态确认（Link-state Acknowledgement）包，LSACK 包。

Hello 包的目的如下。

- 用于发现邻居。
- 在成为邻居之前，必须对 Hello 包里的一些参数协商成功。
- Hello 包在邻居之间扮演着 Keepalive 的角色。
- 允许邻居之间的双向通信。
- Hello 包在 NBMA（Non-Broadcast Multi-Access）网络上选举 DR 和 BDR（NBMA 网络默认 30 s 发送一次 Hello 包，多路访问和点对点网络默认 10 s 发送一次 Hello 包）。

Hello 包中包含以下信息。

- 源路由器的 RID。
- 源路由器的 Area ID。
- 源路由器接口的掩码。
- 源路由器接口的认证类型和认证信息。
- 源路由器接口的 Hello 包发送的时间间隔。
- 源路由器接口的无效时间间隔。
- 优先级。
- DR/BDR。
- 5 个标记位（Flag Bit）。
- 源路由器的所有邻居的 RID。

② OSPF 网络类型。

OSPF 协议定义的 5 种网络类型如下。

- 点到点网络，如 T1 线路连接的网络，是连接单独的一对路由器的网络。点到点网络上的有效邻居总是可以形成邻接关系的，在这种网络上，OSPF 包的目标地址使用的是 224.0.0.5，这个组播地址称为 AllSPFRouters。
- 广播型网络，如以太网、Token Ring 网和 FDDI 网。这样的网络会选举一个 DR 和 BDR，DR/BDR 发送的 OSPF 包的目标地址为 224.0.0.5，运载这些 OSPF 包的帧的目标 MAC 地址为 0100.5E00.0005。DR/BDR 的 OSPF 包的目标地址为 224.0.0.6，这个地址称为 AllDRouters。
- NBMA 网络，如 X.25 网、Frame Relay 网和 ATM 网。这种网络不具备广播的能力，因此邻居要人工来指定，在这样的网络上要选举 DR 和 BDR，OSPF 包采用单播的方式发送。
- 点到多点网络，这种网络是 NBMA 网络的一个特殊配置，可以看作点到点网络的集合。在这样的网络上不选举 DR 和 BDR。
- 虚链接网络：OSPF 包以单播的方式发送。

所有的网络均可以归纳成 2 种网络类型。

- 传输网络（Transit Network）。
- 末梢网络（Stub Network）。

③ OSPF 协议的 DR 及 BDR。

OSPF 路由器在完全邻接之前，所经过的几个状态如下。

- Down：初始化状态。
- Attempt：只适于 NBMA 网络，在 NBMA 网络中邻居是手动指定的，在该状态下，路由器将使用 HelloInterval 取代 PollInterval 来发送 Hello 包。
- Init：表明在 DeadInterval 里收到了 Hello 包，但是双向通信仍然没有建立起来。
- Two-way：双向会话建立。
- ExStart：信息交换初始状态，在这个状态下，本地路由器和邻居将建立 Master/Slave 关系，并确定 DD Sequence Number，接口等级高的成为 Master。
- Exchange：信息交换状态，本地路由器向邻居发送 DBD 包，并且发送 LSR 包用于请求新的 LSA 包。
- Loading：信息加载状态，本地路由器向邻居发送 LSR 包用于请求新的 LSA 包。

- Full：完全邻接状态，这种邻接出现在 Router LSA 包和 Network LSA 包中。

在 DR 和 BDR 出现之前，每一台路由器和它的邻居之间成为完全网状的 OSPF 邻接关系，这样 5 台路由器之间将需要形成 10 个邻接关系，同时将产生 25 个 LSA 包。而且在多址网络中，可能出现自己发出的 LSA 包从邻居的邻居处发回来的情况，这导致网络上产生很多 LSA 包的副本，基于这种考虑，产生了 DR 和 BDR。

DR 将完成如下工作。

- 描述这个多址网络和该网络上剩下的其他相关路由器。
- 管理这个多址网络上的 Flooding 过程。
- 为了冗余性，选取一个 BDR，作为双备份。

DR/BDR 选取规则如下。

DR/BDR 选取是以接口状态机的方式触发的。

- 路由器的每个多路访问（Multi-Access）接口都有一个路由器优先级（Router Priority），它是 8 位长的一个整数，范围是 0～255，Cisco 路由器默认的优先级是 1，路由器优先级为 0 的话将不能被选举为 DR/BDR。路由器优先级可以通过 ip ospf priority 命令进行修改。
- Hello 包里包含了路由器优先级的字段，还包含了可能成为 DR/BDR 的相关接口的 IP 地址。
- 当接口在多路访问网络上初次启动的时候，它把 DR/BDR 地址设置为 0.0.0.0，同时设置等待计时器（Wait Timer）的值等于路由器无效间隔（Router Dead Interval）。

DR/BDR 选取过程如下。

- 在和邻居建立双向（Two-way）通信之后，检查邻居的 Hello 包中 Priority、DR 和 BDR 字段，列出所有可以参与 DR/BDR 选举的邻居。所有的路由器声明它们自己就是 DR/BDR（Hello 包中 DR 字段的值就是它们自己的接口地址，BDR 字段的值就是它们自己的接口地址）。
- 从这个有参与选举 DR/BDR 权的路由器列表中，创建一组没有声明自己就是 DR 的路由器的子集（声明自己是 DR 的路由器将不会被选举为 BDR）。
- 如果在这个子集里，不管路由器有没有声明自己就是 BDR，只要在 Hello 包中，BDR 字段的值就等于自己接口的地址，那么优先级最高的路由器就被选举为 BDR；如果优先级都一样，则 RID 最高的路由器被选举为 BDR。
- 如果在 Hello 包中 DR 字段的值就等于自己接口的地址，那么优先级最高的路由器就被选举为 DR；如果优先级都一样，那么 RID 最高的路由器被选举为 DR；如果选出的 DR 不能工作，那么新选举的 BDR 就成为 DR，再重新选举一个 BDR。
- 要注意的是，当网络中已经选举了 DR/BDR 后，如果又出现了一台新的优先级更高的路由器，那么 DR/BDR 是不会重新选举的。
- DR/BDR 选举完成后，DRother（非指定路由器，DR 和 BDR 之外的路由器）只和 DR/BDR 形成邻接关系。所有的路由器将组播 Hello 包到 AllSPFRouters 地址 224.0.0.5，以便它们能跟踪其他邻居的信息，即 DR 将 Flooding（泛洪）LSU 包到 224.0.0.5；DRother 只组播 LSU 包到 AllDRouters 地址 224.0.0.6，只有 DR/BDR 监听这个地址。

④ OSPF 邻接关系。

邻接关系建立的 4 个阶段如下。

- 邻居发现阶段。
- 双向通信阶段：Hello 包都列出了对方的 RID，则双向通信完成。
- 数据库同步阶段。
- 完全邻接阶段（Full Adjacency）。

邻接关系的建立和维持都是靠 Hello 包完成的，在一般的网络类型中，Hello 包每经过 1 个 HelloInterval 就发送一次，但是有 1 个例外：在 NBMA 网络中，路由器每经过一个 PollInterval 周期发送 Hello 包给状态为 Down 的邻居（其他类型的网络是不会把 Hello 包发送给状态为 Down 的路由器的）。Cisco 路由器上 Hello 包的默认发送间隔（Poll Interval）为 60s，Hello 包以组播的方式被发送给 224.0.0.5。在 NBMA 类型、点到多点和虚链路类型的网络中，Hello 包以单播的方式被发送给邻居路由器。邻居路由器可以通过手工配置或 Inverse-ARP 发现。

单区域 OSPF 配置命令如下。

```
[huawei]#ospf router-id [process-id]        创建 OSPF 路由进程
[huawei-ospf-1]area area-id                 area-id 为 OSPF 区域号
```

process-id 只在本路由器上有效。

```
[huawei-ospf-1-area-0.0.0.0]# network [ address ] [ inverse-mask ]
```

address 和 inverse-mask 为网络（或接口）地址和 wildcard mask。

下面是一个配置实例，OSPF 单区域配置拓扑如图 3-42 所示。

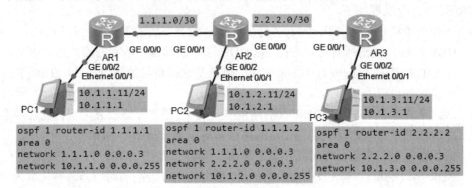

图 3-42　OSPF 单区域配置拓扑

2．访问控制列表

（1）概念。

访问控制列表简称为 ACL，ACL 使用包过滤技术，在路由器上读取第三层及第四层包头中的信息，如源地址、目的地址、源端口、目的端口等，根据预先定义好的规则对包进行过滤，从而达到访问控制的目的。ACL 技术初期仅在路由器上使用，近些年已经扩展到三层交换机，部分新的二层交换机也开始提供 ACL 技术支持了。

一个 ACL 可以由多条"deny|permit"语句组成，每一条语句描述了一条规则。设备收到数据流量后，会逐条匹配 ACL 规则，查看其是否匹配。

如果不匹配，则匹配下一条。一旦找到一条匹配的规则，则执行规则中定义的动作，不再继续与后续规则进行匹配。如果找不到匹配的规则，则设备不对报文进行任何处理。

需要注意的是，ACL 中定义的这些规则可能存在重复或矛盾的地方。规则的匹配顺序决定了规则的优先级，ACL 通过设置规则的优先级来处理规则之间重复或矛盾的情形。

华为 ARG3 系列路由器支持两种匹配顺序：配置顺序和自动排序。

① 配置顺序按 ACL 规则编号（Rule-ID）从小到大的顺序进行匹配。设备会在创建 ACL 的过程中自动为每一条规则分配一个编号，规则编号决定了规则被匹配的顺序。例如，如果将步长设定为 5，则规则编号将按照 5、10、15…这样的规律自动分配。如果将步长设定为 2，则规则编号将按照 2、4、6、8…这样的规律自动分配。通过设置步长，规则之间留有一定的空间，用户可以在已存在的两条规则之间插入新的规则。路由器在匹配规则时默认采用配置顺序。华为 ARG3 系列路由器默认规则编号的步长为 5。

② 自动排序使用"深度优先"的原则进行匹配，即根据规则的精确度排序。

（2）使用原则。

因为 ACL 涉及的配置命令很灵活，功能很强大，所以我们不能只通过一个小小的例子就完全掌握全部 ACL 的配置。在介绍例子前，将 ACL 配置原则罗列出来，方便各位读者更好地消化 ACL 知识。

① 最小特权原则。

只给受控对象完成任务所必需的最小的权限。也就是说，受控对象的总规则是各条规则的交集，只满足部分条件的对象是不容许通过规则的。

② 最靠近受控对象原则。

对所有的网络层访问权限进行控制。也就是说，在检测规则时是采用自上而下在 ACL 中一条条检测的，只要发现符合条件了就立刻转发，而不继续检测后面的 ACL 语句。

③ 默认原则。

符合过滤条件的按照条件进行过滤；不符合过滤条件的，每个厂商都有默认原则。华为的默认原则是"通过"，当找不到匹配的过滤项时，允许通过。Cisco 的默认原则是"拒绝"，拒绝不符合过滤条件的一切数据通过。因此在配置 ACL 时，一定要了解不同厂商 ACL 的默认原则。

ACL 是使用包过滤技术来实现的，过滤的依据只是第三层和第四层包头中的部分信息，这种技术具有一些固有的局限性，如无法识别到具体的人、无法识别到应用内部的权限级别等。因此，要达到端到端的权限控制目的，需要和系统级及应用级的访问权限控制结合使用。

（3）分类。

根据不同的划分规则，ACL 有不同的分类。常见的三种分类是基本 ACL、高级 ACL 和二层 ACL。

① 基本 ACL。基本 ACL 可以使用报文的源 IP 地址、分片标记和时间段信息来匹配报文。华为设备的基本 ACL 的编号范围是 2000～2999。

② 高级 ACL。高级 ACL 可以使用报文的源/目的 IP 地址、源/目的端口号及协议类型等信息来匹配报文。高级 ACL 比基本 ACL 更准确、更灵活。华为设备的高级 ACL 的编号范围是 3000～3999。

③ 二层 ACL，有些教材称为基于 MAC 地址的 ACL。二层 ACL 可以使用源/目的 MAC 地址及二层协议类型等二层信息来匹配报文。华为设备的二层 ACL 的编号范围是 4000～4999。

下面通过几个案例简单介绍 ACL 的使用（以华为设备为例）。

（4）基本 ACL 使用案例。

基本 ACL 案例环境如图 3-43 所示。

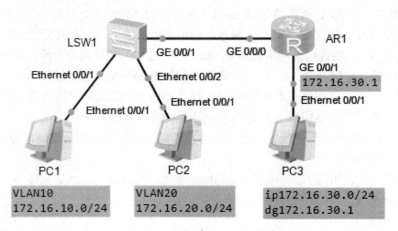

图 3-43　基本 ACL 案例环境

要求禁止 172.16.10.0/24 网段访问 172.16.30.0/24 的计算机。

路由器配置命令如下。

```
//单臂路由的配置，不清楚的读者可以上网搜索相关配置命令
[Huawei]vlan 10
[Huawei-vlan10]vlan 20
[Huawei-vlan20]q
[Huawei]int g0/0/0.10
[Huawei-GigabitEthernet0/0/0.10]ip address 172.16.10.1 24
[Huawei-GigabitEthernet0/0/0.10]dot1q termination vid 10
[Huawei-GigabitEthernet0/0/0.10]arp broadcast enable
[Huawei-GigabitEthernet0/0/0.10]quit
[Huawei]int g0/0/0.20
[Huawei-GigabitEthernet0/0/0.20]ip address 172.16.20.1 24
[Huawei-GigabitEthernet0/0/0.20]dot1q termination vid 20
[Huawei-GigabitEthernet0/0/0.20]arp broadcast enable
[Huawei-GigabitEthernet0/0/0.20]quit
//下面是配置基本 ACL 的命令
[Huawei]acl number 2000
[Huawei-acl-basic-2000]rule deny source 172.16.10.0 0.0.0.255
[Huawei-acl-basic-2000]quit
//将基本 ACL 应用在接口 g0/0/1 出站检查上
[Huawei]int g0/0/1
[Huawei-GigabitEthernet0/0/1]ip address 172.16.30.1 24
[Huawei-GigabitEthernet0/0/1]traffic-filter outbound acl 2000
```

在交换机上设置 VLAN，设置 access 口和 trunk 口，以便正确运行，有兴趣的读者可以查看单臂路由的一些配置命令。

通过测试发现，在接口 g0/0/1 应用 ACL2000 前，PC1 是可以 ping 通 PC3 的；在接口 g0/0/1 应用 ACL2000 后，PC1 不能 ping 通 PC3，PC1 的测试结果如图 3-44 所示。

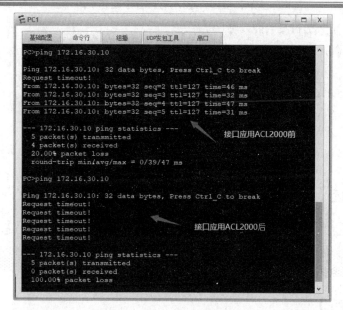

图 3-44　PC1 的测试结果

（5）高级 ACL 使用案例。

在基本 ACL 使用案例的基础上，限制 172.16.10.0 网段的用户 ping172.16.30.0 网段的主机，其他不限制，则 ACL 的配置命令如下。

```
[Huawei-acl-adv-3000]rule   deny   icmp   source   172.16.10.0   0.0.0.255   destination
172.16.30.0 0.0.0.255
[Huawei-GigabitEthernet0/0/1]traffic-filter outbound acl 3000
```

注意：配置前需要在接口 g0/0/1 上使用[Huawei-GigabitEthernet0/0/1]undo traffic-filter outbound 命令，关闭原来的基本 ACL 配置。

ACL 配置可以加上时间限制，如在 8:00—18:00 禁止 ping，则 ACL 可以如下配置。

```
//定义一个时间规则，名字叫ping-rule，时间段是 8:00—18:00
[Huawei]time-range ping-rule 8:00 to 18:00 ?
 <0-6>        Day of the week(0 is Sunday)
 Fri          Friday
 Mon          Monday
 Sat          Saturday
 Sun          Sunday
 Thu          Thursday
 Tue          Tuesday
 Wed          Wednesday
 daily        Every day of the week
 off-day       Saturday and Sunday
 working-day  Monday to Friday
//可以看到，时间规则可以选择某一天，也可以选择每一天的某个时间段
[Huawei]time-range ping-rule 8:00 to 18:00 daily
[Huawei]acl 3000
//把时间规则用在 ACL3000 上
[Huawei-acl-adv-3000]rule   deny   icmp   source   172.16.10.0   0.0.0.255   destination
```

```
172.16.30.0 0.0.0.255 time-range ping-rule
```

有兴趣的读者，可以测试一下，在每天的 8:00—18:00，PC1 是 ping 不通 PC3 的，其他时间可以。

关于 DHCP 的知识，请读者参考第 5 章。

案例三　虚拟专用网组建

【案例描述】

某网络公司总部设在郑州，驻马店设有分部。因业务需要，分部与总部之间需要频繁地进行网络通信，因商业机密，一些传输数据需要受到保护。小刘是该公司的网络管理员，现业务主管要他拿出一个合理的网络方案。

【案例分析】

小刘接到任务后，深入了解了实际需求，归纳如下。

（1）总部和分部网络已经通过 ISP 与 Internet 相通。

（2）总部和分部可以自由访问外网。

（3）当牵涉到总部和分部的数据传输时，数据需要加密。

（4）避免内部地址泄露。

【实施方案】

1. 网络选型

因网络安全技术较多，又考虑到总部和分部都已经有网络存在，并且已经通过 ISP 互联，小刘决定使用 VPN 技术实现公司要求。

2. 联网方案

经过前期的实地考察，小刘初步给出了一个联网方案，如图 3-45 所示。

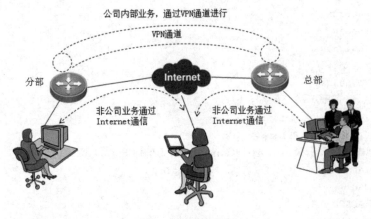

图 3-45　联网方案

平时总部或分部访问外网时，数据无须加密，直接访问。当总部与分部进行数据通信时，使用 VPN 通道。

3. 设备选型

小刘经过查看，发现公司原来的出口路由器是华为设备，已经带有 VPN 功能。因此小刘决定依然使用原有设备，通过相应的配置来达到公司要求。

【实施步骤】

1. 规划 IP

经过查看，小刘发现，总部和分部已经规划好了 IP 地址，并且已经连接了 Internet，原有拓扑规划如图 3-46 所示。

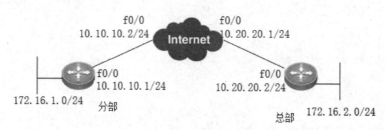

图 3-46　原有拓扑规划

2. 配置及验证

小刘在总部与分部之间使用 IPSec VPN 技术，实现公司要求，规划了实验拓扑，如图 3-47 所示。

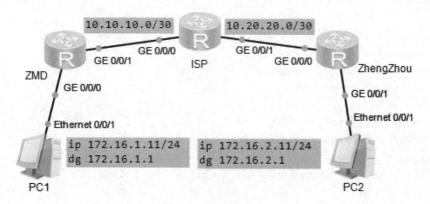

图 3-47　实验拓扑

在图 3-47 中，ZMD 代表分部的出口路由器，ISP 代表 Internet，ZhengZhou 代表总部的出口路由器。

PC1 模拟分部用户，PC2 模拟总部用户。

（1）配置步骤。

① ZMD 路由器基础配置。

```
[Huawei]sysname ZMD
[ZMD]int g0/0/0
```

```
[ZMD-GigabitEthernet0/0/0]ip add 172.16.1.1 24
[ZMD-GigabitEthernet0/0/0]quit
[ZMD]int g0/0/1
[ZMD-GigabitEthernet0/0/1]ip add 10.10.10.1 30
[ZMD-GigabitEthernet0/0/1]quit
[ZMD]ospf router-id 1.1.1.1
[ZMD-ospf-1]area 0
[ZMD-ospf-1-area-0.0.0.0]network 172.16.1.0 0.0.0.255
[ZMD-ospf-1-area-0.0.0.0]network 10.10.10.0 0.0.0.3
[ZMD-ospf-1-area-0.0.0.0]quit
[ZMD-ospf-1]quit
```

② ISP 基础配置。

```
[ISP]int g0/0/0
[ISP-GigabitEthernet0/0/0]ip add 10.10.10.2 30
[ISP-GigabitEthernet0/0/0]quit
[ISP]int g0/0/1
[ISP-GigabitEthernet0/0/1]ip add 10.20.20.1 30
[ISP-GigabitEthernet0/0/1]quit
[ISP]ospf router-id 1.1.1.2
[ISP-ospf-1]area 0
[ISP-ospf-1-area-0.0.0.0]network 10.10.10.0 0.0.0.3
[ISP-ospf-1-area-0.0.0.0]network 10.20.20.0 0.0.0.3
[ISP-ospf-1-area-0.0.0.0]quit
[ISP-ospf-1]quit
```

③ ZhengZhou 路由器基础配置。

```
[ZhengZhou]int g0/0/0
[ZhengZhou-GigabitEthernet0/0/0]ip add 10.20.20.2 30
[ZhengZhou-GigabitEthernet0/0/0]quit
[ZhengZhou]int g0/0/1
[ZhengZhou-GigabitEthernet0/0/1]ip add 172.16.2.1 24
[ZhengZhou-GigabitEthernet0/0/1]quit
[ZhengZhou]ospf router-id 1.1.1.3
[ZhengZhou-ospf-1]area 0
[ZhengZhou-ospf-1-area-0.0.0.0]network 10.20.20.0 0.0.0.3
[ZhengZhou-ospf-1-area-0.0.0.0]network 172.16.2.0 0.0.0.255
[ZhengZhou-ospf-1-area-0.0.0.0]quit
[ZhengZhou-ospf-1]quit
```

④ 互通性测试。此时可以测试一下互通性，若 PC1 ping 通 PC2，证明基础配置正确。

⑤ 在 ZMD 路由器上配置 IPSec VPN。

```
[ZMD]acl 3000                //配置兴趣流，使用 ACL 技术
[ZMD-acl-adv-3000]rule 5 permit ip source 172.16.1.0 0.0.0.255 destination 172.16.2.0
0.0.0.255
[ZMD-acl-adv-3000]quit
[ZMD]ipsec proposal tozhengzhou          //指定 IPSec 策略所引用的提议
//配置 IPSec 安全提议。安全提议包括 AH 和 ESP
[ZMD-ipsec-proposal-tozhengzhou]esp authentication-algorithm sha1
```

```
//AH 使用 SHA1 加密算法实现
[ZMD-ipsec-proposal-tozhengzhou]esp encryption-algorithm 3des
                              //ESP 使用 3DES 算法实现
[ZMD-ipsec-proposal-tozhengzhou]quit
[ZMD]ipsec policy p1 10 manual          //创建一条 IPSec 策略
[ZMD-ipsec-policy-manual-p1-10]security acl 3000
                              //指定 IPSec 策略所引用的 ACL
[ZMD-ipsec-policy-manual-p1-10]proposal tozhengzhou
                              //指定 IPSec 策略所引用的提议
[ZMD-ipsec-policy-manual-p1-10]tunnel remote 10.20.20.2
                              //配置安全隧道的对端地址
[ZMD-ipsec-policy-manual-p1-10]tunnel local 10.10.10.1
                              //配置安全隧道的本端地址
// sa spi 用来设置安全联盟的安全参数索引 SPI。在配置安全联盟时，入方向和出方向安全联盟的安全参数索引
SPI 都必须设置，并且本端的入方向的 SPI 值必须和对端的出方向的 SPI 值相同，本端的出方向的 SPI 值必须和对
端的入方向的 SPI 值相同
[ZMD-ipsec-policy-manual-p1-10]sa spi outbound esp 123456
[ZMD-ipsec-policy-manual-p1-10]sa spi inbound esp 654321
//设置安全联盟的认证密钥。入方向和出方向安全联盟的认证密钥都必须设置，并且本端的入方向的密钥必须和对端
的出方向的密钥相同，本端的出方向的密钥必须和对端的入方向的密钥相同
[ZMD-ipsec-policy-manual-p1-10]sa string-key outbound esp simple huawei
[ZMD-ipsec-policy-manual-p1-10]sa string-key inbound esp simple huawei
//在接口下应用 IPSec 策略
[ZMD]int g0/0/1
[ZMD-GigabitEthernet0/0/1]ipsec policy p1
```

⑥ 在 ZhengZhou 路由器上配置 IPSec VPN。

```
[ZhengZhou]acl 3000
[ZhengZhou-acl-adv-3000]rule 5 permit ip source 172.16.2.0 0.0.0.255 destination
172.16.1.0 0.0.0.255
[ZhengZhou]ipsec proposal tozmd
[ZhengZhou-ipsec-proposal-tozmd]esp authentication-algorithm sha1
[ZhengZhou-ipsec-proposal-tozmd]esp encryption-algorithm 3des
[ZhengZhou-ipsec-proposal-tozmd]quit
[ZhengZhou]ipsec policy p1 10 manual
[ZhengZhou-ipsec-policy-manual-p1-10]security acl 3000
[ZhengZhou-ipsec-policy-manual-p1-10]proposal tozmd
[ZhengZhou-ipsec-policy-manual-p1-10]tunnel remote 10.10.10.1
[ZhengZhou-ipsec-policy-manual-p1-10]tunnel local 10.20.20.2
[ZhengZhou-ipsec-policy-manual-p1-10]sa spi outbound esp 654321
[ZhengZhou-ipsec-policy-manual-p1-10]sa spi inbound esp 123456
[ZhengZhou-ipsec-policy-manual-p1-10]sa string-key outbound esp simple huawei
[ZhengZhou-ipsec-policy-manual-p1-10]sa string-key inbound esp simple huawei
[ZhengZhou-ipsec-policy-manual-p1-10]quit
[ZhengZhou]int g0/0/0
[ZhengZhou-GigabitEthernet0/0/0]ipsec policy p1
```

ZhengZhou 路由器的配置步骤和 ZMD 路由器类似，不再在命令中注释。

（2）验证。

我们在 PC1 上 ping PC2，发现因网络问题，丢失一个数据包，PC1 ping PC2 的结果如图 3-48 所示。

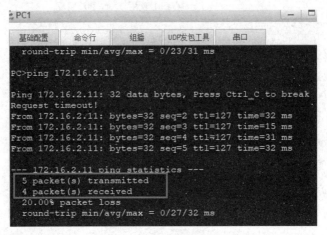

图 3-48　PC1ping PC2 的结果

此时，我们在 ZMD 路由器上，使用 display ipsec statistics esp 命令验证设备是否会对兴趣流进行 IPSec 加密处理。可以看到，发出 5 个数据包，收到 4 个数据包，ZMD 路由器上的 IPSec 加密处理如图 3-49 所示。

在 ZhengZhou 路由器上，使用 display ipsec statistics esp 命令验证设备是否会对兴趣流进行 IPSec 加密处理。可以看到，收到 5 个数据包，发出 4 个数据包，ZhengZhou 路由器上的 IPSec 加密处理如图 3-50 所示。

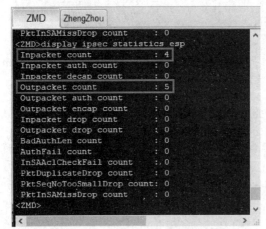 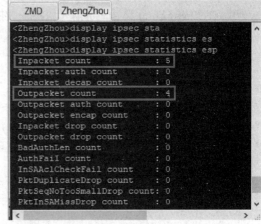

图 3-49　ZMD 路由器上的 IPSec 加密处理　　图 3-50　ZhengZhou 路由器上的 IPSec 加密处理

有兴趣的读者可以尝试改变兴趣流（改变 ACL 规则），增加总部与分部的网络分支，来查看 IPSec 是否对非兴趣流加密。

IPSec VPN 确实可以在两个端点之间提供安全的 IP 通信，但是只能加密并传输单播数据，无法加密和传输语音、视频、动态路由协议等组播数据。如果读者需要将以上综合业务加密，则可以使用通用路由封装协议（Generic Routing Encapsulation，GRE）。篇幅原因，此处不再介绍 GRE 的相关内容，有兴趣的读者可以查阅 GRE 相关知识，并使用 eNSP 进行实验模拟。

相关知识

1．IPSec VPN

IPSec VPN 是指采用 IPSec 协议来实现远程接入的一种 VPN 技术。IPSec 全称为 Internet Protocol Security，是由互联网工程任务组（Internet Engineering Task Force，IETF）定义的安全标准框架，用来提供公用和专用网络的端对端加密和验证服务。

IPSec 协议工作在 OSI 参考模型的第三层，是在单独使用时适于保护基于 TCP 或 UDP 的协议，如安全套接子层（SSL）就不能保护 UDP 层的通信流。这就意味着，与传输层或更高层的协议相比，IPSec 协议必须处理可靠性和分片问题，这增加了它的复杂性和处理开销。相对而言，SSL/TLS 依靠更高层的 TCP（OSI 参考模型的第四层）来处理可靠性和分片问题。

IPSec 是一个框架性架构，具体由两类协议组成。

（1）AH 协议（Authentication Header，使用较少）：可以同时提供数据完整性确认、数据来源确认、防重放等安全特性。AH 协议常用摘要算法（单向 Hash 函数）MD5 和 SHA1 实现上述特性。

（2）ESP 协议（Encapsulated Security Payload，使用较广）：可以同时提供数据完整性确认、数据加密、防重放等安全特性。ESP 协议通常使用 DES、3DES、AES 等加密算法实现数据加密，使用 MD5 或 SHA1 算法来实现数据完整性。

为何 AH 协议使用较少呢？因为 AH 协议无法提供数据加密功能，所有数据在传输时以明文形式传输，而 ESP 协议可以提供数据加密功能。另外，AH 协议因为提供数据来源确认功能（源 IP 地址一旦改变，AH 协议校验失败），所以无法进行 NAT。当然，IPSec 在极端的情况下可以同时使用 AH 协议和 ESP 协议实现最完整的安全特性，但是此种方案极其少见。

介绍完 IPSec VPN 的场景和 IPSec 协议组成，我们来看一下 IPSec 提供的两种封装模式：传输（Transport）模式和隧道（Tunnel）模式。

传输模式如图 3-51 所示。

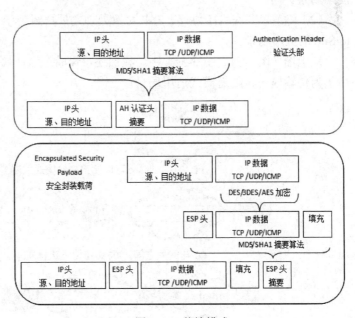

图 3-51　传输模式

隧道模式如图 3-52 所示。

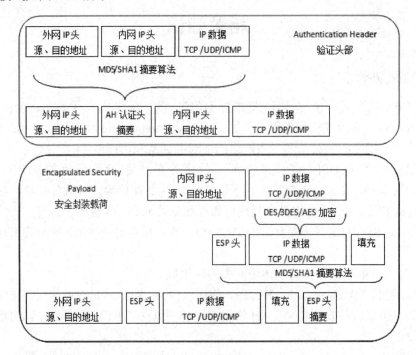

图 3-52　隧道模式

传输模式和隧道模式的区别如下。

（1）传输模式在 AH 协议、ESP 协议处理前后 IP 头保持不变，主要用于 End-to-End 的应用场景。

（2）隧道模式在 AH 协议、ESP 协议处理之后再封装了一个外网 IP 头，主要用于 Site-to-Site 的应用场景。

从上图（图 3-51、图 3-52）中，我们还可以验证 AH 协议和 ESP 协议的差别。图 3-53 所示为传输模式、隧道模式适用场景。

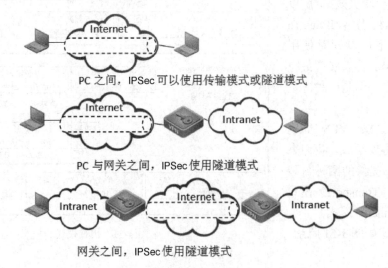

图 3-53　传输模式、隧道模式适用场景

从图 3-53 中可以看出：

（1）隧道模式可以适用于任何场景；

（2）传输模式只能适用于 PC 到 PC 的场景。

隧道模式虽然可以适用于任何场景，但是隧道模式需要多一层 IP 头（通常为 20 字节长度）开销，所以在 PC 到 PC 的场景中，建议使用传输模式。

为了使大家有更直观的了解，我们看看图 3-54，分析一下为何在 Site-to-Site 场景中只能使用隧道模式。

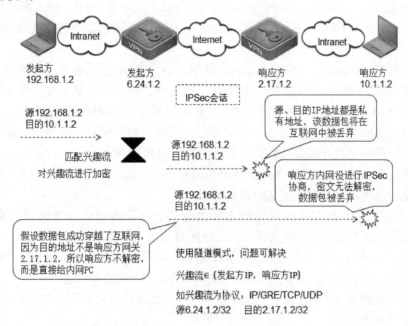

图 3-54　IPSec 传输模式分析

如图 3-54 所示，如果发起方内网 PC 发往响应方内网 PC 的流量满足网关的兴趣流匹配条件，则发起方使用传输模式进行封装。

（1）IPSec 会话建立在发起方、响应方两个网关之间。

（2）因为使用传输模式，所以 IP 头并不会有任何变化，IP 源地址是 192.168.1.2，目的地址是 10.1.1.2。

（3）这个数据包发到互联网后，其命运注定是悲剧的。为什么这么讲？就因为其目的地址是 10.1.1.2 吗？这并不是根源，根源在于互联网并不会维护企业网络的路由，所以数据包被丢弃的可能性很大。

（4）即使数据包没有在互联网中被丢弃，并且幸运地抵达了响应方网关，那么我们可以指望响应方网关进行解密工作吗？不可以，因为数据包的目的地址是内网 PC 的 10.1.1.2，所以响应方网关直接转发了事。

（5）最悲剧的是响应方内网 PC 收到数据包了，但是因为没有参与 IPSec 会话的协商会议，没有对应的 SA，所以这个数据包无法解密，被丢弃。

我们利用反证法，巧妙地解释了在 Site-to-Site 场景中不能使用传输模式的原因，并且提出了使用传输模式的充要条件：兴趣流必须完全是发起方、响应方 IP 地址范围内的流量。例如，在图 3-54 中，发起方 IP 地址为 6.24.1.2，响应方 IP 地址为 2.17.1.2，那么兴趣流可以源 IP 地址是 6.24.1.2/32、目的 IP 地址是 2.17.1.2/32，协议可以是任意的；倘若数据包的源、目的 IP 地址稍有不同，就要使用隧道模式。

2．IPSec 协商

除关注 IPSec 的一些协议原理外，我们更关注的是协议中涉及方案制定的内容。

（1）兴趣流：IPSec 是需要消耗资源的保护措施，并非所有流量都需要 IPSec 进行处理，而需要 IPSec 进行保护的流量就称为兴趣流，最后协商出来的兴趣流是由发起方和响应方所指定兴趣流的交集，如发起方的兴趣流为 192.168.1.0/24 或 10.0.0.0/8，响应方的兴趣流为 10.0.0.0/8 或 192.168.0.0/16，那么其交集是 10.0.0.0/8，这就是最后会被 IPSec 保护的兴趣流。

（2）发起方：Initiator，IPSec 会话协商的触发方。IPSec 会话通常是由指定兴趣流触发协商的，触发的过程通常是将数据包中的源/目的地址、协议及源/目的端口号与提前指定的 IPSec 兴趣流匹配模板（如 ACL）进行匹配，如果匹配成功，则属于指定兴趣流。指定兴趣流只用于触发协商，至于是否会被 IPSec 保护，要看是否匹配协商兴趣流，但是在通常的实施方案中，通常会设计成发起方指定兴趣流属于协商兴趣流。

（3）响应方：Responder，IPSec 会话协商的接收方。响应方是被动协商的，响应方可以指定兴趣流，也可以不指定（完全由发起方指定）。

（4）发起方和响应方协商的内容主要包括双方身份的确认和密钥种子刷新周期、AH/ESP 的组合方式及各自使用的算法，还包括兴趣流、封装模式等。

（5）SA：发起方、响应方协商的结果就是曝光率很高的 SA。SA 通常包括密钥及密钥生存期、算法、封装模式、发起方地址、响应方地址、兴趣流等内容。

我们以常见的 IPSec 隧道模式为例，解释一下 IPSec 的协商过程，兴趣流触发的 IPSec 协商过程如图 3-55 所示。

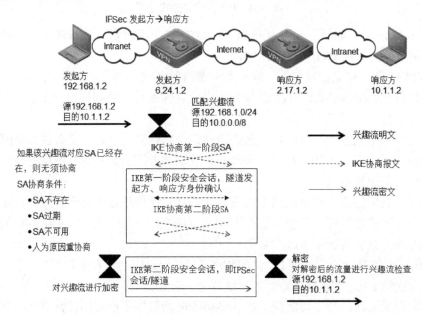

图 3-55　兴趣流触发的 IPSec 协商过程

原生 IPSec 并无身份确认等协商过程，在方案上存在许多缺陷，如无法支持发起方地址动态变化情况下的身份确认、密钥动态更新等。伴随 IPSec 出现的 IKE（Internet Key Exchange）协议专门用来弥补这些不足。

（1）发起方定义的兴趣流的源 IP 地址是 192.168.1.0/24，目的 IP 地址是 10.0.0.0/8，所以在转发接口上发送发起方内网 PC 发给响应方内网 PC 的数据包，能够得以匹配。

（2）满足兴趣流条件，在转发接口上检查 SA 不存在、过期或不可用，都会进行协商，否则使用当前 SA 对数据包进行处理。

（3）协商的过程通常分为两个阶段，第一阶段是为第二阶段服务的，第二阶段是真正为兴趣流服务的，两个阶段协商的侧重点有所不同。第一阶段主要确认双方身份的正确性，第二阶段则为兴趣流创建一个指定的安全套件，其显著的结果就是第二阶段中的兴趣流在会话中是密文。

IPSec 的安全性还体现在第二阶段 SA 永远是单向的，IPSec 协商第二阶段如图 3-56 所示。

从图 3-56 中可以发现，在协商第二阶段 SA 时，SA 是分方向的，发起方到响应方所用 SA 和响应方到发起方 SA 是单独协商的，这样做的好处在于即使某个方向的 SA 被破解，也不会波及另一个方向的 SA。这种设计类似于双向车道设计。

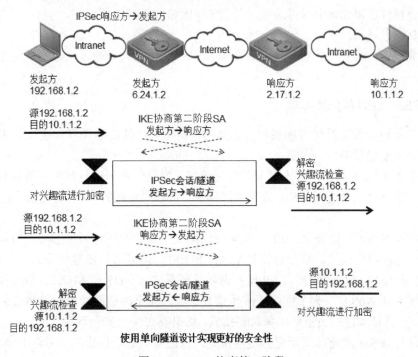

图 3-56　IPSec 协商第二阶段

Internet 密钥管理协议被定义在应用层，IETF 规定了 Internet 安全协议和 ISAKMP（Internet Security Association and Key Management Protocol）来实现 IPSec 的密钥管理、SA 设置及密钥交换。

3. IPSec 的安全特性

（1）不可否认性。

不可否认性可以证实消息发送方是唯一可能的发送方，发送方不能否认发送过消息。

不可否认性是采用公钥技术的一个特征，当使用公钥技术时，发送方用私钥产生一个数字签名随消息一起发送，接收方用发送方的公钥来验证数字签名。因为在理论上只有发送方才唯一拥有私钥，也只有发送方才可能产生该数字签名，所以只要数字签名通过验证，发送方就不能否认发送过该消息。但不可否认性不是基于认证的共享密钥技术的特征，因为在基于认证的共享密钥技术中，发送方和接收方掌握相同的密钥。

（2）反重播性。

反重播性确保每个 IP 包的唯一性，保证信息万一被截取复制后，不能被重新利用、重新传回目的地址。该特性可以防止攻击者截取破译信息后，用相同的信息冒取非法访问权（即使这种冒取行为发生在数月之后）。

（3）数据完整性。

数据完整性可以防止传输过程中数据被篡改，确保发出数据和接收数据的一致性。IPSec 利用 Hash 函数为每个数据包产生一个加密的校验和，接收方在打开数据包前先计算校验和，若数据包遭篡改导致校验和不相符，数据包即被丢弃。

（4）数据可靠性（加密）。

在传输前对数据进行加密，可以保证在传输过程中，即使数据包遭到截取，信息也无法被读。该特性在 IPSec 中为可选项，与 IPSec 策略的具体设置相关。

（5）认证。

数据源发送信任状，由接收方认证信任状的合法性，只有通过认证的系统才可以建立通信连接。

4．IPSec VPN 的配置步骤

（1）需要检查报文发送方和接收方之间的网络层可达性，确保双方建立了 IPSec VPN 隧道，这样才能进行 IPSec 通信。

（2）定义 ACL 数据流。因为部分流量无须满足完整性和机密性要求，所以需要对流量进行过滤，选择出需要进行 IPSec 处理的兴趣流。可以通过配置 ACL 来定义和区分不同的数据流。

（3）配置 IPSec 安全提议。IPSec 安全提议定义了保护数据流所用的安全协议、认证算法、加密算法和封装模式。安全协议包括 AH 和 ESP，两者可以单独使用或一起使用。AH 支持 MD5 和 SHA1 认证算法。ESP 支持两种认证算法（MD5 和 SHA1）和三种加密算法（DES、3DES 和 AES）。为了能够正常传输数据流，安全隧道两端的对等体必须使用相同的安全协议、认证算法、加密算法和封装模式。如果要在两个安全网关之间建立 IPSec VPN 隧道，建议将 IPSec 封装模式设置为隧道模式，以便隐藏通信使用的实际源 IP 地址和目的 IP 地址。

（4）配置 IPSec 安全策略。IPSec 安全策略中会应用 IPSec 安全提议中定义的安全协议、认证算法、加密算法和封装模式。每一个 IPSec 安全策略都使用唯一的名称和序号来标识。

IPSec 安全策略可分成两类：手工建立 SA 的策略和 IKE 协商建立 SA 的策略。

（5）在一个接口上应用 IPSec 安全策略。

不同厂商的设备，其配置命令不同，读者需要查阅对应厂商的使用配置命令，在本书前面例子中使用的是华为命令。

本章小结

本章结合三个案例介绍了 VLAN、DHCP、ACL、OSPF、IPSec VPN 等技术，主要想通过这三个案例让读者明白这些技术在实际中的应用。

习题

一、选择题

1. 在 VLAN 中定义 VLAN 的好处有（　　）。
   A．广播控制　　　　B．网络监控　　　C．安全性　　　　D．流量管理
2. 关于 VLAN，下面说法正确的是（　　）。
   A．隔离广播域
   B．相互通信要通过三层设备
   C．可以限制网上的计算机互相访问的权限
   D．只能对同一交换机上的主机进行逻辑分组
3. IPSec 中推荐使用的转换方式是（　　）。（多选）
   A．AH　　　　　　　　　　　　B．AH+ESP（加密）
   C．ESP（验证＋加密）　　　　　D．ESP（加密）
   E．AH+ESP（验证＋加密）

二、填空题

1. 当交换机的端口为_____时，能够转发多个不同 VLAN 的通信端口。
2. 能够实现不同 VLAN 间通信的设备有_____和_____。
3. IPSec 提供的两种封装模式分别为_____模式和_____模式。
4. OSPF 是典型的_____协议，与距离矢量路由协议有本质区别。

三、简答题

1. 简述划分 VLAN 的方法有哪些。
2. ACL 有哪些类型？

实训项目

组建一个校园网络，要求如下。
（1）内部规划好 IP 地址及 VLAN，要求用户能够动态获取 IP 地址。
（2）内部使用动态路由。
（3）防止外网用户 ping 本地主机。
自己确定组网方案，规划拓扑图，选用设备，并使用模拟器验证。

第 4 章　网络综合布线

教学目标

通过本章的学习，学习者应了解网络综合布线的标准及设计要点，掌握网络综合布线系统及各子系统的功能，熟悉网络综合布线的施工和验收过程及应注意的事项。

教学内容

本章主要介绍网络综合布线系统，包括以下内容。

（1）网络综合布线的标准及设计要点。

（2）网络综合布线各子系统的功能及布线架构。

（3）网络综合布线的施工和验收过程及应注意的事项。

教学重点与难点

（1）网络综合布线各子系统的功能实施。

（2）网络综合布线的施工和验收工作。

案例一　办公室网络综合布线

【案例描述】

小明及同事 6 人搬进新办公室，室内没有布网线，墙上的信息面板也没有装，办公室张主任让小明对新办公室进行网络综合布线，以便同事之间进行网络互联及信息交换。

【案例分析】

要对办公室网络进行布线，需要首先做出办公室网络的需求分析报告，其次撰写设计方案，统计材料清单并做出预算，最后进行相应的施工，实现功能。

【实施方案】

需要先根据办公室网络布线的详细需求进行分析，并画出网络拓扑图，再根据需求分析的情况制定详细的施工方案，确立组建网络的原则，选定一种既经济又实用的网络布线方式，完成本案例。

1．组建原则

实用性：满足办公自动化和计算机网络系统对布线的需求，能兼容数据、图像的传输，并可与外部网络连接。

灵活性：为开放式结构，能支持多种计算机数据系统，在应用上能支持会议电视、多媒体等系统的需要。也就是说，任一信息点能够连接不同类型的设备，如计算机、打印机、终端或电话、传真机。

模块化：在布线系统中，除固定在建筑物内的线缆外，其余所有的接插件都是积木式的标准件，以方便管理和使用。

扩充性：布线系统是可扩充的，以便将来有更多的需求时，容易将设备扩展进去。本方案采用树状星形结构，以支持目前和将来各种网络的应用。通过跳线和不同的网络设备，可以实现各种不同逻辑拓扑结构的网络，系统扩充仅需要在相关的"树叉"上添入新的线缆就可以实现。

标准性：满足最新、最高的布线系统标准（国际标准：ISO/IEC 11801:2017 和国家标准：GB 50311—2016 等），本方案要求满足目前最新的技术标准（草案）的要求。

可靠性：在设计中充分考虑到系统的长期可靠性。本方案从简单实用的方向出发，以具有高可靠性的机架型配线系统为核心，添入了使线缆不会对模块产生拉力的线缆管理器和不会对接头产生拉力的跳线管理器，努力提高系统的可靠性和安全性。

经济性：在满足应用要求的基础上，尽可能降低造价，实现最优的性能价格比。

2．辅材选型

自从 TIA/EIA 于 1991 年首先推出超 5 类布线标准后，在 30 多年的时间里，综合布线的应用环境发生了翻天覆地的变化，传统 5 类系统在现在的高速网络环境中，特别是千兆以太网应用中，已无法满足用户的要求。目前超 5 类产品系列以其优越精密的线对平行传输和阻抗匹配技术，使其 UTP 布线系统端对端信道的衰减 Attenuation、近端串音衰耗 NEXT 和 ACR 等指标，都大大超过 TIA/EIA 568-B 及 ISO/IEC 11801 行业标准的要求。

3．布线方案

经过对办公室实际查看，办公室有 6 位工作人员，每人有 1 台计算机联网，两两合署办公，共有 3 张办公桌，绘制出的办公室平面图如图 4-1 所示。通过分析，办公室只有 1 个信息点，6 台计算机需要上网，需要购置 1 台小型交换机，为了美观，需要购置 PVC 线槽进行铺设，办公室网络布线图如图 4-2 所示。

4．线材选型

超 5 类双绞线：超 5 类双绞线具有衰减小、串扰少的特点，并且具有更高的衰减串扰比（ACR）和信噪比、更小的时延误差，性能得到很大提高。超 5 类双绞线的最大传输速率为 250 Mbit/s。

信息面板：通常指信息插座面板，长和宽均为 86 mm，因此又称为 86 信息面板，有明装信息面板和暗装信息面板两种。

PVC 线槽：聚氯乙烯线槽（PVC 即 Polyvinyl Chloride，聚氯乙烯，一种合成材料），一般通用叫法有行线槽、电气配线槽、走线槽等。PVC 线槽采用 PVC 塑料制造，具有绝缘、防弧、阻燃自熄等特点，主要用于电气设备内部布线，在 1200 V 及以下的电气设备中对敷设其中的导线起机械防护和电气保护作用。使用产品后，配线方便，布线整齐，安装可靠，便于查找、维修和调换线路。PVC 线槽的品种规格很多，从型号上讲有 PVC-20 系列、PVC-25 系列、PVC-25F 系列、PVC-30 系列、PVC-40 系列、PVC-40Q 系列等；从规格上讲有 20 mm×12 mm、25 mm×12.5 mm、25 mm×25 mm、30 mm×15 mm、40 mm×20 mm、14 mm×24 mm、18 mm×38 mm 等。

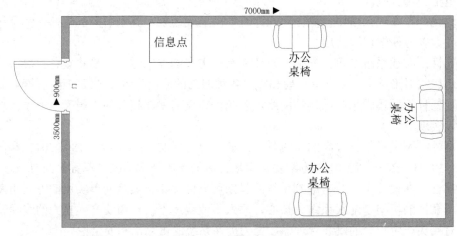

图 4-1　办公室平面图

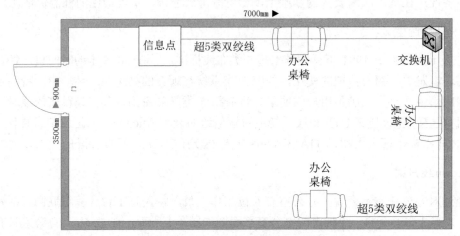

图 4-2　办公室网络布线图

网线钳：用来压接网线或电话线和 RJ-45 接头的工具，因地域不一样，名称不尽一样，又叫作网络端子钳、网络钳、线缆压着钳等。网线钳按功能分为单用网线钳、两用网线钳、三用网线钳。8P（可压接 8 芯线：RJ-45 网线）两用的其实就是两种规格的组合：4P+6P、4P+8P 或 6P+8P；三用的就是 4P+6P+8P，功能齐全，一般都带有剥线和剪线的功能。

【实施步骤】

按照实施方案的要求，实施步骤如下。

第一步：根据需求，购置网络布线相关产品。

以 6 人、6 台计算机为例计算，网络布线产品清单如表 4-1 所示。

表 4-1　网络布线产品清单

设备名称	设备功能及类型描述	数　量	用　途
信息面板模块套装	信息点安装	1 套	连接办公室与楼宇网络
交换机	8 口交换	1 台	连接办公室相关设备
网线	超 5 类	1 箱	连线信息面板到终端设备
RJ-45 接头	连接	1 盒	制作网线
网线钳	网络线缆压制	1 把	制作网线
PVC 线槽	布线	若干	排放信息面板到计算机的网线

第二步：信息面板安装。

将双绞线从线槽或线管中通过进线孔拉入信息面板底盒中；为便于端接、维修和变更，线缆从底盒拉出后预留 15 cm 左右，将多余部分剪去，信息面板结构图如图 4-3 所示；将剩余线缆盘于底盒中；将信息模块插入面板中；合上面板，紧固螺钉，插入标识，完成安装。

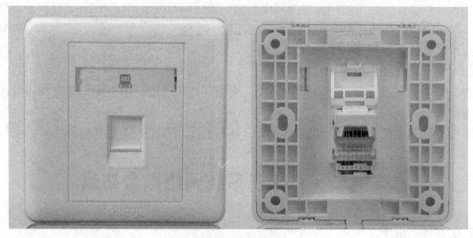

图 4-3　信息面板结构图

第三步：办公室布线和电缆走线。

办公室电缆可以直接走天花板架，放入线槽，埋入墙中，工业标准允许在接近连接的地方引入结合点。

第四步：网络测试。

当配置 6 台计算机的 IP 地址后，在系统的"命令提示符"界面中输入 ping 命令对计算机、无线路由器、互联网进行连通性测试。

至此，办公室局域网组建就大功告成了。

相关知识

办公室综合布线注意事项

综合布线是办公室网络规划的重要一环，是整个办公室网络的基础设施之一，整个空间的网络实现都需要依赖于它。在实际布线中，应该注意以下几个方面。

（1）办公室布线的需求。

考虑清楚工位的布局及终端设备的数量、摆放位置等需求，预留好网线的移动空间，速率应能支持现在及今后的网络应用。

（2）信息插座的安装位置。

办公空间有大有小，对这两种形式下的工作区子系统的面板安装采用不同的安装方法。小房间不需要分隔板，信息插座只需要安装在墙上。

对于大开间而言，选用以下两种形式的安装方法。

① 信息插座安装在地面上：要求安装于地面的金属底盒是密封的，防水、防尘并带有可升降的功能。此方法造价较高，并且由于事先无法预知工作人员的办公位置，因此灵活性不是很好，建议根据房间的功能和用途确定位置后，做好信息插座预埋工作，但不适宜大量使用信息插座，以免影响美观。

② 信息插座安装在墙上：在分隔板位置未确定的情况下，可沿大开间四周的墙面每隔一定距离均匀地安装 RJ-45 埋入式信息插座。RJ-45 埋入式信息插座与其旁边的电源插座应保持 20 cm 的距离，信息插座和电源插座的低边沿线距地板水平面 30 cm。在信息插座与双绞线压接时，注意颜色标号配对，进行正确压接。连接方式分为 T568A 和 T568B 两种，两种方式均可采用，但注意在一套系统方案中只能统一采取一种方式。

（3）办公室布线的电缆走线方式。

办公室电缆可以直接走天花板架，放入线槽，埋入墙中，工业标准允许在接近连接点的地方引入结合点。

办公室强弱电的布线走向要合理搭配，互不干扰，而且要外形美观。

案例二　水平子系统网络综合布线

【案例描述】

小明所在公司中标了一栋大楼的网络综合布线项目，公司通过分析认为小明比较适合负责水平子系统的综合布线任务。若你是小明，怎么来实施该项目？

【案例分析】

要对大楼水平子系统进行网络综合布线，需要首先做出水平子系统布线的需求分析报告，其次撰写设计方案，统计材料清单并做出预算，最后进行相应的施工，实现功能。

【实施方案】

1．组建原则

水平子系统是综合布线系统结构的一部分，具有面广、点多、线长的特点。

水平子系统从工作区的信息点延伸到楼层配线间的管理子系统，由工作区的信息插座、信息点至楼层配线设备（FD）的水平线缆、设备线缆和跳线等组成，集合点（CP）为可选，如图 4-4 所示。

布线标准要求水平子系统中的所有线缆必须安装成物理星形拓扑结构。它以楼层配线架为中心，以各个信息插座（TO）为从节点，楼层配线架和信息插座之间采取独立的线路互相连接，形成以楼层配线架为中心向外辐射的星形网状态，水平子系统布线拓扑如图 4-5 所示。水平子系统的线缆一端与工作区的信息插座端接，另一端与楼层配线架相连接。

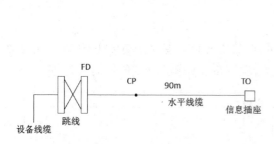

图 4-4　水平子系统

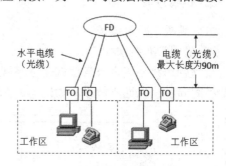

图 4-5　水平子系统布线拓扑

按照 GB 50311—2016 国家标准的规定，布线系统信道应由长度不大于 90 m 的水平线缆、10 m 的跳线和设备线缆及最多 4 个连接器件组成，永久链路应由长度不大于 90 m 的水平线缆及最多 3 个连接器件组成（见图 4-6）。

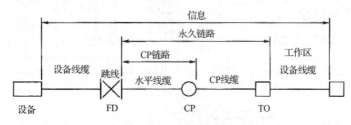

图 4-6　水平子系统线缆划分

综合布线系统规定的各子系统线缆长度要求与线缆特质有关。例如，在工程设计中，规定配线子系统中水平线缆的长度不能大于 90 m。在以太网应用中，电缆的传输距离一般为 30～90 m，光纤的最远传输距离却能够达到十几千米。因此，光纤在实际工程应用中一般不会受到 90 m 长度的限制。

2．选型标准

选择水平子系统的线缆，要根据建筑物信息的类型、容量、带宽和传输速率来确定。对于计算机网络和电话语音系统，应优先选择 4 对非屏蔽双绞线电缆；对于屏蔽要求较高的场合，可选择 4 对屏蔽双绞线电缆；对于有线电视系统，应选择 75 Ω 的同轴电缆；对于传输速率要求高或保密性要求高的场合，可采用室内多模或单模光缆直接布设到桌面的方案。

因为在大多数设计中，水平子系统是被封闭在吊顶、墙面或地面中的，所以可以认为水平子系统是不可更改的永久性系统，因此选择水平线缆要求一步到位，即按用户的长远需求配置较高规格的双绞线对称电缆，保证用户不必破坏建筑结构，便可维修或更换水平子系统。

根据 ANSI /TIA/EIA-568-B.1 标准，在水平子系统中推荐采用的线缆型号如下。

（1）4 对 100 非屏蔽双绞线（UTP）电缆。

（2）4 对 100 屏蔽双绞线（STP）电缆。

（3）50/125 mm 多模光缆。

（4）62.5/125 mm 多模光缆。

3．布线方案

（1）地板下敷设线缆方式。

① 暗埋管布线法。

暗埋管布线法将金属管道或阻燃高强度 PVC 管直接埋入混凝土楼板或墙体中，并从楼层配线间向各信息插座敷设，如图 4-7 所示。暗埋管布线和新建建筑物同时设计施工。

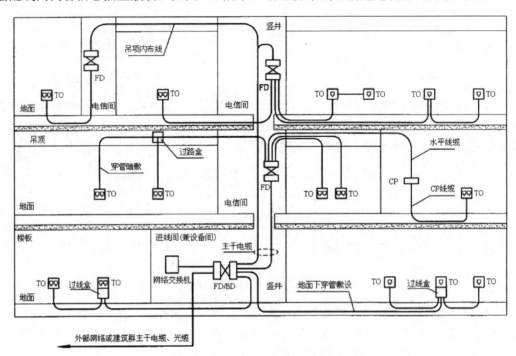

图 4-7　暗埋管布线法

暗管的转弯角度应大于 90°，在路径上每根暗管的转弯不得多于 2 个，并且不应有 S 弯出现，当有弯头的管道长度超过 20 m 时，应设置过线盒；当有 2 个弯头时，不超过 15 m 应设置过线盒。

设置在墙面的信息插座布线路径宜使用暗埋钢管或 PVC 管。对于信息插座较少的区域，管线可以直接铺设到楼层的设备间机柜内；对于信息插座较多的区域，先将每个信息插座管线分别铺设到楼道或吊顶上，然后集中进入楼道或吊顶上安装的线槽或桥架。

新建公共建筑物墙面暗埋管的路径一般有两种做法：第一种做法是先从墙面插座向上垂直埋管到横梁，然后在横梁内埋管到楼道本层墙面出口，同层水平子系统暗埋管如图 4-8 所示；第二种做法是先从墙面插座向下垂直埋管到横梁，然后在横梁内埋管到楼道下层墙面出口，不同层水平子系统暗埋管如图 4-9 所示。

② 地面线槽布线法。

地面线槽布线法让从电线间出来的线缆走地面线槽到地面出线盒或由接线盒出来的支管到墙上的信息插座。由于地面出线盒和接线盒不依赖于墙或柱体直接走地面垫层，因此这种方法比较适用于大开间或需要打隔断的场合。地面线槽布线法将长方形的线槽打在地面垫层中（垫层厚度应为 6.5 cm），每隔 4～8 m 设置一个接线盒或出线盒（在支路上，出线盒也起分线盒的作用），直到信息出口的接线盒。地面线槽布线法如图 4-10 所示。强、弱电可以走同路由相邻的线槽，而且可以接到同一出线盒的各自插座上，金属线槽应接地屏蔽，这种方法要求楼板较厚，造价较贵，多用于高档办公楼。若楼层信息插座较多，应采用地面线槽与天花板吊顶内敷设线槽相结合的方法。

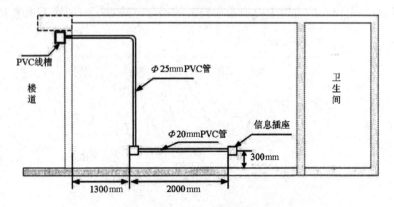

图 4-8　同层水平子系统暗埋管

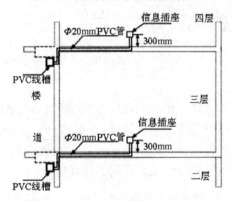

图 4-9　不同层水平子系统暗埋管

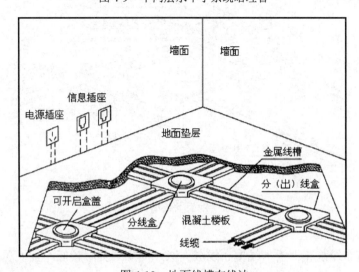

图 4-10　地面线槽布线法

③ 预埋金属线槽与电缆沟槽结合布线法。

预埋金属线槽与电缆沟槽结合布线法是地面线槽布线法的扩展，适合于大开间或需要隔断的场所，如图 4-11 所示。沟槽内电缆为主干布线路由，先分束引入各预埋金属线槽，再在线槽上的出口处安装信息插座，不同种类的线缆应分槽或同槽分室（用金属板隔开）布放，线槽高度不宜超过 25 mm，电缆沟槽的宽度宜小于 600 mm。这种方法与地面线槽布线法相似，但其容量较大，适用于电缆条数较多的场合；缺点是安装施工难度大，造价高。

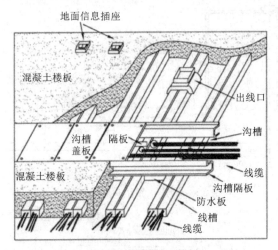

图 4-11　预埋金属线槽与电缆沟槽结合布线法

④ 地板下线槽布线法。

地板下线槽布线法让从电线间出来的线缆走线槽到地面出线盒或墙上的信息插座中，如图 4-12 所示。强、弱电线槽宜分开，每隔 4～8 m 或在转弯处设置一个分线盒或出线盒。这种方法可提供良好的机械性保护、减少电气干扰、提高安全性，但安装费用较高，并且增加了楼面负荷，适用于大型建筑物或大开间工作环境。

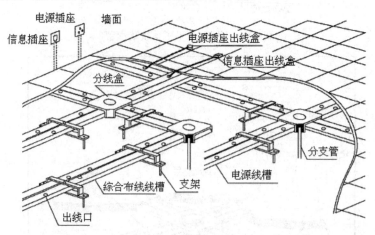

图 4-12　地板下线槽布线法

⑤ 地板下管道布线法。

地板下管道布线法和地板下线槽布线法类似，但安装费用较低，且外观良好，适合于普通办公室和家居布线，如图 4-13 所示。

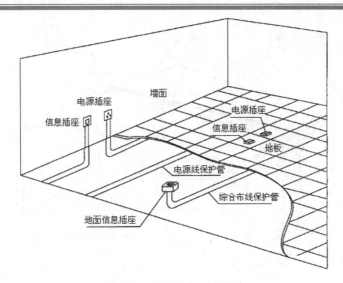

图 4-13　地板下管道布线法

⑥ 高架地板布线法。

高架地板是一种模块化的活动地板，是指在建筑物地板上搭立一个金属支架（固定在建筑物地板上的铝质或钢质锁定支架），在金属支架上放置一定规格的具有一定强度的木质、塑料或其他材料的方块地板，其中某些地板留有信息插座，作为地盒在安装时使用。任何一块方板都能活动，以便维护、检修或敷设、拆除电缆。高架地板常用于计算机机房、设备间或大开间办公室。高架地板布线法如图 4-14 所示。

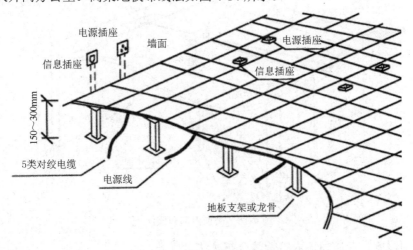

图 4-14　高架地板布线法

（2）天花板吊顶内敷设线缆方式。

① 吊顶内分区布线法。

吊顶内分区布线法将天花板内的空间分成若干个区域，敷设大容量电缆，如图 4-15 所示。线缆从楼层配线间利用管道或直接敷设到每个分区中心，由各分区中心分别把线缆经过墙壁或立柱引到信息插座，也可在中心设置适配器，将大容量电缆分成若干根小电缆后引到信息插座。这种方法配线容量大、经济实用、工程造价低、灵活性强、能适应今后变化，但线缆在管道中敷设时会受到限制，施工不太方便。

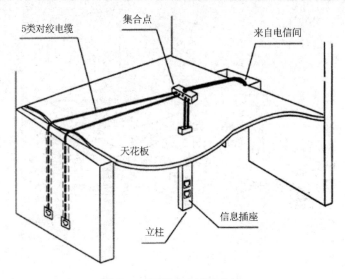

图 4-15　吊顶内分区布线法

② 吊顶内部布线法。

吊顶内部布线法是指从楼层配线间将线缆直接敷设到信息插座，如图 4-16 所示。吊顶内部布线法的灵活性大，不受其他因素限制，经济实用，无须使用其他设施且线缆独立敷设，传输信号不会互相干扰，但需要的线缆条数较多。

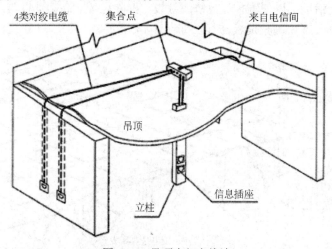

图 4-16　吊顶内部布线法

③ 吊顶线槽、管道与墙内暗管结合布线法。

吊顶线槽、管道与墙内暗管结合布线法适用于大型建筑物或布线系统较复杂的场合，如图 4-17 所示。线槽通常安装在吊顶内或悬挂在天花板上，用在大型建筑物或布线比较复杂而需要有额外支撑物的场合，用横梁式线槽将线缆引向所要布线的区域。从配线间出来的线缆先走吊顶内的线槽，到各房间后，经分支线槽从横梁式线缆管道分叉后将线缆穿过一段支管引向墙柱或墙壁，沿墙而下直到信息插座，或者沿墙而上，在上一层楼板钻一个孔，将线缆引到上一层的信息插座，最后端接在用户的信息插座上。线槽可选用金属线槽，也可选用阻燃、高强度的 PVC 线槽，通常有单件扣合线槽和双件扣合线槽两种类型，还有各种规格的转弯线槽、T 型线槽等。

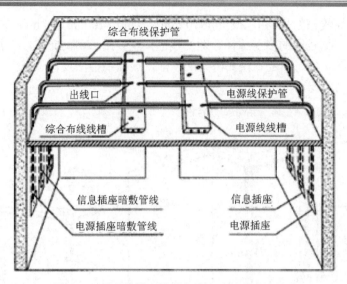

图 4-17　吊顶线槽、管道与墙内暗管结合布线法

（3）墙体预埋暗管方式。

建筑物在进行土建设计时，已考虑了综合布线管线设计，水平布线路由由配线间经吊顶或地板进入各房间后，采用墙体预埋暗管方式，将线缆布放到信息插座。

① 走廊槽式桥架法。

走廊槽式桥架法将线槽用吊杆或拖臂架设在走廊的上方，如图 4-18 所示。线槽一般采用镀锌或镀彩两种金属线槽，镀锌线槽相对较便宜，镀彩线槽抗氧化性能好。当线缆较少时，也可采用高强度 PVC 线槽。走廊槽式桥架法设计施工方便，但最大的缺陷是线槽明敷，影响建筑物的美观。

图 4-18　走廊槽式桥架法

目前，当老式学生宿舍/办公楼既没有预埋管槽，又没有天花板吊顶时，通常采用走廊槽式桥架法。

② 墙面线槽法。

墙面线槽法适用于既没有天花板吊顶，又没有预埋管槽的已建建筑物的水平布线，如

图 4-19 所示。墙面线槽的规格有 20 mm×10 mm、40 mm×20 mm、60 mm×30 mm、100 mm×30 mm 等型号，根据线缆的多少选择合适的线槽，主要用于房间布线，当楼层信息插座较少时，也用于走廊布线。和走廊槽式桥架法一样，墙面线槽法设计于施工方便，但线槽明敷，影响建筑物的美观。

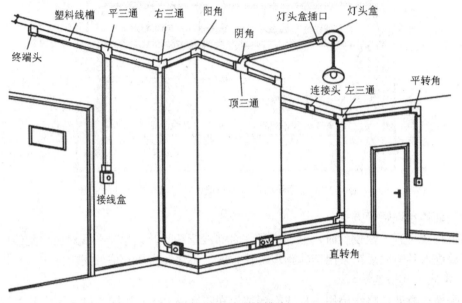

图 4-19　墙面线槽法

③ 护壁板管道布线法。

护壁板管道是一种沿建筑物墙壁护壁板或踢脚板及木墙裙内敷设的金属或塑料管道。护壁板管道布线法如图 4-20 所示，这种布线结构便于直接布放电缆，通常用在墙壁上装有较多信息插座的楼层区域。

电缆管道的前盖板是可活动的，信息插座可装在沿管道附近的位置上。当选用金属管道时，电力电缆和通信电缆由接地的金属隔板隔离开来，目的是防止电磁干扰。

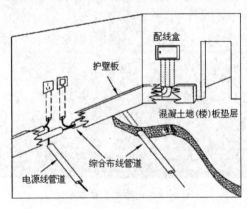

图 4-20　护壁板管道布线法

④ 地板导管布线法。

当采用地板导管布线法时，地板上的胶皮或金属导管可用来保护沿地板表面敷设的裸露电缆，如图 4-21 所示。在这种方法中，电缆穿放在这些导管内，导管固定在地板上，盖板紧固在导管基座上。信息插座一般以墙上安装为主，地板上的信息插座应设在不影响活动的位置。地板导管布线法具有快速和容易安装的优点，适于通行量不大的区域（如各个办公室等）和不是过道的场合（如靠墙壁的区域），工程费用较低。一般不在过道上和主楼层区使用这种布线方法。

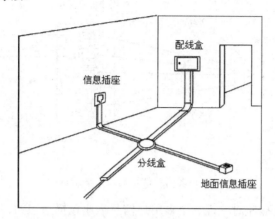

图 4-21　地板导管布线法

⑤ 模压管道布线法。

模压管道是一种金属模压件，固定在接近顶棚（或天花板）与墙壁结合处的过道和房间的墙上。模压管道布线法如图 4-22 所示。管道可以把模压件连接到配线间。在模压件后面，小套管穿过墙壁，以便使电缆经套管穿放到房间；在房间内，另外的模压件将连接到信息插座的电缆隐蔽起来。模压管道布线法虽然灵活性较差，已经过时，但在旧建筑物中仍可采用。

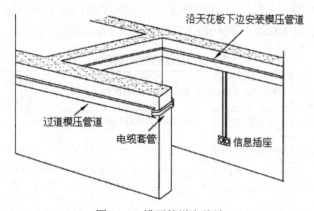

图 4-22　模压管道布线法

4. 综合布线方案设计

（1）多用户信息插座布线设计。

多用户信息插座（Multi-User Telecommunications Outlet，MUTO）是指将多个、多种信息模块组合在一起的信息插座，处于水平子系统水平电缆的终端点，这种布线设计相当于将多个工作区的信息插座集中设置于一个汇聚的箱体，完成水平电缆的集线，在业务使用时再通过工作区的设备线缆延伸至终端设备。按照从配线间到多用户信息插座、从多用户信息插座到工作区设备的链路连接方式进行连接，每个多用户信息插座最多管理 12 个工作区（24～36个信息插座），多用户信息插座方案示意图如图4-23所示。通常，多用户信息插座安装在吊顶内，用接插软线沿隔断、墙壁或墙柱而下，或者安装在墙面或柱子等固定结构上，最终接到终端设备上。

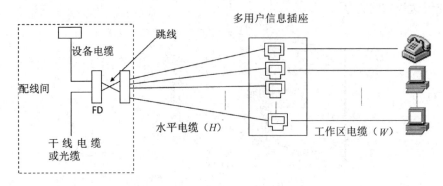

图4-23　多用户信息插座方案示意图

当采用多用户信息插座时，每一个多用户信息插座包括适当的备用量在内，能支持12个工作区所需的8位模块通用插座，各段线缆长度限值如表4-2所示，也可按下式计算。

$$C=(102-H)/1.2$$
$$W=C-5$$

式中，$C=W+D$，即工作区电缆、电信间跳线和设备电缆的长度之和；D为电信间跳线和设备电缆的总长度；W为工作区电缆的最大长度，且$W \leqslant 22$ m；H为水平电缆的长度。

需要注意的是，计算公式$C=(102-H)/1.2$针对24号线规（24AWG）的非屏蔽和屏蔽布线系统而言，若应用于26号线规（26AWG）的屏蔽布线系统，则公式应为$C=(102-H)/1.5$。

对于工作区电缆的最大长度，《用户建筑综合布线》ISO/IEC 11801:2017中规定为20 m，但在《商业建筑电信布线标准》TIA/EIA 568-B.1 6.4.1.4中规定为22 m。

表4-2　各段线缆长度限值

电缆总长度 /m	水平电缆 H/m	24号线规（24AWG）的非屏蔽和屏蔽电缆		26号线规（26AWG）的非屏蔽和屏蔽电缆	
		工作区电缆 W/m	电信间跳线和设备电缆 D/m	工作区电缆 W/m	电信间跳线和设备电缆 D/m
100	90	5	5	4	4
99	85	9	5	7	4
98	80	13	5	11	4
97	75	17	5	14	4
97	70	22	5	17	4

（2）CP布线设计。

CP（集合点）布线设计与多用户信息插座布线设计的不同点主要是设置位置不一样，CP设置于水平电缆的路由位置。CP将水平电缆一截为二，并引出了CP链路（CP至FD）和CP线缆（CP至TO）的内容，而且CP对于电缆/光缆链路都是适用的。在工程实施中，实际上将水平电缆分成两个阶段完成，CP链路在土建施工阶段布放，CP线缆在房屋装修时安装。CP布线设计方案示意图如图4-24所示。

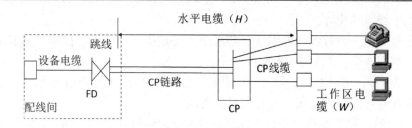

图 4-24　CP 布线设计方案示意图

当采用 CP 布线设计时，应注意以下几点。

① CP 配线设备与 FD 之间水平电缆的长度应大于 15 m。

② CP 配线设备容量宜按照满足 12 个工作区信息插座的需求设置。

③ 同一个水平电缆路由不允许超过一个 CP。

④ 从 CP 引出的 CP 线缆应终接于工作区的信息插座或多用户信息插座上。

⑤ CP 可用模块化表面安装盒（6 口、12 口）、配线架、区域布线盒（6 口）等。

⑥ CP 由无跳线的连接器件组成，在电缆与光缆的永久链路中都可以存在。

大开间办公室在现代建筑中越来越多，在大开间办公室室内装修未确定的情况下使用 CP 布线设计会非常方便，当室内装修好后再从 CP 引线到各个工作区。CP 可以是一组墙挂式的 110 配线架，也可以是多端口的墙面安装盒。CP 应该容纳尽量多的工作区。

（3）水平子系统配置设计要求。

水平子系统应根据下列要求进行设计。

① 根据工程提出的近期和远期终端设备的设置要求，以及用户性质、网络构成和实际需要来确定建筑物各层需要安装信息插座模块的数量及其位置，配线应留有扩展余地。

② 水平子系统线缆应采用非屏蔽或屏蔽 4 对双绞线电缆，在需要时也可采用室内多模或单模光缆。

③ 每一个工作区信息插座模块（电、光）数量不宜少于 2 个，并满足各种业务的需求。

④ 底盒数量应根据信息插座盒面板设置的开口数确定，每一个底盒支持安装的信息插座数量不宜大于 2 个。

⑤ 光纤信息插座模块安装的底盒大小应充分考虑到水平光缆（2 芯或 4 芯）终接处的光缆盘留空间和满足光缆对弯曲半径的要求。

⑥ 工作区的信息插座模块应支持不同的终端设备接入，每一个 8 位模块通用插座应连接 1 根 4 对双绞线电缆；对每一个双工或 2 个单工光纤连接器件及适配器连接 1 根 2 芯光缆。

⑦ 从电信间至每一个工作区的水平光缆宜按 2 芯光缆配置。若使光纤至工作区域的布线满足用户群或大客户使用需求，则光纤芯数至少应有 2 芯备份，按 4 芯水平光缆配置。

⑧ 连接至电信间的每一根水平电缆/光缆应终接于相应的配线模块，配线模块与线缆容量相适应。

⑨ 电信间 FD 主干侧各类配线模块应按电话交换机、计算机网络的构成及主干电缆／光缆的所需容量要求及模块类型和规格的选用进行配置。

⑩ 电信间 FD 采用的设备线缆和各类跳线宜按计算机网络设备的使用端口容量和电话交换机的实装容量、业务的实际需求或信息插座总数的比例进行配置，比例范围为 25%～50%。

（4）水平线缆的配置。

原则上每一根 4 对双绞线电缆或 2 芯水平光缆连接至 1 个信息插座（光或电端口），在电信间一侧则连接至 FD 的相应配线端子。

① 5e 类电缆，可以支持语音及 1 Gbit/s 以太网的应用，目前已完全取代 5 类产品，能完全满足语音业务应用的要求，并有发展的余地。

② 6 类电缆，可以支持语音及 1 Gbit/s～10 Gbit/s 以内的以太网的应用。

③ 6e 类电缆，可以支持语音及 10 Gbit/s 以太网的应用。

④ 光缆，可以支持 1 Gbit/s～10 Gbit/s 以太网的应用。

（5）光纤至桌面配置。

对于光纤至桌面（FTTD）的应用，光纤插座应可以支持单个终端采用光纤接口时的应用，也可以支持某一工作区域的终端设备组成的计算机网络主干端口对外部网络的连接功能。光纤布放至桌面，再加上综合业务的配线箱（网络设备和配线设备的组合箱体）的接入，可为末端大客户提供一种完整的网络解决方案，具有一定的应用前景。光纤的路由形成大致有以下几种方式，光纤信道构成如图 4-25 所示。

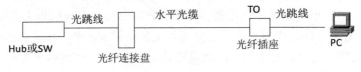

图 4-25　光纤信道构成

① 工作区光纤插座配置。

工作区光纤插座可以从 ST、SC 或超小型的 SFF（LC、MTJ、VF45）中选用，但应根据连接器的光损耗指标、支持应用网络的传输速率、连接口与光纤之间的连接施工方式及产品的造价等因素综合考虑。

光纤插座（耦合器）与光纤的连接器件应配套使用，并根据产品的构造及所连接光缆的芯数分成单工与双工的模式。如果从网络设备光端口的工作状态出发，可采用双口光纤插座连接 2 芯光纤，完成信号的收发；如果考虑光端口的备份与发展，也可按 2 个双口光纤插座配置。

② 水平光缆与光跳线配置。

水平光缆的芯数可以根据工作区光纤插座的容量确定为 2 芯或 4 芯。

水平光缆一般情况下采用 62.5 m 或 50 m 的多模光缆；如果工作区的终端设备或自建的网络跨过大楼的计算机网络而直接与外部的 Internet 进行互通，则为避免多模/单模光缆相连时转换，也可采用单模光缆。水平光缆与光跳线配置如图 4-26 所示。

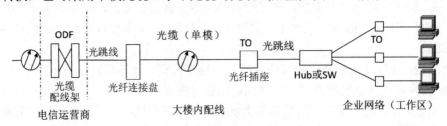

图 4-26　水平光缆与光跳线配置

计算机局域网及配线网络与外部网络连接如图 4-27 所示。在图 4-27 中，工作区企业网络的网络设备直接通过多模光缆连接至电信运营商光缆配线架或通过相应通信设施完成宽带信息业务的接入。

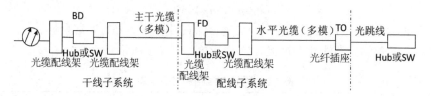

图 4-27　计算机局域网及配线网络与外部网络连接

当然也可采用多模光缆经过大楼的计算机局域网及配线网络与外部网络连接，如图 4-28 所示。

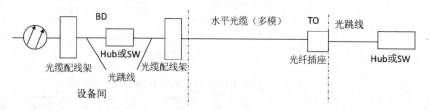

图 4-28　计算机局域网及配线网络与外部网络连接（采用多模光缆）

由于光缆在网络中的应用传输距离远远大于双绞线电缆，因此水平光缆（多模）可以直接连接至大楼的 BD 和网络设备与外部网络建立通信，如图 4-29 所示。

图 4-29　水平光缆连接至 BD 和网络设备

【实施步骤】

第一步：根据需求，计算出超 5 类网络布线的相关材料用量，计算方法具体如下。

（1）电缆长度估算。

平均电缆长度=(信息插座至配线间的最长距离+信息插座至配线间的最短距离)/2

总电缆长度=平均电缆长度+备用部分（平均电缆长度的10%）+端接容余量（6 m）

每层楼的用线量计算公式如下。

$$C=[0.55×(L+S)+6]×N$$

式中，C 为每层楼的用线量；L 为信息插座至配线间的最长距离；S 为信息插座至配线间的最短距离；N 为每层楼的信息插座的数量。

整座楼的用线量为

$$W=\sum MC \quad （M \text{ 为楼层数}）$$

（2）信息模块材料预算。

$$m=n+n×3\%$$

式中，m 为信息模块的总需求量；n 为信息点的总量；$n×3\%$ 为富余量。

（3）RJ-45 接头材料预算。

$$m=n×4+n×4×5\%$$

式中，m 为 RJ-45 接头的总需求量；n 为信息点的总量；$n×4×5\%$ 为富余量。

第二步：购置网络布线相关产品，产品清单如表 4-3 所示。

表 4-3　网络布线相关产品清单

产品名称	规格型号	数　　量	单价/元	小计/元
网线	大唐保镖 T2905 超 5 类非屏蔽网线	94 箱	312	29328
信息模块	大唐保镖超 5 类网络模块 DT2803-5	495 个	13	6435
信息面板	大唐保镖单孔面板 DT2801-1	495 个	6	2970
RJ-45 接头	大唐保镖超 5 类水晶头 DT2802-5	2020 个	1	2020
合计				40753

第三步：准备网络布线施工相关工具，工具清单如表 4-4 所示。

表 4-4　网络布线施工相关工具清单

工具名称	功　　能	数　　量
网线钳	对网线接头进行制作	10 把
打线钳	对信息模块网线进行压制	10 把
测线仪	对网络连通性进行测试	2 个
标识工具	对网线粘贴标识	1 套
电锤	对部分混凝土、砖墙等硬性材料开孔	1 个
角磨机	用于玻璃钢切削和打磨	1 个
拉钉枪	用于铝、铁、不锈钢板材的铆接	1 个

第四步：制定详细的施工进度及人员分工计划。

成立施工小组，对小组成员进行安全、施工质量、工期进展等部署和教育。

第五步：对场地进行施工。

（1）确定每个工作区离设备间的距离，并逐一穿网线。

（2）对每个工作区到设备间的网线进行端接。

（3）对每个工作区的信息模块进行压制和信息面板安装。

（4）对每个工作区离设备间的网线端接进行测试，测试连接正确后，对网线粘贴标识。

（5）对工程进行扫尾工作，整理竣工资料并进行工程交接。

至此，水平子系统网络综合布线工程结束。

相关知识

1．综合布线系统

依照 2017 年 4 月 1 日起实施的国家标准《综合布线系统工程设计规范》（GB 50311—2016），综合布线系统工程宜按下列部分进行设计，如图 4-30 所示。

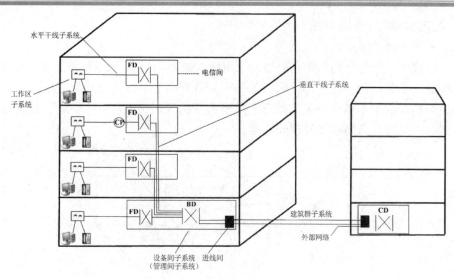

图 4-30　综合布线系统

（1）工作区子系统。

工作区子系统又称为服务区子系统，是由 RJ-45 跳线与信息插座连接的设备（终端或工作站）组成的，如图 4-31 所示。其中，信息插座有墙上型信息插座、地面型信息插座、桌上型信息插座等多种。

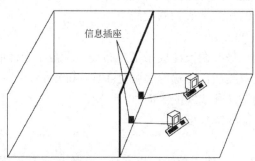

图 4-31　工作区子系统

设计工作区子系统时需要注意如下要点。

- 从 RJ-45 插座到设备间的连线要采用双绞线，一般不要超过 5 m。
- RJ-45 插座必须安装在墙壁上或不易碰到的地方，插座距离地面需要 30 cm 以上，如图 4-32 所示。

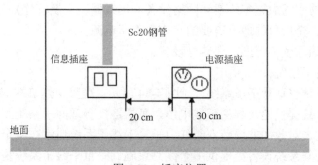

图 4-32　插座位置

● 插座和插头（与双绞线）不要接错线序。

（2）水平干线子系统。

水平干线子系统也称为水平（配线）子系统，如图 4-33 所示。水平干线子系统是整个布线系统的一部分，包括从工作区的信息插座到管理间子系统的配线架区域，结构一般为星形拓扑结构。水平干线子系统与垂直干线子系统的区别在于，水平干线子系统总是在一个楼层上的，仅与信息插座和管理间连接。

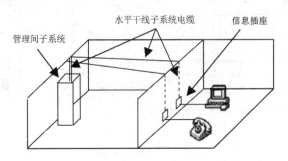

图 4-33　水平干线子系统

在水平干线子系统的设计中，综合布线的设计者必须具有全面的介质、设施方面的知识，能够向用户或决策者提供完善又经济的设计。

设计水平干线子系统时需要注意如下要点。

● 水平干线子系统的线缆一般为双绞线。

● 长度一般不超过 90 m。

● 用线必须走线槽，最好在天花板吊顶内布线，尽量不走地面线槽。

● 采用 5 类非屏蔽双绞线，传输速率可达 100 Mbit/s。

● 确定介质布线的方法和线缆的走向。

● 计算水平区所需的线缆长度。

（3）管理间子系统。

管理间子系统可为连接其他子系统提供方法，是连接垂直干线子系统和水平干线子系统的设备，其主要设备是配线架、集线器、机柜和电源。

设计管理间子系统时需要注意如下要点。

● 配线架的配线对数可由管理的信息插座数决定。

● 利用配线架的跳线，可使布线系统实现灵活、多功能。

● 配线架一般由光配线盒和铜配线架组成。

● 应有足够的空间放置配线架和网络设备（集线器、交换机等）。

● 有集线器、交换机的地方需要配有专用稳压电源。

● 保持一定的温度和湿度，保养好设备。

（4）垂直干线子系统。

垂直干线子系统也称骨干子系统，如图 4-34 所示，是整个建筑物综合布线系统的一部分。垂直干线子系统提供建筑物的干线电缆，负责连接管理间子系统和设备间子系统，一般使用光缆或选用大对数的非屏蔽双绞线。垂直干线子系统通常在两个单元之间特别是在位于中央节点的公共系统设备处提供多个线路设施。垂直干线子系统是由所有的布线电缆组成的，或者是由导线和光缆及将此光缆连到其他地方的相关支撑硬件组成的。垂直干线

子系统的传输介质包括一栋多层建筑物楼层之间垂直布线的内部电缆，还包括从主要单元
（如计算机机房）或设备间和其他干线接线间接来的电缆。

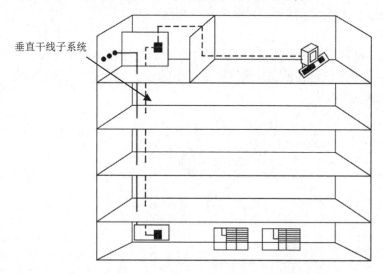

图 4-34　垂直干线子系统

设计垂直干线子系统时需要注意如下要点。

- 垂直干线子系统一般选用光缆，以提高传输速率。
- 光缆可选用多模或单模的。
- 垂直干线电缆的拐弯处，不要直角拐弯，要有一定的弧度，以防光缆受损。
- 垂直干线电缆要防止被破坏，如埋在路面下，要防止挖路、修路对电缆造成的危害，
  架空电缆要防止雷击等。
- 确定每层楼的干线需求。
- 满足整栋大楼干线需求和防雷击的设施需求。

（5）建筑群子系统。

建筑群子系统是将一栋建筑物中的电缆延伸到另一栋建筑物的通信设备和装置，通常
是由光缆和相应设备组成的，如图 4-35 所示。建筑群子系统是综合布线系统的一部分，支
持楼宇之间通信所需的硬件，包括导线电缆、光缆及防止电缆上的脉冲电压进入建筑物的
电气保护装置。

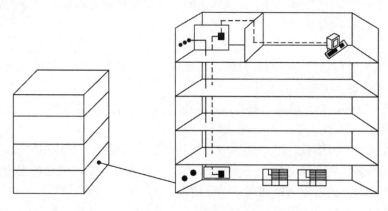

图 4-35　建筑群子系统

在建筑群子系统中，会遇到室外铺设电缆的问题，一般有三种情况——架空电缆、直埋电缆、地下管道电缆（或者它们的组合），具体情况应根据现场的环境来决定。设计建筑群子系统时的要点与设计垂直干线子系统时的要点相同。

（6）设备间子系统。

设备间子系统也称设备子系统。设备间子系统由电缆、连接器和相关支撑硬件组成，如图 4-36 所示。设备间子系统把各种公共系统的多种不同设备互联起来，包括邮电部门的光缆、同轴电缆、程控交换机等。

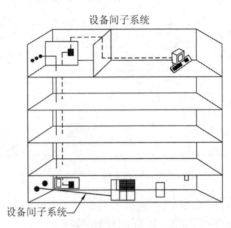

图 4-36　设备间子系统

设计设备间子系统时需要注意的要点如下。

- 设备间子系统要有足够的空间，保障设备的存放。
- 设备间子系统要有良好的工作环境，如温度、湿度等。
- 设备间子系统应按机房建设标准设计。

2．综合布线的施工

（1）布线工程开工前的准备工作。

网络工程经过调研、确定方案后，下一步就是工程的实施，而工程实施的第一步就是做好开工前的准备工作，要求做到以下几点。

① 设计综合布线实际施工图。

设计综合布线实际施工图，确定布线的走向、位置，供施工人员、督导人员和主管人员使用。

② 备料。

网络工程施工过程需要许多施工材料，这些材料有的必须在开工前就准备好，有的可以在开工过程中准备，主要有以下几种材料。

- 双绞线、插座、信息模块、服务器、稳压电源、集线器等落实购货厂商，并确定提货日期。
- 符合规格的塑料槽板、PVC 防火管、蛇皮管、自攻螺丝等布线用料就位。
- 当集线器采用集中供电时，应准备好导线、铁管并制定好电气设备安全措施，且供电线路必须按民用建筑标准规范进行铺设。

③ 向施工单位提交开工报告。

（2）施工过程中要注意的事项。

- 施工现场的督导人员要认真负责，及时处理施工过程中出现的各种情况，协调处理各方意见。
- 如果现场施工碰到不可预见的问题，应及时向工程单位汇报，并提出解决办法供工程单位当场研究解决，以免影响工程进度。
- 对工程单位计划不周的问题，要及时妥善解决。
- 对工程单位新增加的点，要及时在施工图中反映出来。
- 对部分场地或工段，要及时进行阶段检查验收，确保工程质量。
- 制定工程进度表。

在制定工程进度表时，要留有余地，还要考虑其他工程施工时可能对本工程带来的影响，避免出现不能按时完工、交工的问题。因此，建议使用督导指派任务表、工作时间施工表。督导人员对工程的监督管理也要制作成监理日程表。

（3）测试。

要测试的对象如下。

- 工作间到设备间连通状况。
- 主干线连通状况。
- 信息传输速率、衰减率、距离接线图、近端串扰等。

（4）工程施工结束后的注意事项。

工程施工结束后的注意事项如下。

- 清理现场，保持现场清洁、美观。
- 对墙洞、竖井等交接处要进行修补。
- 汇总各种剩余材料，并把剩余材料集中放置一处，并登记还可使用的数量。
- 制作总结材料。总结材料主要有开工报告、布线工程图、施工过程报告、测试报告、使用报告和工程验收所需的验收报告。

（5）综合布线的验收。

验收网络工程是乙方向甲方移交的正式手续，也是甲方对工程的认可。甲方要确认工程是否达到了原来的设计目标，质量是否符合要求，是否有不符合原设计中有关施工规范的地方。

验收共分两个部分进行：第一部分是物理验收；第二部分是文档与系统测试验收。

（6）现场（物理）验收。

甲方、乙方共同组成一个验收小组，对已竣工的工程进行验收。网络综合布线系统在物理上的主要验收点如下。

① 工作区子系统验收。

对于众多的工作区子系统不可能逐一验收，而由甲方抽样挑选工作区子系统。工作区子系统验收的重点如下。

- 线槽走向、布线是否美观大方，符合规范。
- 信息插座是否按规范进行安装。
- 信息插座安装是否做到一样高、平、牢固。
- 信息面板是否固定牢靠。

② 水平干线子系统验收。

水平干线子系统验收的重点如下。

- 槽安装是否符合规范。
- 槽与槽、槽与槽盖是否接合良好。
- 托架、吊杆是否安装牢靠。
- 水平干线子系统与垂直干线子系统、工作区子系统交接处是否出现裸线，有没有按规范去做。
- 槽内的线缆有没有固定。

③ 垂直干线子系统验收。

垂直干线子系统的验收除包括类似于水平干线子系统的验收内容外，还要检查楼层与楼层之间的洞口是否封闭，以防成为隐患点；线缆是否按间隔要求固定，转弯线缆是否留有弧度。

④ 管理间和设备间子系统验收。

管理间和设备间子系统验收主要检查设备安装是否规范、整洁。甲方验收不一定要等工程结束后才进行，有的项目往往是随时验收的，通常要检查的项目如下。

- 环境和施工材料。
- 设备安装。
- 双绞线电缆和光缆安装。
- 室外光缆的布线。
- 线缆终端安装。

（7）文档与系统测试验收。

文档验收主要检查乙方是否按协议或合同规定的要求交付所需要的文档。系统测试验收就是由甲方组织的专家组对信息插座进行有选择的测试，检验测试结果。需要测试的内容如下。

① 电缆的性能测试。

- 5类双绞线要求：接线图、长度、衰减、近端串扰要符合规范。
- 超5类双绞线要求：接线图、长度、衰减、近端串扰、时延、时延差要符合规范。

② 光缆的性能测试。

- 类型（单模/多模、根数等）是否正确。
- 衰减。
- 反射。

③ 系统接地。

当验收通过后，就进行鉴定程序，形成正式文档。

3．综合布线的未来发展前景

综合布线系统已广泛应用于工业建筑物、单位建筑群及小区的配线网络中。综合布线系统作为一种基础设施，在智能化系统工程中成为不可或缺的重要组成部分。

随着云计算、大数据、互联网+、人工智能的兴起，人们对网络的需求日益增长，尤其是对5G网络及下一代网络的需求更加迫切。网络的基础是综合布线，网络在变，综合布线需求也在变。

未来，综合布线将朝以下几个方面发展。

（1）双绞线逐步朝 6 类线、7 类线发展，以适应万兆网络需求。

（2）万兆光纤的应用逐步普及。目前已经光纤到户，还剩下入户接口到桌面的最后几米。目前服务器、台式计算机等固定设备已配备了对应的光纤网卡，可以实现光纤到桌面，但是在笔记本电脑、手持设备等移动设备上，光纤到桌面的相关研究还在进行。随着终端对光纤的支持，未来光纤到桌面将更加普及。光纤到桌面将给用户带来高带宽的体验。

（3）无线网络应用更广。5G 技术在无线网络上的应用使得无线用户的网速大大提高。无线网络让用户可以在任何位置享受网络服务，将更受欢迎。

（4）高密度、高模块化。传统的双绞线网络在水平干线子系统中占用空间大，光纤网络、无线网络更具优势，使用大对数光纤占用空间小，传输速率高。

（5）工业级布线、科研级布线需求更大。在有特殊要求的实验平台、工业生产线、飞机、航母等综合体上，布线应达到抗干扰、阻燃、抗高温的专业要求。

本章小结

综合布线系统的设计、实施与验收是网络工程建设中的一个重要环节，关系到网络性能、投资效益、使用效果和日常维护等多方面的问题，也是整个计算机网络系统中不可分割的部分。本章阐述了综合布线的概念、优点、标准及设计要点，重点是应用广泛的建筑与建筑群综合布线系统结构各子系统的功能，包含主要设备及设计中应注意的要点，介绍了在综合布线的施工和验收过程中应注意的事项。

习题

简答题

1．什么是综合布线系统？它与传统的布线系统比较有哪些优点？

2．试述楼宇结构化综合布线系统的组成、功能及各模块的主要设备。

3．综合布线系统常用哪些通信介质？以太网的传输介质可以选用哪些？为什么？

4．综合布线的标准及设计要点有哪些？

5．综合布线施工过程中应注意的主要事项有哪些？

6．针对某个单位进行网络综合布线，大致的设计步骤是什么？应该特别注意哪些问题？

实训项目

1．参观校园教学楼综合布线系统

（1）实训目标。

了解综合布线原则，掌握网络综合布线的需求设计，熟练掌握网络综合布线。

（2）实训要求。

描绘出校园教学楼的网络综合布线结构图；统计出校园教学楼的设备、布线及网络线路铺设的方式方法。

2．教学楼网络综合布线

（1）实训目标。

了解网络综合布线方案，掌握网络综合布线的实施步骤，熟练掌握网络综合布线的测试。

（2）实训要求。

现场勘测校园网子系统，掌握大楼建筑结构，熟悉用户需求，确定布线路由和信息插座分布；根据勘测结果及建筑结构图，给出该大楼的综合布线图，包含网络设备和信息插座；在现有的综合布线方案基础上给出改进方案，包括设备、布线、信息插座和网络设备铺设的多方改进方案。

第 5 章　网络服务与应用

教学目标

通过本章的学习，学习者应了解基于 Windows 主流服务器的配置技术与原理，熟练掌握 VMware 虚拟机软件的安装与使用，以及在服务器上配置 Web、FTP、邮件、DHCP、远程访问服务等。

教学内容

本章主要介绍网络操作系统服务器的配置与应用，内容包括以下方面。

（1）认识网络操作系统和 VMware 虚拟机。

（2）搭建 WWW 服务、FTP 服务和邮件服务。

（3）搭建 DHCP 服务。

（4）搭建 Windows 远程访问服务。

教学重点与难点

（1）网络服务的基本原理。

（2）网络服务器的配置方法。

案例一　VMware 虚拟机和网络操作系统的安装和使用

【案例描述】

小明是院系实验室的学生管理员，需要在网站服务器上配置并发布网页、自动分配 IP 地址等，由于小明初步接触该知识，因此需要在计算机上虚拟网络操作系统，这样能降低对物理机操作系统的影响。

【案例分析】

根据以上情况分析，小明的指导老师刘老师建议小明先在自己的计算机上进行模拟环境的测试，推荐小明采用 VMware 虚拟机软件，并在该软件上安装网络操作系统进行测试。这样做有两个好处：一是可以节省硬件资源；二是在虚拟机上安装、部署此类服务，对物理机的硬件和软件几乎没有什么危害。

【实施方案】

为在一台物理机上模拟出多种不同真实操作系统的环境，刘老师让小明在常用的虚拟机软件 VMware、Virtual PC、VirtualBox 中选择 VMware，并通过一系列的讲解和实践逐步解决问题，最后完成整个项目。

为了实现本项目中的任务，对虚拟机操作系统进行安装与配置，并实现虚拟机上网与通信，需要进行网络环境配置，如表 5-1 所示。

表 5-1 网络环境配置

PC	类　型	名　称	操作系统	IP 地址
1	宿主机	PC1	Windows 10	10.26.2.180
2	虚拟机	PC2	Windows Server 2012	192.168.89.128
3	虚拟机	PC3	Windows Server 2012	192.168.89.131
4	虚拟机	PC4	Windows 7	10.26.2.130
5	虚拟机	PC5	Windows 10	192.168.1.132

【实施步骤】

按照实施方案的要求，实施步骤如下。

（1）安装 VMware Workstation Pro。双击下载的安装包，VMware Workstation Pro 安装向导如图 5-1 所示。

（2）进入安装向导，先勾选"我接受许可协议中的条款"复选框，再单击"下一步"按钮，如图 5-2 所示。

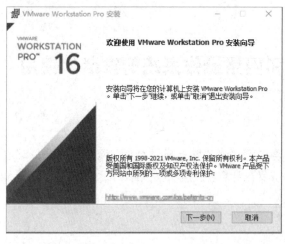

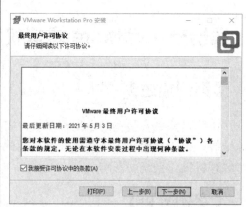

图 5-1 VMware Workstation Pro 安装向导　　图 5-2 接受 VMware Workstation Pro 安装协议

（3）进入"自定义安装"对话框，在该对话框中可以设置 VMware 的安装位置，默认为 C 盘，勾选"增强型键盘驱动程序"复选框和"将 VMware Workstation 控制台工具添加到系统 PATH"复选框，单击"下一步"按钮，如图 5-3 所示。

（4）进入"用户体验设置"对话框，用户可以根据需要决定是否勾选"启动时检查产品更新"复选框和"加入 VMware 客户体验提升计划"复选框，本案例中勾选前者，单击

"下一步"按钮，如图 5-4 所示。

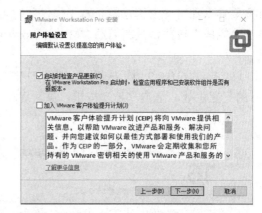

图 5-3　设置 VMware Workstation Pro 安装位置　　图 5-4　设置 VMware Workstation Pro 用户体验

（5）进入"快捷方式"对话框，本实例中为了方便以后使用 VMware Workstation Pro，勾选"桌面"复选框和"开始菜单程序文件夹"复选框，创建快捷方式，单击"下一步"按钮，如图 5-5 所示。

（6）以上都设置好后，单击"安装"按钮，安装 VMware Workstation Pro，如图 5-6 所示。

图 5-5　创建 VMware Workstation Pro 快捷方式　　图 5-6　安装 VMware Workstation Pro

（7）出现如图 5-7 所示的 VMware Workstation Pro 安装过程，等待片刻即可完成软件安装。

图 5-7　VMware Workstation Pro 安装过程

（8）出现如图 5-8 所示的 VMware Workstation Pro 安装完成界面，需要注意的是，本软件需要输入许可证密钥才能正常工作，此时可以单击"许可证"按钮输入密钥，也可以先单击"完成"按钮，重新启动 VMware Workstation Pro 后再激活，本实例中先单击"完成"按钮。

（9）出现如图 5-9 所示的界面，提醒用户需要重新启动操作系统才能使 VMware Workstation Pro 的配置生效，单击"是"按钮，重新启动。

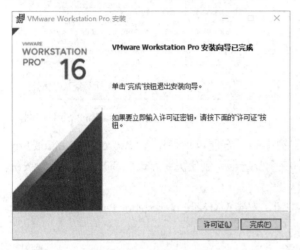

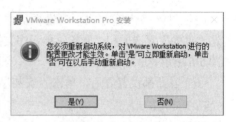

图 5-8　VMware Workstation Pro 安装完成界面　　　　图 5-9　重新启动操作系统使 VMware

Workstation Pro 生效界面

（10）双击桌面上的 VMware Workstation Pro 图标，即可运行 VMware Workstation Pro，VMware Workstation Pro 运行界面如图 5-10 所示。

图 5-10　VMware Workstation Pro 运行界面

（11）单击"帮助"菜单，选择"输入许可证密钥"选项，输入 ZF3R0-FHED2-M80TY-8QYGC-NPKYF（若输入不正确，请上百度网站搜索），单击"确定"按钮，如图 5-11 所示。

（12）再次单击"帮助"菜单，选择"关于 VMware Workstation Pro"选项，可以看到软件已经成功注册，如图 5-12 所示。

图 5-11　输入 VMware Workstation Pro 的许可证密钥　　　　图 5-12　VMware Workstation Pro 已经成功注册

（13）从网上下载装有 Windows Server 2012 系统的映像文件，其文件扩展名为 ISO。选择"文件"→"新建虚拟机向导"选项，选中"自定义（高级）"单选按钮，单击"下一步"按钮，如图 5-13 所示。

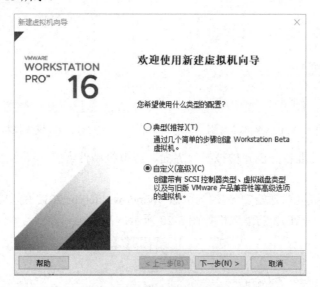

图 5-13　新建虚拟机向导

（14）进入"选择虚拟机硬件兼容性"界面，选择默认选项即可，单击"下一步"按钮，如图 5-14 所示。

（15）添加 Windows Server 2012 系统的映像文件到虚拟光驱中，单击"下一步"按钮，如图 5-15 所示。

（16）进入"简易安装信息"界面，输入 Windows 产品密钥，单击"下一步"按钮，如图 5-16 所示。

（17）进入"命名虚拟机"界面，设置虚拟机名字和位置，单击"下一步"按钮，如图 5-17 所示。

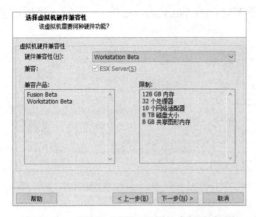

图 5-14 "选择虚拟机硬件兼容性"界面

图 5-15 添加 Windows Server 2012 系统的映像
文件到虚拟光驱中

图 5-16 输入 Windows 产品密钥

图 5-17 设置虚拟机名称和位置

（18）进入"已准备好创建虚拟机"界面，虚拟机硬件配置如图 5-18 所示，单击"完成"按钮。

（19）重启虚拟机，开始安装操作系统，Windows Server 2012 的安装如图 5-19 所示，运行 Windows Server 2012 的虚拟机如图 5-20 所示。

图 5-18 虚拟机硬件配置

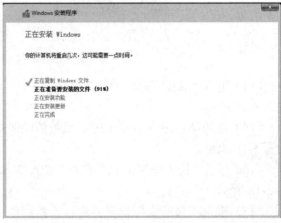

图 5-19 Windows Server 2012 的安装

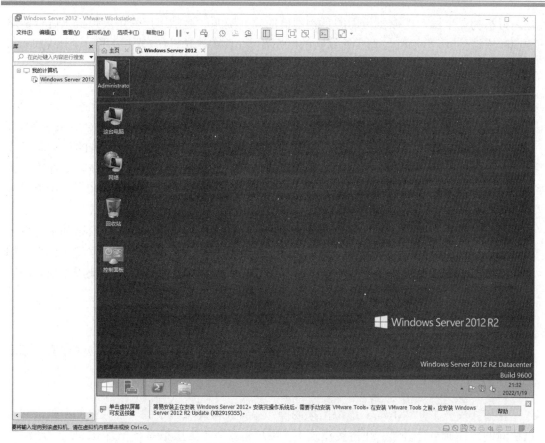

图 5-20 运行 Windows Server 2012 的虚拟机

（20）修改上述安装 Windows Server 2012 操作系统的虚拟机名称为 PC2，用同样的方法分别在 VMware 上依次安装 Windows Server 2012、Windows 7 和 Windows 10 系统，命名虚拟机的名称分别为 PC3、PC4、PC5。

提示：在安装操作系统后，需要在"虚拟机"→"安装 VMware Tools"下安装 VMware Tools，这相当于给硬件安装驱动。需要注意的是，在安装 VMware Tools 之前，应安装补丁 Windows Server 2012 R2 Update(KB2919355)，安装完成需要重启系统，这样在使用虚拟机系统时更方便，系统功能更完善。

至此，本案例成功安装 VMware 虚拟机软件，并在计算机上虚拟了 Windows Server 2012、Windows 7 和 Windows 10 系统，为后续项目打下了基础。

相关知识

1. 虚拟机

虚拟机（Virtual Machine）是指通过软件模拟的具有完整硬件系统功能的、运行在一个完全隔离环境中的完整计算机系统，拥有芯片组、CPU、内存、显卡、声卡、网卡、软驱、硬盘、光驱、串口、并口、USB 控制器、SCSI 控制器等设备。提供这个应用程序的窗口就是虚拟机的显示器，虚拟机借用的是物理机的硬件资源。通常用户使用虚拟机来进行网络测试和模拟仿真，虚拟机与真实计算机的区别在于：真实计算机（物理机）用于运行 VMware 虚拟机软件，常被称为宿主机，而虚拟机 VMware 在虚拟机软件中运行。

安装操作系统的方法一般有三种。

在硬件环境中，一个磁盘只能安装一个操作系统。若要安装多个操作系统，就必须有多个独立的磁盘。例如，在 C 盘中安装 Windows 10，在 D 盘中安装 Windows Server 2012。这种方式非常不安全，因为一个操作系统瘫痪会直接影响其他操作系统的正常运行。

在软件环境中，一个 VMware 虚拟机软件中可以安装多个虚拟操作系统，如在本案例中，可以安装 2 个 Windows Server 2012、1 个 Windows 7 和 1 个 Windows 10。这种方式方便各种实验及测试，包括本案例中的服务器配置及计算机通信调试实验测试。

虚拟机软件可以在计算机平台和终端用户之间建立一种环境，终端用户则基于这种环境来操作软件。在计算机科学中，虚拟机是指可以像真实计算机一样运行程序的计算机的软件实现。常用虚拟机软件有 VirtualBox、Virtual PC、VMware，VMware 使用方便，功能强大，所以本案例使用该软件。

2．宿主机和虚拟机的网络连接模式

在虚拟机 VMware 中，要使虚拟机联上外网（互联网），需要进行相应的配置，基本上分为以下三种模式。

（1）桥接模式。

在桥接模式下，VMware 虚拟出来的操作系统就像局域网中的一台独立的主机，它可以访问网内任何一台机器。在桥接模式下，用户需要手工为虚拟系统配置 IP 地址、子网掩码，而且要和宿主机处于同一网段，这样虚拟系统才能和宿主机进行通信。同时，由于这个虚拟系统是局域网中的一个独立的主机系统，因此可以手工配置它的 TCP/IP 信息，以实现通过局域网的网关或路由器访问互联网。使用桥接模式的虚拟系统和宿主机，就像连接在同一个集线器上的两台计算机。想让它们相互通信，就需要为虚拟系统配置 IP 地址和子网掩码，否则无法通信。如果用户想利用 VMware 在局域网内新建一个虚拟服务器，为局域网用户提供网络服务，就应该选择桥接模式。

（2）NAT 模式。

在 NAT（网络地址转换）模式下，虚拟系统借助 NAT 功能，通过宿主机所在的网络来访问公网。也就是说，使用 NAT 模式可以实现在虚拟系统中访问互联网。NAT 模式下的虚拟系统的 TCP/IP 配置信息是由 VMnet8（NAT）虚拟网络的 DHCP 服务器提供的，无法进行手工修改，因此虚拟系统无法和本局域网中的其他真实主机进行通信。采用 NAT 模式最大的优势是虚拟系统接入互联网非常简单，用户不需要进行任何其他的配置，只需要宿主机能访问互联网即可。这种模式可以实现 Host OS 与 Guest OS 的双向访问，但网络内其他机器不能访问 Guest OS，Guest OS 可通过 Host OS 用 NAT 协议访问网络内其他机器。NAT 模式的 IP 地址配置方法是由 VMware 的虚拟 DHCP 服务器分配一个 IP 地址。如果用户想利用 VMware 安装一个新的虚拟系统，并且在虚拟系统中不用进行任何手工配置就能直接访问互联网，建议采用 NAT 模式。

（3）仅主机模式。

在某些特殊的网络调试环境中，要求将真实环境和虚拟环境隔离开，这时用户就可以

采用仅主机（Host-only）模式。在仅主机模式中，所有的虚拟系统是可以相互通信的，但虚拟系统和真实的网络是被隔离开的。

提示：在仅主机模式下，虚拟系统和宿主机系统是可以相互通信的，相当于这两台机器通过双绞线互联。在仅主机模式下，虚拟系统的 TCP/IP 配置信息（如 IP 地址、网关地址、DNS 服务器等）都是由 VMnet1 虚拟网络的 DHCP 服务器来动态分配的。若用户想利用 VMware 创建一个与网内其他机器相隔离的虚拟系统，进行某些特殊的网络调试工作，可以选择仅主机模式。

在本例中，宿主机为 Windows 10 操作系统，上网方式为台式计算机使用有线网卡上网，宿主机 PC1 的 IP 地址为 10.26.2.180，如图 5-21 所示。

启动虚拟机 PC4，并在"网络连接"区中将网络连接模式修改为桥接模式，如图 5-22 所示。

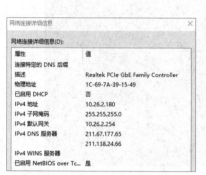

图 5-21　宿主机 PC1 的 IP 地址　　　　图 5-22　修改虚拟机 PC4 的网络连接模式

单击 PC4 桌面右下角的网络图标，打开网络和共享中心，在弹出的菜单中选择"本地连接"选项，单击"属性"按钮，选择"Internet 协议版本 4(TCP/IPv4)"选项，再次单击"属性"按钮，进行 IP 地址的手工设置，如图 5-23 所示。

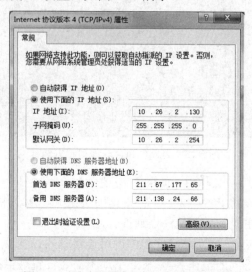

图 5-23　手动设置虚拟机 PC4 的 IP 地址

选择"开始"→"附件"→"运行"选项，输入 cmd 命令，在"命令提示符"界面中输入 ipconfig/all 命令，查看虚拟机 PC4 的 IP 地址如图 5-24 所示。

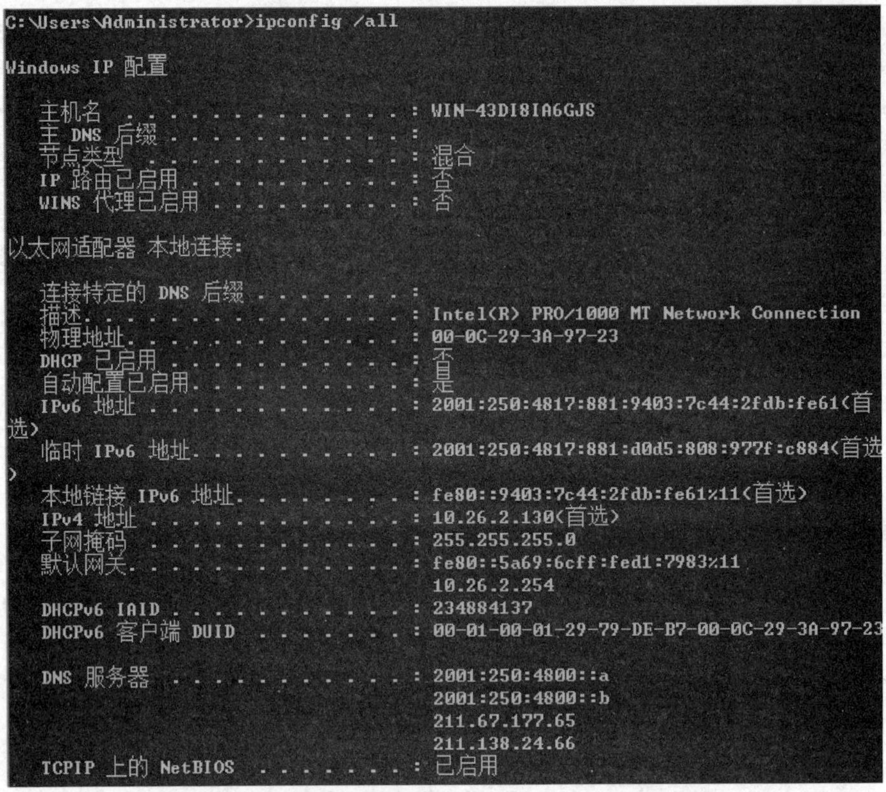

图 5-24　查看虚拟机 PC4 的 IP 地址

用 ping 命令测试宿主机和虚拟机的连通性，虚拟机 PC4 连通宿主机 PC1 如图 5-25 所示。

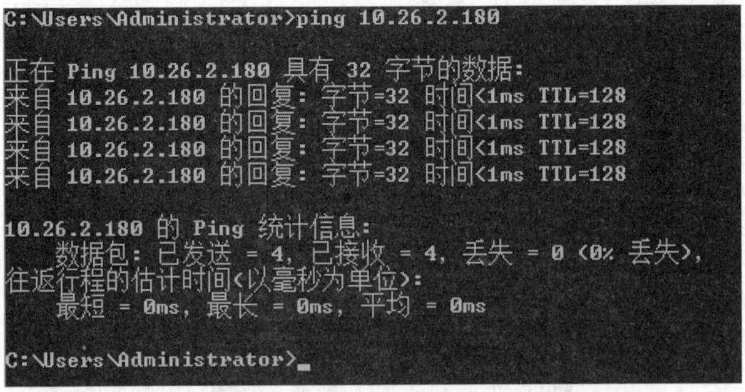

图 5-25　虚拟机 PC4 连通宿主机 PC1

虚拟机 PC4 能正常访问互联网，如图 5-26 所示。

用同样的方法可以设置 PC2、PC3、PC5 的网络连接模式都为桥接模式，分别设置其 IP 地址，同样可以测试宿主机和虚拟机的连通性。

若将 PC2、PC3、PC4、PC5 与宿主机的网络连接模式设置为 NAT 模式，则其测试方法和上述大致相同，所不同的是在 NAT 模式下，不需要设置虚拟机的 IP 地址，改为自动获取即可。经过测试，5 台 PC 仍可连通。

图 5-26　虚拟机 PC4 能正常访问互联网

案例二　Web 服务器、FTP 服务器和邮件服务器的搭建和使用

【案例描述】

小明的梦想是成为网络技能高手，今天去网络中心实践，李主任给他下达了工作任务："小明，你负责把网络中心的新网站发布一下，并把网络中心服务器上的资源以 FTP 服务的方式共享给全校师生，使全校师生更方便地了解网络中心，同时创建学校邮件服务器，方便给校园网的其他用户提供邮件服务。"

【案例分析】

经过对网络资源的查询，小明发现要发布网站和共享 FTP 资源及搭建邮件服务器，必须首先在服务器上安装 IIS，然后才能完成李主任交代的任务。

【实施方案】

若要完成李主任交给小明的任务，则必须在网络中心服务器上进行配置，首先安装适合服务器的 Web 服务器（IIS）服务，然后才能在服务器上发布网络中心新闻，并将网络中心的软件资源以 FTP 的形式共享给其他用户，同时创建电子邮件服务器，在 Windows Server

2012 上安装 POP3 和 SMTP 角色，同时通过在 DNS 服务器上注册实现邮件服务。

【实施步骤】

（1）启动虚拟机 PC2（操作系统为 Windows Server 2012，IP 地址为 192.168.89.128），打开任务栏的"服务器管理器"对话框，选择"添加角色和功能"选项，如图 5-27 所示。

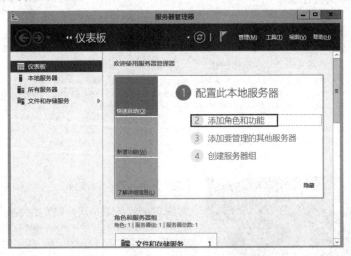

图 5-27　选择"添加角色和功能"选项

（2）单击"下一步"按钮，出现如图 5-28 所示的对话框，选中"基于角色或基于功能的安装"单选按钮，再次单击"下一步"按钮。

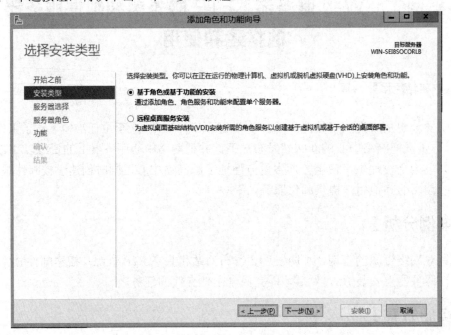

图 5-28　选中"基于角色或基于功能的安装"单选按钮

（3）在出现的界面中选中"从服务器池中选择服务器"单选按钮，选择本服务器作为提供 Web 服务器（IIS）服务的服务器，如图 5-29 所示，单击"下一步"按钮。

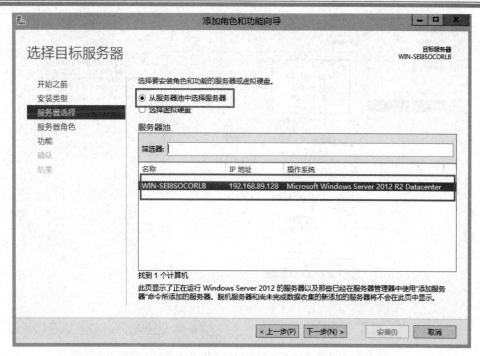

图 5-29　选择本服务器作为提供 Web 服务器（IIS）服务的服务器

（4）在出现的界面中勾选"Web 服务器(IIS)"复选框，如图 5-30 所示，单击"下一步"按钮。

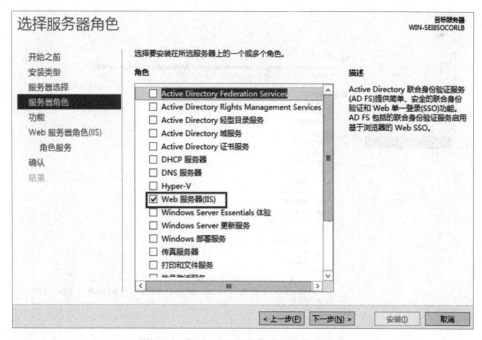

图 5-30　勾选"Web 服务器(IIS)"复选框

（5）在出现的界面中依次勾选"Web 服务器(IIS)"选项中的"常见 HTTP 功能"和"FTP服务器"复选框，如图 5-31 所示，单击"下一步"按钮，设置"Web 服务器(IIS)"选项中需要安装的内容。

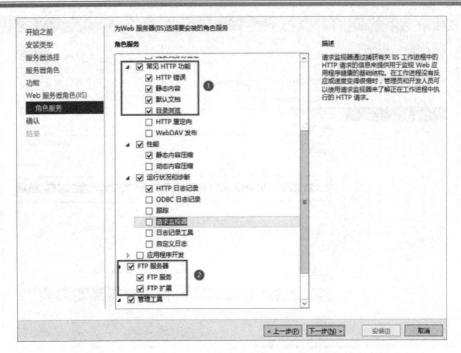

图 5-31　设置"Web 服务器(IIS)"选项中需要安装的内容

（6）单击"安装"按钮，进行服务器功能的安装，安装完毕后，单击"关闭"按钮，如图 5-32 所示。

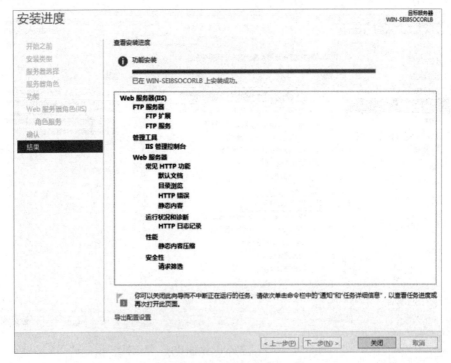

图 5-32　功能安装完毕

（7）在"服务器管理器"对话框中，选择"工具"→"Internet Information Services(IIS)管理器"选项，打开 IIS 8.0，如图 5-33 所示。

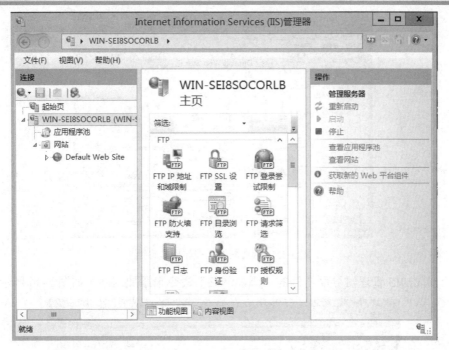

图 5-33　打开 IIS 8.0

在安装完 Web 服务器角色与功能后，IIS 会默认加载一个"Default Web Site"网站，该网站用于测试 IIS 8.0 是否正常工作。此时用户打开这台 Web 服务器的浏览器，并访问"http://localhost"，如果 IIS 正常工作，则可以打开如图 5-34 所示的 IIS 网页。

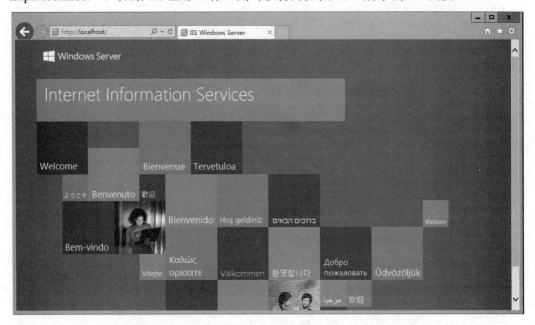

图 5-34　IIS 网页

（8）由于上述默认网站与本任务的后续操作会产生冲突，因此我们先关闭该网站。右击"Default Web Site"网站，在弹出的快捷菜单中选择"管理网站"→"停止"选项，暂时关闭该网站。默认网站的关闭操作界面如图 5-35 所示。

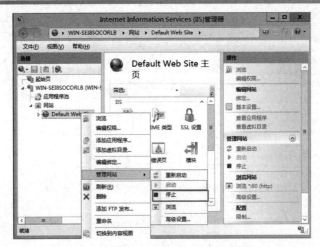

图 5-35　默认网站的关闭操作界面

（9）单击 IIS 管理器界面右侧的"添加网站"命令来添加网站，如图 5-36 所示。

图 5-36　单击"添加网站"命令

（10）在"添加网站"对话框中，输入网站名称和物理路径，访问的绑定类型选择 http、IP 地址选择本服务器 IP 地址——192.168.89.128，端口号选择默认端口号 80 即可。添加网站的具体配置信息如图 5-37 所示。

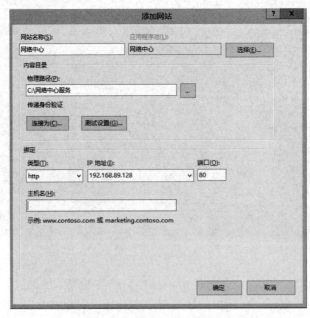

图 5-37　添加网站的具体配置信息

（11）在其他虚拟机的浏览器中输入网络中心网站的网址 http://192.168.89.128 后，按下回车键。需要注意，若网站的默认端口号不是 80，则访问格式应该为 http://192.168.89.128:端口号。WWW 服务器访问效果如图 5-38 所示。

图 5-38　WWW 服务器访问效果

（12）在 IIS 管理器界面中，选择"网络中心"网站，单击右侧的"绑定"命令，选中当前 Web 服务器的 IP 地址，单击右侧的"编辑"命令，即可在"编辑网站绑定"对话框中进行服务器 IP 地址和端口号的修改。若将服务器 IP 地址修改为 IP2，端口号修改为 port2，则客户端访问的格式应为 http://IP2:port2。"编辑网站绑定"对话框如图 5-39 所示。

图 5-39　"编辑网站绑定"对话框

（13）单击 IIS 管理器界面右侧的"基本设置"命令，可在"编辑网站"对话框中设置网络中心网站的物理路径等信息，如图 5-40 所示。

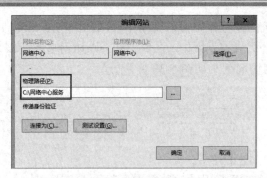

图 5-40　设置物理路径

（14）单击 IIS 管理器界面右侧的"限制"命令，可在"编辑网站限制"对话框中设置网络中心网站的限制带宽使用、连接超时、限制连接数等信息，如图 5-41 所示。

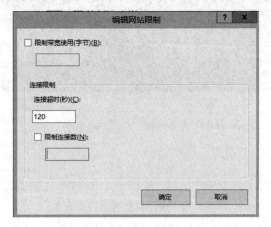

图 5-41　设置限制带宽使用、连接超时、限制连接数

至此，本案例中的网页发布配置任务已经完成。

（15）返回 IIS 管理器界面，先单击主窗口左侧的"网站"命令，再单击右侧的"添加 FTP 站点"命令，如图 5-42 所示。

图 5-42　单击"添加 FTP 站点"命令

（16）出现如图 5-43 所示的"添加 FTP 站点"对话框，分别输入 FTP 站点名称和物理路径，单击"下一步"按钮。

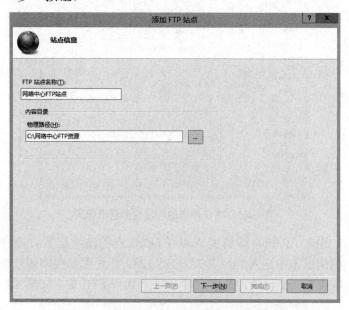

图 5-43　"添加 FTP 站点"对话框

（17）在"绑定和 SSL 设置"界面中，绑定 FTP 站点的 IP 地址为本服务器 IP 地址，端口号选用默认端口号 80，选中"无 SSL"单选按钮，如图 5-44 所示。

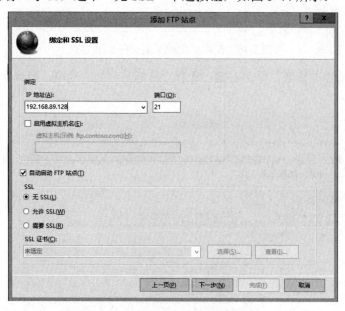

图 5-44　"绑定和 SSL 设置"界面

（18）单击"下一步"按钮，出现"身份验证和授权信息"界面，在"身份验证"下勾选"匿名"和"基本"复选框，在"允许访问"下拉列表框中选择"所有用户"选项，在"权限"下勾选"读取"和"写入"复选框（"读取"表示用户可以查看、下载 FTP 站点文件，"写入"表示用户可以上传、删除 FTP 站点文件），如图 5-45 所示。

图 5-45　"身份验证和授权信息"界面

（19）单击"完成"按钮，即可完成对 FTP 站点的添加配置。在 PC3（IP 地址为 192.168.89.131）的浏览器中输入 ftp://192.168.89.128，即可看到刚刚创建成功的 FTP 站点，并可看到该站点内的 2 个子目录，在客户端 PC3 上访问 FTP 站点如图 5-46 所示。

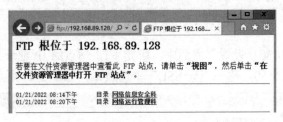

图 5-46　在客户端 PC3 上访问 FTP 站点

（20）找到所需的资源，单击右键，选择"目标另存为"选项，可保存下载的资源，如图 5-47 所示。

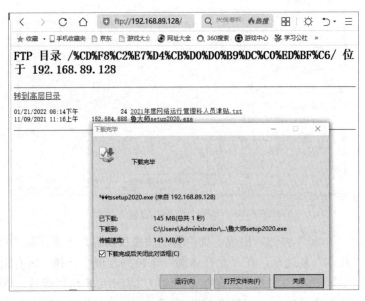

图 5-47　保存下载的资源

提示：若系统提示不能下载文件，请单击浏览器菜单的"工具"→"Internet 选项"→"安全"选项卡，在"自定义级别"菜单下的"下载"选项中设置"文件下载"为"启用"，如图 5-48 所示，然后单击"确定"按钮即可。

图 5-48　设置"文件下载"为"启用"

注意：此时访问 FTP 站点的方式是匿名的（不需要用户名和密码），任何用户（包括来宾用户）都可以访问、修改并删除 FTP 站点中的资源，这对 FTP 站点中的信息来说是非常不安全的。下面讲述如何通过配置来实现对 FTP 服务器权限的控制。

（21）在"服务器管理器"对话框中，先单击"工具"按钮，再单击"计算机管理"按钮，打开"计算机管理"对话框，找到"本地用户和组"，右击"用户"，在弹出的快捷菜单中选择"新用户(N)…"选项，弹出"新用户"对话框，创建新用户 user1（密码为 Li2920ning.1），如图 5-49 所示，输入相关信息后单击"创建"按钮。

图 5-49　创建新用户

（22）按同样的方法创建 user2 用户，再创建 information、manage 组，并将 user1 和 user2 用户分别加入 information、manage 组。创建的新用户和组如图 5-50 所示。

图 5-50　创建的新用户和组

（23）首先禁止匿名登录 FTP 站点。在"Internet information Services(IIS)管理器"主窗口中找到前面创建的"网络中心 FTP 站点"并单击右侧的"FTP 身份验证"命令，将匿名身份验证禁用，如图 5-51 所示。

图 5-51　禁用匿名身份验证

为保证信息的安全性，规定 user1 是网络信息安全科职工，只能访问网络信息安全科的相关文档，而 user2 是网络运行管理科职工，只能访问网络运行管理科的相关文档。需要进行如下配置。

（24）打开"Internet Information Services(IIS)管理器"主窗口，找到"网络中心 FTP 站点"，单击"网络信息安全科"命令，双击"FTP 授权规则"图标，如图 5-52 所示。

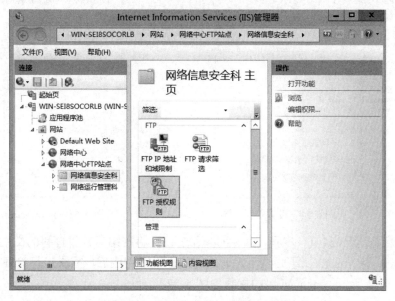

图 5-52 双击"FTP 授权规则"图标

（25）在"FTP 授权规则"窗口中，将默认继承的所有用户规则删除，单击"添加允许授权规则"命令，弹出"添加允许授权规则"对话框，如图 5-53 所示；设置 information 组具有读/写权限，单击"确定"按钮保存设置，设置结果如图 5-54 所示。

图 5-53 "添加允许授权规则"对话框

（26）右击"网络信息安全科"，选择"编辑权限"选项，弹出"网络信息安全科属性"对话框，切换到"安全"选项卡，单击"编辑"按钮，单击"添加"按钮，添加 information 组，并赋予完全控制权限，information 组权限设置如图 5-55 所示。

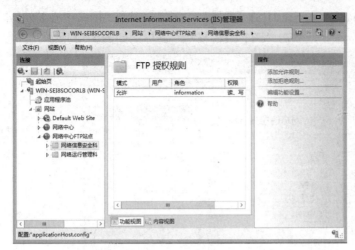

图 5-54　设置结果　　　　　　　　　图 5-55　information 组权限设置

（27）按照步骤（24）～步骤（26）的操作方法，将网络运行管理科的文档访问权限设置为仅 manage 组（user2 属于此组用户）能访问。设置完成后，网络运行管理科的 FTP 授权规则如图 5-56 所示，manage 组的权限如图 5-57 所示。

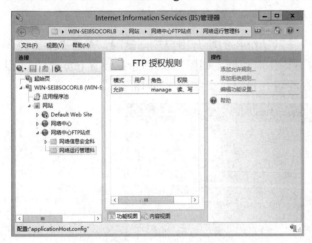

图 5-56　网络运行管理科的 FTP 授权规则　　　　　图 5-57　manage 组的权限

图 5-58　输入 user1 和密码

（28）在局域网内的任何一台虚拟机上进行登录 FTP 服务器的测试，本次在 PC2（IP 地址为 192.168.89.131）上进行测试，在 PC2 的"我的电脑"窗口的地址栏中输入 ftp://192.168.89.128（提醒，需要输入用户名和密码才能访问 FTP 站点），输入 user1 和密码，如图 5-58 所示。

（29）双击"网络运行管理科"文件夹，系统提醒该用户无访问权限，不能访问网络运行管理科的相关文件，如图 5-59 所示。

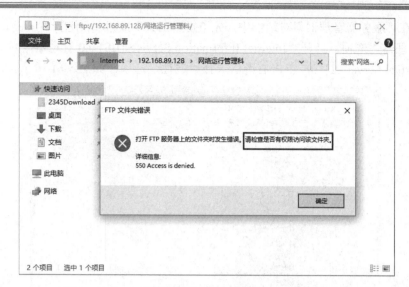

图 5-59　user1 用户不能访问网络运行管理科的相关文件

（30）返回上一层目录，双击"网络信息安全科"文件夹，能查看相关文件，并能删除和上传文件，说明 user1 用户能正常访问网络信息安全科的相关文件，如图 5-60 所示。

图 5-60　user1 用户能正常访问网络信息安全科的相关文件

通过以上验证说明，本案例中对 user1、user2 和 FTP 站点的相关权限配置是正确的，能满足实际需求。

下面分别安装 SMTP、POP3 的角色和功能来实现邮件服务器配置，同时创建用户，并为邮件服务器注册 DNS。

（31）启动虚拟机 PC2（IP 地址为 192.168.42.131，IP 地址为手动配置方式），在"服务器管理器"对话框中，依次选择"管理"→"添加角色和功能"选项，在"添加角色和功能向导"对话框中，单击"下一步"按钮。在服务器角色列表中，选择"Web 服务器(IIS)"服务，单击"下一步"按钮。在"功能"选项卡中，选择"SMTP 服务器"服务，单击"下一步"按钮。在"Web 服务器(IIS)"选项卡中，直接单击"下一步"按钮。在"确认"选项卡中，单击"安装"按钮，安装完单击"关闭"按钮，完成安装。

（32）在"服务器管理器"对话框中，先单击"工具"按钮，再选择"Internet 信息服务 (IIS) 6.0 管理器"选项，打开"Internet Information Services(IIS) 6.0 管理器"对话框，找到 "[SMTP Virtual Server #1]"，单击右键，选择"属性"选项，如图 5-61 所示。

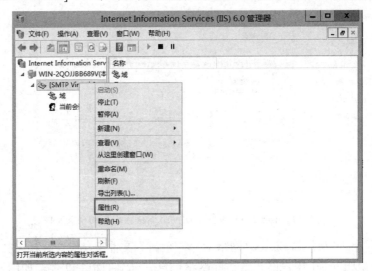

图 5-61 选择"属性"选项

（33）在"[SMTP Virtual Server #1]属性"对话框中，IP 地址选择"192.168.42.131"，如图 5-62 所示，其他按默认设置即可，单击"确定"按钮保存设置。

（34）右击"域"，选择"新建"选项，单击"域..."命令，新建域如图 5-63 所示。

图 5-62 "[SMTP Virtual Server #1 属性]"对话框

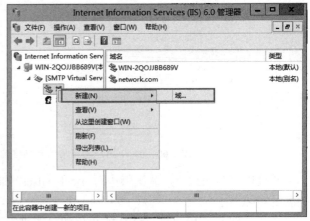

图 5-63 新建域

（35）在"新建 SMTP 域向导"对话框中，选择"别名"选项，单击"下一步"按钮，在"名称(M)"文本框中输入 network.com，单击"完成"按钮。

（36）Windows Server 2012 没有集成 POP3 服务，POP3 服务器需要从网上下载，下载安装 VisendoSmtpExtender_plus_x64.msi 文件。Visendo SmtpExtender Plus 比较简单，按默认设置安装即可，打开 Visendo SmtpExtender Plus，如图 5-64 所示。

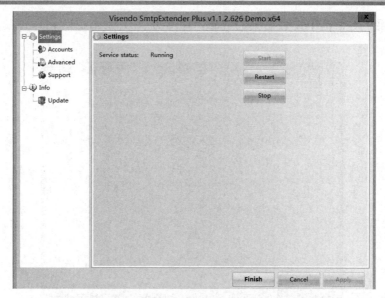

图 5-64 打开 Visendo SmtpExtender Plus

（37）单击"Accounts"命令，出现账号创建窗口，选中"Single account"单选按钮，在"E-Mail address"文本框中输入 user1@network.com，密码设置为 123，创建邮箱账号的过程如图 5-65 所示，单击"完成"按钮完成账号创建。采用同样的方法，创建 user2@network.com，密码设置为 456。

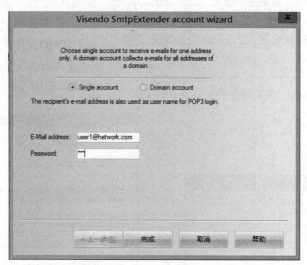

图 5-65 创建邮箱账号的过程

（38）切换到"Settings"命令并单击"Start"按钮，启动 POP3 服务，单击"Finish"按钮完成设置，如图 5-66 所示。

（39）在"服务器管理器"对话框中，单击"工具(T)"按钮，单击"服务"命令，打开"服务"对话框，找到"简单邮件传输协议(SMTP)"服务和"Visendo SMTP Extender Service"服务，查看它们的"状态"是否为"正在运行"，如图 5-67 所示。

（40）在 IP 地址为 192.168.42.131 的 DNS 服务器上注册 DNS 记录。在 DNS 服务器的"DNS 管理器"下的"network.com"区域下右击并选择"新建主机(A 或 AAAA)(S)"选项，在"新建主机"对话框中设置名称为 mail，IP 地址为 192.168.42.131，添加主机记录如图 5-68 所示。

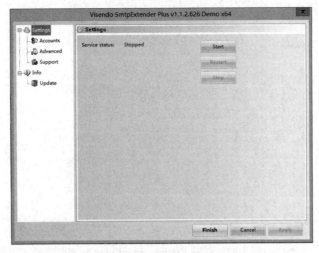

图 5-66 启动 POP3 服务

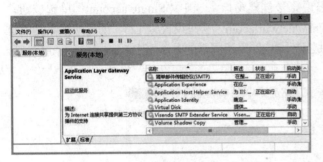

图 5-67 查看服务状态

（41）需要添加一条邮件交换记录，在"network.com"区域下右击并选择"新建邮件交换器(MX)(M)"选项，进入"新建资源记录"对话框，在"邮件服务器的完全限定的域名(FQDN)(F)"下浏览选择"mail.network.com"完成邮件交换记录的添加，如图 5-69 所示。

图 5-68 添加主机记录   图 5-69 添加邮件交换记录

（42）打开 Outlook Express，单击"工具"命令，选择"账户设置"→"添加新电子邮件账户"选项，添加新电子邮件账户如图 5-70 所示。

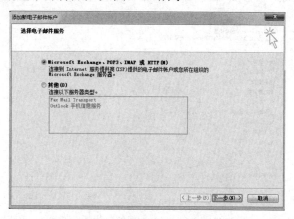

图 5-70 添加新电子邮件账户

（43）在"自动账户设置"界面中，勾选"手动配置服务器设置或其他服务器类型(M)"复选框，单击"下一步"按钮，如图 5-71 所示。

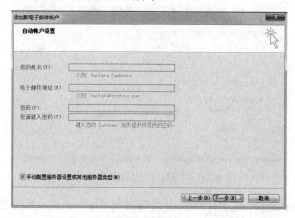

图 5-71 "自动账户设置"界面

（44）在"选择电子邮件服务"界面中，选中"Internet 电子邮件服务(I)"单选按钮，如图 5-72 所示，单击"下一步"按钮。

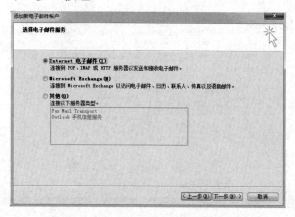

图 5-72 "选择电子邮件服务"界面

（45）在"Internet 电子邮件设置"界面中，填入 user1 的用户信息、接收邮件服务器和发送邮件服务器的地址，如图 5-73 所示，单击"下一步"按钮。

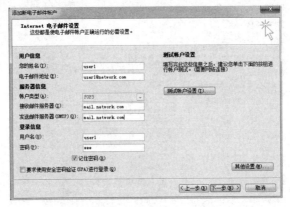

图 5-73　"Internet 电子邮件设置"界面

（46）在"测试账户设置"对话框中，如果"状态"显示为"已完成"，则表示创建的账户没有问题，如图 5-74 所示，单击"关闭"按钮。用同样的方法，创建并测试 user2 账户。

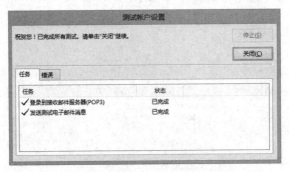

图 5-74　"测试账户设置"对话框

（47）打开 Outlook Express，用户 user1 发邮件给用户 user2，如图 5-75 所示。用户 user2 接收用户 user1 发来的邮件，如图 5-76 所示，说明用户都能正常收发邮件，邮件服务配置正确。

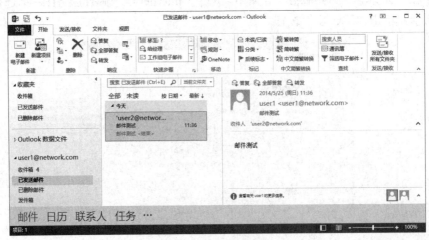

图 5-75　用户 user1 发邮件给用户 user2

图 5-76　用户 user2 接收用户 user1 发来的邮件

至此，本案例中的 Web 服务器、FTP 服务器和邮件服务器配置都已经完成。

相关知识

1. IIS

IIS（Internet Information Services，互联网信息服务）是由微软公司提供的基于运行 Microsoft Windows 的互联网基本服务。IIS 最初是 Windows NT 版本的可选包，随后内置在 Windows 2000、Windows XP Professional 和 Windows Server 2003 中一起发行，但在 Windows XP Home 版本上并没有 IIS。IIS 是一种 Web（网页）服务组件，其中包括 Web 服务器、FTP 服务器、NNTP 服务器和 SMTP 服务器，分别用于网页浏览、文件传输、新闻服务和邮件发送等方面，IIS 使得在网络（包括互联网和局域网）上发布信息成了一件很容易的事。IIS 的版本包括早期的 1.0 到最新的 10.0，其中适合 Windows Server 2012 的是 IIS 8.0。Windows Server 2003 的 IIS 版本是 5.0，Windows XP 的 IIS 版本是 5.1，Windows Server 2008 的 IIS 版本是 7.0。本案例中以 IIS 8.0 为学习对象，在虚拟机 Windows Server 2012 上安装 IIS，并配置 Web 服务器、FTP 服务器和邮件服务器。

2. FTP

FTP（File Transfer Protocol，文件传输协议）是 TCP/IP 网络上两台计算机传输文件的协议，是在 TCP/IP 网络和互联网上最早使用的协议之一。尽管 Web 已经替代了 FTP 的大多数功能，但 FTP 仍然是通过互联网把文件从客户机复制到服务器上的一种途径。FTP 客户机可以给服务器发出命令来下载文件、上传文件、创建或改变服务器上的目录。原来的 FTP 软件多采用命令行操作，有了像 CuteFTP 这样的图形界面软件，使用 FTP 传输文件变得方便易学。我们主要使用 FTP 进行"上载"，即向服务器传输文件。

在 FTP 的使用中，用户经常遇到两个概念："下载"和"上载"。"下载"文件就是从远程主机复制文件至自己的计算机上；"上载"文件就是将文件从自己的计算机中复制至远程主机上。用互联网语言来说，用户可通过客户机程序向（从）远程主机上载（下载）文件。

当使用 FTP 时，必须首先登录，在远程主机上获得相应的权限后，方可上传或下载文件。也就是说，要想与哪一台计算机传输文件，就必须具有哪一台计算机的适当授权。换言之，除非有用户 ID 和密码，否则无法传输文件。这种情况违背了互联网的开放性，互联网上的 FTP 主机何止千万台，不可能要求每个用户在每一台主机上都拥有账号，因此衍生出了匿名 FTP。

3．WWW 服务

WWW 服务是目前应用较广的一种基本互联网服务，我们每天上网都要用到这种服务。通过 WWW 服务，只要用鼠标进行本地操作，就可以到达世界上的任何地方。因为 WWW 服务使用的是超文本链接（HTML），所以可以很方便地从一个信息页转换到另一个信息页。WWW 服务不仅能查看文字，还可以欣赏图片、音乐、动画。WWW 并不等同互联网，WWW 只是互联网所能提供的服务之一，是依靠互联网运行的一项服务。

4．端口

端口（Port）可分为虚拟端口和物理端口，其中虚拟端口是指计算机内部或交换机、路由器内的端口，不可见。例如，计算机中的 80 端口、21 端口、23 端口等。物理端口又称为接口，是可见端口，如计算机背板上的 RJ-45 网口，交换机、路由器、集线器上的 RJ-45 端口。电话使用的 RJ-11 插口也属于物理端口的范畴。本案例所指的端口不是指物理意义上的端口，而是特指 TCP/IP 协议中的端口，是逻辑意义上的端口。如果把 IP 地址比作一间房子，那么端口就是出入这间房子的门。真正的房子只有几个门，但是一个 IP 地址的端口可以有 65536（2^{16}）个之多。端口是通过端口号来标记的，端口号只有整数，范围是 0～65535（$2^{16}-1$）。需要注意的是，当多个不同内容的站点使用同一个域名或 IP 地址时，必须更改 TCP 端口号才能正常访问，否则该站点不能启动。端口可分为以下三类。

（1）周知端口。

周知端口（Well Known Ports）是众所周知的端口，端口号范围为 0～1023，其中 80 端口分配给 WWW 服务，21 端口分配给 FTP 服务等。

网络服务是可以使用端口号的，如果不是默认的端口号，则应该在地址栏上指定端口号，方法是在地址后面先加上冒号 ":"（半角），再加上端口号。例如，使用 "8080" 作为 WWW 服务的端口号，则需要在地址栏里输入 "网址:8080"。

但是有些系统协议使用固定的端口号，它是不能被改变的，如 139 端口专门用于 NetBIOS 与 TCP/IP 之间的通信，不能手动改变。

（2）动态端口。

动态端口（Dynamic Ports）的端口号范围是 49152～65535，之所以称为动态端口，是因为它一般不固定分配某种服务，而是动态分配的。

（3）注册端口。

注册端口是指 1024 端口～49151 端口，分配给用户进程或应用程序。这些进程主要是用户选择安装的一些应用程序，而不是已经分配好了默认端口的常用程序。注册端口在没有被服务器资源占用的时候，可以提供给用户端动态选用为源端口。

案例三　DHCP 服务器的搭建和使用

【案例描述】

李主任今天交给小明一项任务，让小明为学校计算机中心的每台计算机都设置 IP 地址，学校的计算机中心有 5 个机房，每个机房有 100 台计算机，共有 500 台计算机需要设置 IP 地址，并让小明在半天的时间内完成该任务。

【案例分析】

500 台计算机都要设置 IP 地址、子网掩码、网关、DNS 服务器，工作量比较大，时间紧、任务重，人工设置很容易重复，还有可能产生冲突，这对小明来说是个不小的难题。

经过对网络资源的查询，小明发现要完成计算机 IP 地址的设置，基本方法有两种：一是手动配置；二是让 DHCP 服务器自动来分配 IP 地址。前者适合网络用户比较少的情况，而后者适合大中型网络，让 DHCP 服务器自动为客户机分配 IP 地址、网关等信息，可以快速提高工作效率，并能减少 IP 地址故障的可能性。

【实施方案】

若要完成李主任交代的任务，小明决定先在虚拟机上模拟并学习如何配置 DHCP 服务器，这就需要在服务器上配置 DHCP 服务器组件，并在客户机上将 IP 地址设置为自动获取方式。

为了实现本项目中的任务，启动虚拟机中的操作系统，并实现虚拟机上网与通信，网络环境配置如表 5-2 所示。

表 5-2　网络环境配置

PC	类　型	名　　称	操作系统	IP 地址	IP 地址获取方式
1	宿主机	PC1	Windows 10	10.26.2.180	手动配置
2	虚拟机	PC2	Windows Server 2012	192.168.89.128	手动配置
3	虚拟机	PC3	Windows Server 2012	将由 PC2（服务器分配）	自动获取
4	虚拟机	PC4	Windows 7	将由 PC2（服务器分配）	自动获取
5	虚拟机	PC5	Windows 10	将由 PC2（服务器分配）	自动获取

【实施步骤】

（1）启动虚拟机 PC2（操作系统为 Windows Server 2012）作为 DHCP 服务器，由于 DHCP 服务器必须使用静态 IP 地址（固定 IP 地址），因此需要把 PC2 的 IP 地址设置为 192.168.89.128。打开 PC2 的"网络和共享中心"，选择本地网卡 Ethernet0，在"属性"对话框中选择"Internet 协议版本 4(TCP/IPv4)"选项，并单击"属性"按钮，在弹出的"Internet 协议版本 4(TCP/IPv4)属性"对话框中输入 IP 地址等信息，DHCP 服务器 PC2 的 IP 地址设置如图 5-77 所示。

图 5-77　DHCP 服务器 PC2 的 IP 地址设置

（2）在"服务器管理器"对话框中选择"添加角色和功能"选项，进入"添加角色和功能向导"对话框，单击"安装类型"命令后，选中"基于角色或基于功能的安装"单选按钮，如图 5-78 所示。

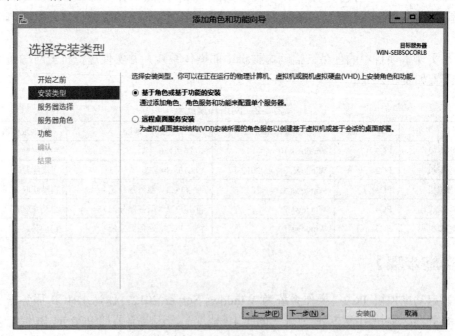

图 5-78　选中"基于角色或基于功能的安装"单选按钮

（3）单击"下一步"按钮，先选中"从服务器池中选择服务器"单选按钮，再选择本服务器作为提供 DHCP 服务的服务器，如图 5-79 所示。

图 5-79　选择本服务器作为提供 DHCP 服务的服务器

（4）单击"下一步"按钮，在"服务器角色"界面中，勾选"DHCP 服务器"复选框，继续单击"下一步"按钮，如图 5-80 所示。

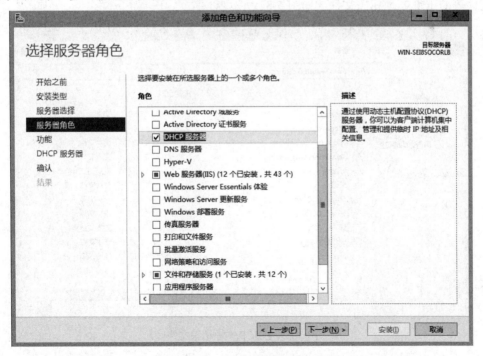

图 5-80　"服务器角色"界面

（5）继续单击"下一步"按钮，单击左侧的"确认"命令后单击"安装"按钮，等待一段时间后即可完成 DHCP 服务器角色和功能的添加，"结果"界面如图 5-81 所示。

图 5-81　"结果"界面

（6）查看 DHCP 服务安装是否成功。若该服务安装成功，则在路径"C:\Windows\ System32"下会自动创建一个名称为 dhcp 的文件夹，其中包含 DHCP 区域数据库文件和日志文件等 DHCP 本地相关文件，如图 5-82 所示。

图 5-82　DHCP 本地相关文件

（7）DHCP 服务安装成功后，系统会自动启动 DHCP 服务，此时通过"服务器管理器"对话框中的"工具"选项打开 DHCP 服务器管理控制台，在其中可以看到已经启动的 DHCP 服务，如图 5-83 所示。

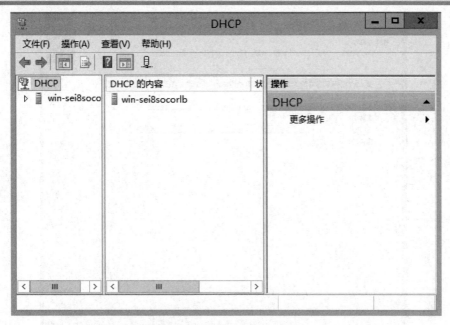

图 5-83　已经启动的 DHCP 服务

（8）DHCP 服务安装成功后，还需要配置作用域等参数才能保证客户机分配到合适的 IP 地址等信息，展开窗口左侧的 DHCP 服务器，右击"IPv4"，在弹出的快捷菜单中选择"新建作用域"选项，如图 5-84 所示。

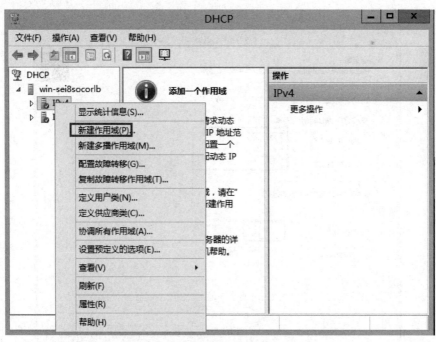

图 5-84　选择"新建作用域"选项

（9）在打开的"新建作用域向导"对话框中单击"下一步"按钮进入"作用域名称"界面，在"名称"文本框中输入"DHCP server"。填写 DHCP 服务器的作用域名称如图 5-85 所示。

图 5-85　填写 DHCP 服务器的作用域名称

（10）单击"下一步"按钮，进入"IP 地址范围"界面，需要设置可以用于分配的 IP 地址，设置起始 IP 地址和结束 IP 地址分别为 192.168.89.1 和 192.168.1.254，子网掩码为 24 位，如图 5-86 所示。

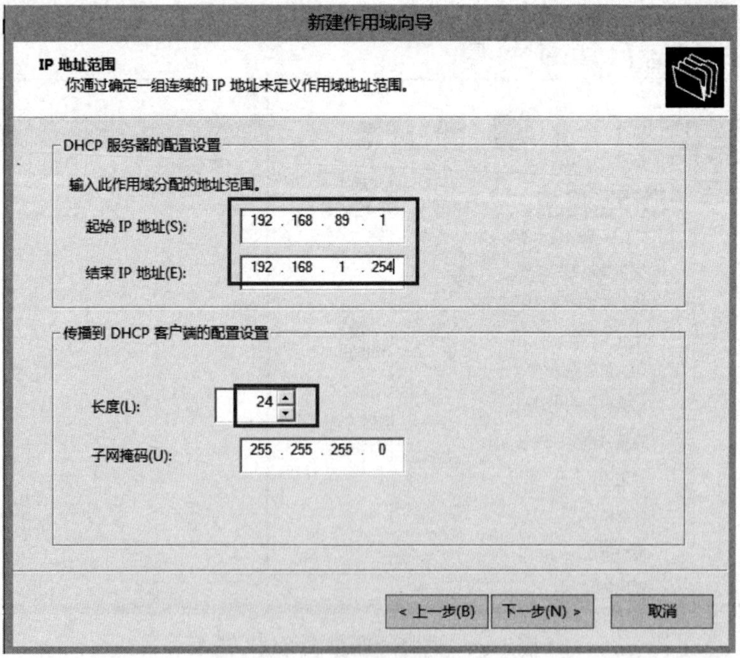

图 5-86　"IP 地址范围"界面

（11）单击"下一步"按钮，在"添加排除和延迟"界面中，根据本案例要求，仅允许分配 192.168.89.151~192.168.89.200 地址段，因此需要将 192.168.89.1~192.168.89.150 和

192.168.89.201~192.168.89.254 两个地址段排除。在 DHCP 服务器中添加被排除的 IP 地址范围如图 5-87 所示。

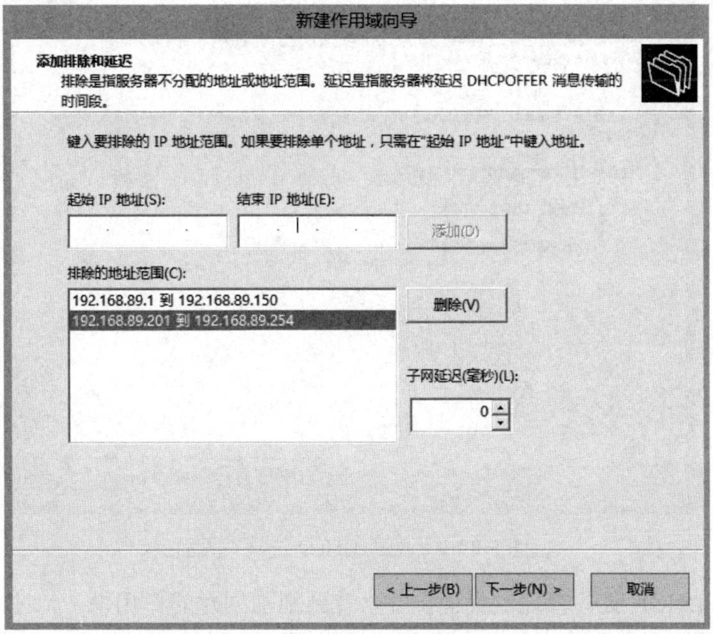

图 5-87　在 DHCP 服务器中添加被排除的 IP 地址范围

（12）单击"下一步"按钮，设置 DHCP 服务器的租用期限，默认为 8 天，此时设置为 2 小时，如图 5-88 所示。

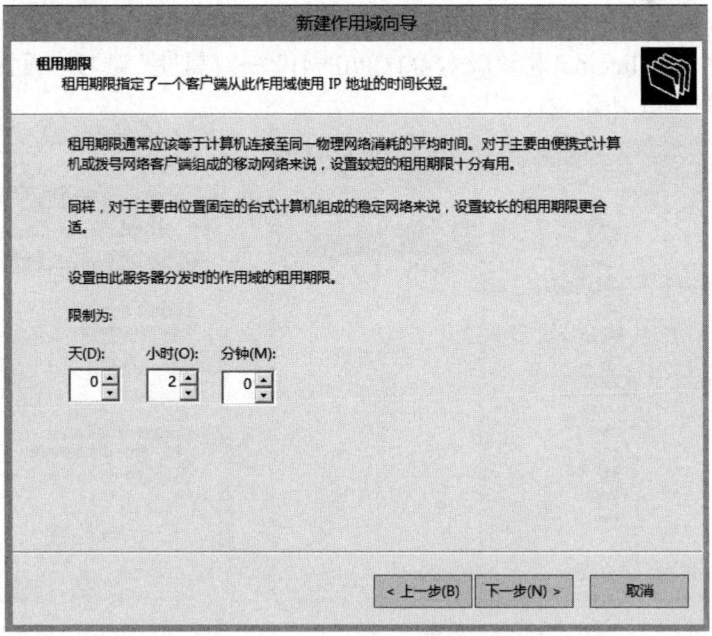

图 5-88　设置 DHCP 服务器的租用期限

（13）单击"下一步"按钮，在"配置 DHCP 选项"界面中，选中"否，我想稍后配置这些选项"单选按钮，并按向导完成作用域的配置，如图 5-89 所示。

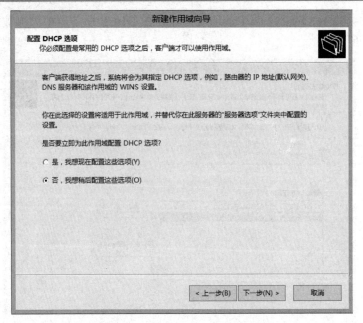

图 5-89　"配置 DHCP 选项"界面

（14）回到 DHCP 服务管理器界面，可以看到刚刚创建的作用域，此时该作用域并未开始工作，它的图标中有一个向下的红色箭头，表明该作用域处于未激活状态。

（15）右击"作用域[192.168.89.0]"，在弹出的快捷菜单中选择"激活"选项，完成 DHCP作用域的激活，如图 5-90 所示。此时该作用域的红色箭头消失了，客户机可以开始向服务器租用该作用域下的 IP 地址了。

（16）启动 PC4（操作系统为 Windows 7），打开 "网络和共享中心"，选择"本地连接"→"属性"→"Internet 协议版本 4(TCP/IPv4)"→"属性"选项，设置 IP 地址为自动获取方式，如图 5-91 所示。

图 5-90　激活创建的作用域　　　　　　　图 5-91　设置 IP 地址为自动获取方式

（17）选择"开始"→"程序"→"附件"→"命令提示符"选项，在"管理员：命令提示符"对话框中输入 ipconfig /all 命令，查看本机 IP 地址信息，如图 5-92 所示。

图 5-92　查看本机 IP 地址信息

（18）从图 5-92 中可以看出，PC4 的 IP 地址是由 DHCP 服务器（PC2）分配的，租用期限为 2 小时。展开"DHCP"对话框中的"作用域[192.168.89.0]"下的"地址租用"，可以查看客户机 IP 地址的租用结果，如图 5-93 所示。

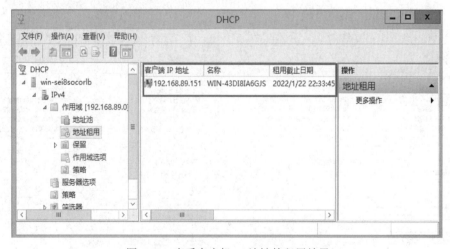

图 5-93　查看客户机 IP 地址的租用结果

（19）在 PC4 的"管理员：命令提示符"对话框中，执行 ping www.sohu.com 命令，测试 PC4 能否正常访问互联网，如图 5-94 所示。可以发现，主机不能访问外网，仔细分析后发现，虽然 PC4 能获取到 DNS 地址，但客户机不能自动获取到默认网关，所以不能实现和外网的通信。对以上情况进行分析后得知，在 DHCP 作用域的配置中，只有配置了作用域选项或服务器选项，客户机才能自动配置网关和 DNS 地址。

图 5-94　测试 PC4 能否正常访问互联网

（20）右击"作用域选项"，在弹出的快捷菜单中选择"配置属性"选项，进入"作用域选项"对话框。在"作用域选项"对话框中的"常规"选区中勾选"003 路由器"复选框，并输入该局域网网关的 IP 地址 192.168.89.2，单击"添加"按钮，完成网关的配置，最后单击"确定"按钮，完成"作用域选项"的配置，如图 5-95 所示。

（21）在"作用域选项"对话框中的"常规"选区中勾选"006 DNS 服务器"复选框，并输入该局域网 DNS 服务器的 IP 地址 192.168.89.2，单击"添加"按钮，完成 DNS 服务器地址的配置，最后单击"确定"按钮，完成 DNS 服务器的配置，配置界面如图 5-96 所示。

图 5-95　"作用域选项"对话框

图 5-96　配置界面

（22）在客户机 PC4 的命令行上输入 ipconfig/renew 命令，以便更新 IP 租约，并重新获取 DHCP 配置，成功后，可以通过 ipconfig /all 和 ping www.sohu.com 命令查看本地连接的网络配置，结果证明 PC4 获取了正确的默认网关和 DNS 服务器地址，并且能访问互联网。PC4 执行相关网络命令的结果如图 5-97 所示。

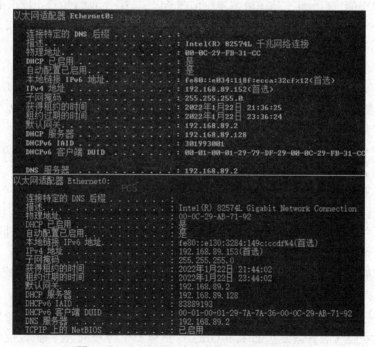

图 5-97　PC4 执行相关网络命令的结果

（23）同理，打开 PC3 和 PC5，设置 IP 地址获取方式为自动，同样可以看到 PC3 和 PC5 的 IP 地址均是由 DHCP 服务器（PC2）分配的，租用期限都是 2 小时。PC3、PC5 自动获取的 IP 地址信息如图 5-98 所示。

图 5-98　PC3、PC5 自动获取的 IP 地址信息

（24）展开"DHCP"对话框中的"作用域[192.168.89.0]"下的"地址租用"，可以查看更新后的客户机 IP 地址的租用结果，如图 5-99 所示。

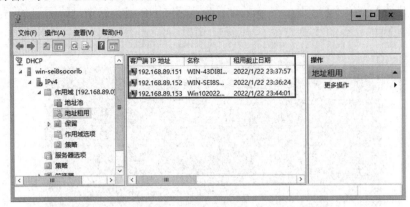

图 5-99　查看更新后的客户机 IP 地址的租用结果

至此，本案例中对客户机进行 DHCP 自动获取 IP 地址的配置任务已经完成。

相关知识

两台连接到互联网上的计算机要想相互通信，必须有各自的 IP 地址，因为 IP 地址资源有限，宽带接入运营商不能做到给每个用户都分配一个固定的 IP 地址（对于固定 IP 地址，即使在用户不需要上网的时候，别人也不能用这个 IP 地址，这个地址一直被用户独占），所以要采用 DHCP 方式对上网的用户进行临时的 IP 地址分配。也就是说，用户的计算机联网后，DHCP 服务器才从地址池里临时分配一个 IP 地址给用户，每次上网分配的 IP 地址可能会不一样，这和当时的 IP 地址资源有关。当用户的计算机下线的时候，DHCP 服务器可能会把这个 IP 地址分配给之后上线的其他计算机。这样就可以有效节约 IP 地址，既保证了网络通信，又提高了 IP 地址的使用率。

为了便于统一规划和管理网络中的 IP 地址，DHCP（Dynamic Host Configure Protocol，动态主机配置协议）应运而生。这种网络服务有利于对网络中的客户机 IP 地址进行有效管理，而不需要手动指定 IP 地址。

在 DHCP 的工作原理中，DHCP 服务器提供了三种 IP 地址分配方式：自动分配（Automatic allocation）、手动分配和动态分配（Dynamic Allocation）。

自动分配是指当 DHCP 客户机第一次成功地从 DHCP 服务器处获取一个 IP 地址后，就永久地使用这个 IP 地址。手动分配是指由 DHCP 服务器管理员专门指定 IP 地址。动态分配是指当客户机第一次从 DHCP 服务器处获取一个 IP 地址后，并非永久使用该 IP 地址，而是每次使用完后，DHCP 客户机就释放这个 IP 地址，供其他客户机使用。

客户机是通过租用 DHCP 服务器的 IP 地址池中的 IP 地址来获得 IP 地址的。获得 IP 地址的过程叫作 DHCP 的租用过程。

租用过程分为四个步骤，分别为客户机请求 IP 地址（客户机发送 DHCP Discover 广播包）、服务器响应（服务器发送 DHCP Offer 广播包）、客户机选择 IP 地址（客户机发送 DHCP Request 广播包）、服务器确定租约（服务器发送 DHCP ACK 广播包）。

案例四　远程控制应用技术

【案例描述】

随着小明对服务器配置的逐渐熟悉，现在李主任让小明负责学校计算机中心和网络中心服务器的管理，由于计算机中心和网络中心分别在南、北两个校区，距离较远，小明来回奔波很不方便，因此李主任和小明说："你可以使用远程控制技术，在网络中心的服务器上控制计算机中心的服务器。"

【案例分析】

经过对网络资源的查询，小明认为要实现李主任所要求的对两个校区的服务器同时进行管理，远程控制是比较方便和快捷的技术，能节省大量时间和精力。实现远程控制的方法有很多，总体可以分为两种：一是利用 Windows 系统自带的远程桌面功能；二是利用第三方远程控制软件（如 TeamViewer、ToDesk 等）。

【实施方案】

为了完成李主任交代的任务，小明决定利用 Windows 系统自带的远程桌面功能学习如何进行远程控制，首先利用办公室的两台计算机进行远程桌面配置，这样能更方便地弄清楚远程控制技术的工作原理。两台计算机的网络环境配置如表 5-3 所示。

表 5-3　两台计算机的网络环境配置

PC	类　型	名　称	操作系统	IP 地址
1	服务器端（台式计算机）	PC6	Windows 10	10.26.2.180
2	客户端（笔记本电脑）	PC7	Windows 7	10.130.218.73

【实施步骤】

（1）本案例中服务器端（被控端）安装 Windows 10 系统，客户端（主控端）安装 Windows 7 系统，首先启动虚拟机 PC6，在桌面上右击"我的电脑"图标，在弹出的快捷菜单中选择"属性"选项，单击窗口左侧的"远程桌面"选项卡，单击窗口右上角的"启用远程桌面"开关，启用 PC6 的远程桌面功能，如图 5-100 所示。

（2）在图 5-100 的窗口中，单击右下角的"选择可远程访问这台电脑的用户"命令，出现如图 5-101 所示的"远程桌面用户"对

图 5-100　启用 PC6 的远程桌面功能

话框，可以看出，管理员账户 Administrator 默认拥有远程桌面的访问权。

图 5-101　"远程桌面用户"对话框

图 5-102　"计算机管理"对话框

（3）为保证访问远程桌面的安全性，远程连接到此计算机的用户账户必须使用密码，系统当前登录的账户为 Administrator，若其没有密码，则需要为该账户添加密码。在桌面上右击"我的电脑"图标，在弹出的快捷菜单中选择"管理"选项，弹出"计算机管理"对话框，如图 5-102 所示。

（4）在菜单"系统工具"→"本地用户和组"下面单击"用户"命令，如图 5-103 所示。

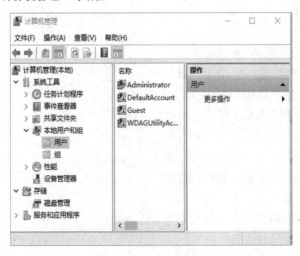

图 5-103　单击"用户"命令

（5）在"计算机管理"对话框中右击当前账户"Administrator"，在弹出的快捷菜单中选择"设置密码"选项，如图 5-104 所示。

（6）弹出"为 Administrator 设置密码"对话框，单击"继续"按钮，确认给 Administrator 账户设置密码，如图 5-105 所示。

图 5-104　选择"设置密码"选项

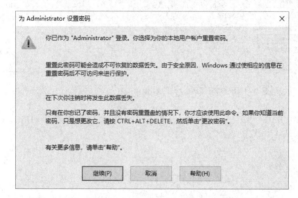

图 5-105　确认给 Administrator 账户设置密码

（7）设置新密码为"123456"，单击"确定"按钮，如图 5-106 所示。

（8）用同样的方法在系统中添加账户"zhangsan"，其密码为"654321"。回到如图 5-101 所示的"远程桌面用户"对话框，可以看出系统管理员账户 Administrator 已经具备了远程控制权限。若想继续添加其他账户，则可以单击"添加"按钮，弹出如图 5-107 所示的"选择用户"对话框。

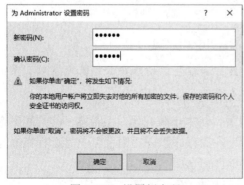

图 5-106　设置新密码

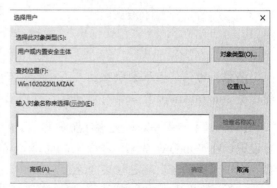

图 5-107　"选择用户"对话框

（9）单击图 5-107 中的"高级"按钮，在其界面中单击"立即查找"按钮，添加账户"zhangsan"为远程登录账户，如图 5-108 所示。

图 5-108　添加账户"zhangsan"为远程登录账户

（10）选中"zhangsan"账户，单击"确定"按钮，即可将"zhangsan"账户添加到远程控制账户中，如图 5-109 所示。

图 5-109　将"zhangsan"账户添加到远程控制账户中

注意：为保证远程桌面控制具有一定的安全性，远程登录的账户必须具有密码。系统管理员 Administrator 默认具有访问权，可以选择不添加。

（11）以上步骤是对被控端（服务器端）的设置，从本步骤开始对主控端（客户端）进行设置，在 Windows 7 操作系统上，选择"开始"→"程序"→"附件"→"远程桌面连接"选项，启动客户端远程桌面连接功能，如图 5-110 所示。

（12）弹出"远程桌面连接"对话框，如图 5-111 所示。

图 5-110　启动客户端远程桌面连接功能　　　　图 5-111　"远程桌面连接"对话框

注意： 也可以在"开始"→"运行"对话框中输入 mstsc 命令来启动远程桌面连接功能。

（13）单击图 5-111 左下方的"选项"按钮，可以设置常规、显示、本地资源、程序、体验、高级等信息，"常规"界面如图 5-112 所示。

（14）切换到"显示"界面，可以选择远程桌面的大小，将滑块拖动到最右边来使用全屏，还可以选择远程会话的颜色深度，如图 5-113 所示。

图 5-112　"常规"界面　　　　　　　　　　图 5-113　"显示"界面

（15）切换到"本地资源"界面，如图 5-114 所示，可以设置远程音频、本地设备和资源等信息，勾选"剪贴板"复选框，可以很方便地在被控端和主控端间传输文件，单击下方的"详细信息"按钮，可以设置被控端和主控端共享的设备和资源，如图 5-115 所示。

图 5-114　"本地资源"界面　　　　图 5-115　设置共享的设备和资源

（16）切换到"常规"界面，在"登录设置"区的"计算机"文本框中输入被控主机 PC6 的 IP 地址 10.26.2.180，如图 5-116 所示。

图 5-116　输入 PC6 的 IP 地址

（17）单击图 5-116 中的"连接"按钮，第一次登录会出现警告界面，如图 5-117 所示，勾选"不再询问我是否连接到此计算机"复选框，并单击"是"按钮。

（18）出现如图 5-118 所示的"输入你的凭据"界面，在远程桌面中输入用户名和密码。

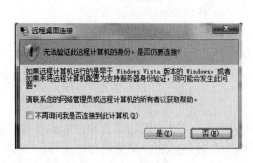 

图 5-117　警告界面　　　　图 5-118　在远程桌面中输入用户名和密码

（19）单击"确定"按钮，PC7 成功远程登录 PC6，如图 5-119 所示。

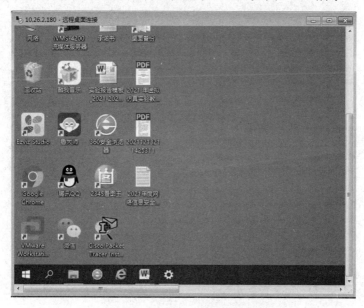

图 5-119　PC7 成功远程登录 PC6

注意：远程控制连接成功后，可在主控端和被控端之间进行文件传输与编辑、远程关机与重启、远程上网等操作，远程桌面提供的操作就好像真的在被控端上操作一样。下面以文件传输与编辑、远程关机与重启为例，说明远程桌面的功能。

（20）远程连接成功后，若主控主机内有文档需要复制传输到被控主机，则应首先在主控主机 PC7 内右击该文档并在弹出的快捷菜单中选择"复制"选项，被控主机 PC6 文档的复制如图 5-120 所示。

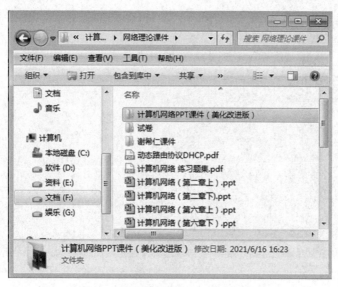

图 5-120　被控主机 PC6 文档的复制

（21）在被控主机 PC6 的桌面上右击，在弹出的快捷菜单中选择"粘贴"选项，复制过程如图 5-121 所示。

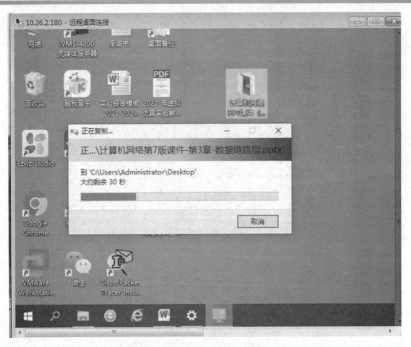

图 5-121　复制过程

（22）若需要进行远程关机、重启、注销等操作，则在被控主机 PC6 上单击"开始"菜单，选择执行相关命令即可。通过远程控制来实现远程关机、重启、注销等任务如图 5-122 所示。

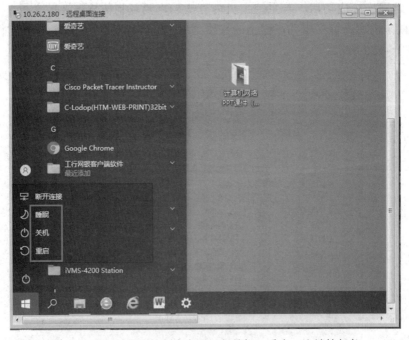

图 5-122　通过远程控制来实现远程关机、重启、注销等任务

（23）在被控主机 PC6 的"开始"菜单中选择"命令提示符"选项，在"管理员：命令提示符"对话框中输入 netstat –na 命令。通过远程控制调用相关命令如图 5-123 所示。

图 5-123 通过远程控制调用相关命令

（24）可以查看被控主机 PC6 正在运行的端口号，以及所连接的服务。PC6 的端口号如图 5-124 所示，可以看出，远程桌面的默认端口号是 3389。

图 5-124 PC6 的端口号

（25）关闭远程桌面窗口，重新在主控主机 PC7 内打开远程桌面，在"远程桌面连接"对话框的"计算机"文本框中输入 10.26.2.180:3389。加上端口号 3389 登录远程桌面如图 5-125 所示。

（26）单击"连接"按钮，输入用户名和密码后，发现仍可以进入被控主机 PC6 的桌面。成功登录远程桌面如图 5-126 所示。

图 5-125 加上端口号 3389 登录远程桌面   图 5-126 成功登录远程桌面

注意： 此例说明在打开远程桌面时，默认端口号为 3389，若没有修改，则在 IP 地址后面可以不输入端口号；若端口号修改为其他值，则必须要输入端口号，格式为"IP 地址:端口号"。影响远程桌面连接能否成功的因素还有防火墙设置、注册表设置，下面逐一说明。

（27）在被控主机 PC6 的控制面板内打开防火墙，系统默认防火墙为启用状态，选择左侧的"允许应用或功能通过 Windows Defender 防火墙"选项，被控主机 PC6 的防火墙设置如图 5-127 所示。

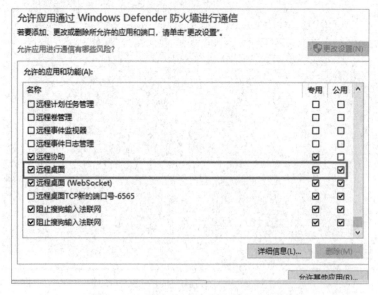

图 5-127 被控主机 PC6 的防火墙设置

（28）可见"允许的应用和功能"区中的"远程桌面"复选框处于勾选状态。取消勾选"远程桌面"复选框，如图 5-128 所示，单击"确定"按钮。

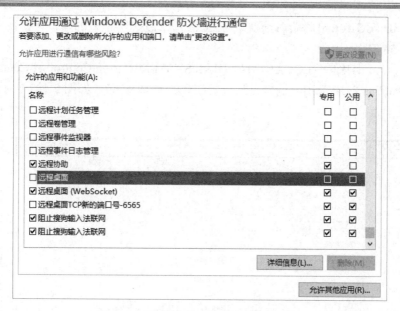

图 5-128　取消勾选"远程桌面"复选框

（29）退出远程桌面，并重新打开，则发现远程桌面连接失败，如图 5-129 所示。

（30）同理，若在被控主机 PC6 防火墙的"启用 Windows Defender 防火墙"下勾选
"阻止所有传入连接，包括位于允许应用列表中的应用"复选框，如图 5-130 所示，那么即
使在图 5-128 中勾选"远程桌面"复选框，远程桌面连接也会失败。

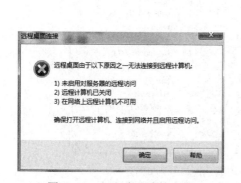

图 5-129　远程桌面连接失败

图 5-130　勾选"阻止所有传入连接，包括位于允许应
用列表中的应用"复选框

注意：除上述对防火墙的设置外，使用注册表修改默认端口号也是保证远程桌面访问
控制安全性的一种有效方法。具体说明如下。

（31）在被控主机 PC6 的"开始"→"运行"对话框中输入 regedit 命令，打开 PC6 的
注册表，有两个地方需要修改。

第一个地方：[HKEY_LOCAL_MACHINE\SYSTEM\CurrentControlSet\Control\Terminal

Server\Wds\rdpwd\Tds\tcp]，端口号默认是 3389，修改成所希望的端口号，此案例中改成 6565，如图 5-131 所示。

第二个地方：[HKEY_LOCAL_MACHINE\SYSTEM\CurrentControlSet\Control\Terminal Server\WinStations\RDP-Tcp]，端口号默认是 3389，改成 6565，如图 5-132 所示。

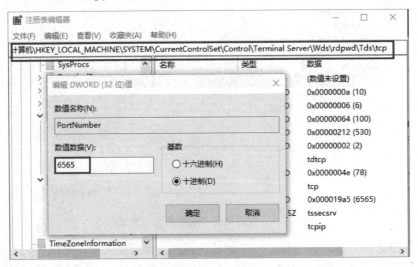

图 5-131　第一个地方修改远程控制默认端口号为 6565

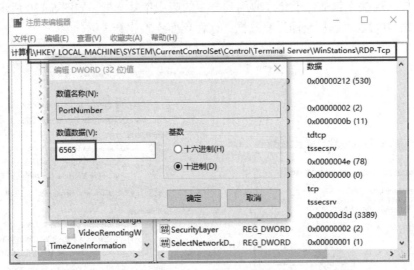

图 5-132　第二个地方修改远程控制默认端口号为 6565

（32）更改完端口号后，还需要重启远程桌面连接服务 "Remote Desktop Services"，右击 "计算机" 选项，单击 "管理" 命令，在弹出的窗口左侧单击 "服务和应用程序" 下的 "服务" 命令，找到 "Remote Desktop Services"，右击，在弹出的快捷菜单中选择 "重新启动" 选项，如图 5-133 所示，可使更改后的端口号生效；也可以不执行第（32）步，让 PC6 重启也能实现端口号生效。

（33）远程桌面连接服务重启后，若被控主机 PC6 此时的防火墙设置为关闭状态，则直接在主控主机 PC7 上运行远程桌面程序，输入 10.26.2.180:6565，即可登录 PC6，用 6565 端口登录远程桌面如图 5-134 所示，远程桌面登录成功如图 5-135 所示。

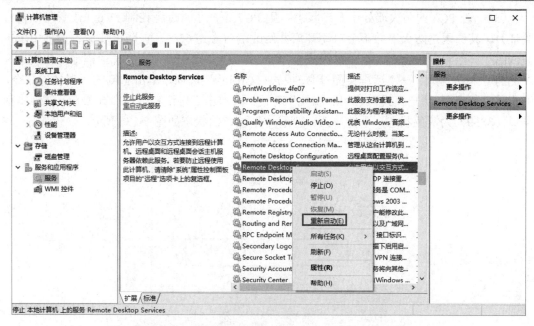

图 5-133　重新启动"Remote Desktop Services"服务

图 5-134　用 6565 端口登录远程桌面

图 5-135　远程桌面登录成功

（34）若 PC6 的防火墙处于开启状态，则 PC7 不能正常远程控制 PC6（读者可以自行验证），其原因是防火墙并不会自动开启并修改端口号为 6565，在防火墙设置选项中单击左侧的"高级设置"命令，在"高级安全 Windows Defender 防火墙"对话框中，依次选择左侧的"入站规则"→"远程桌面-用户模式(TCP-In)"选项，单击右侧的"属性"命令，弹出"远程桌面-用户模式(TCP-In)属性"对话框，单击"协议和端口"选项卡，发现本地端口（3389）为灰色状态，不能修改。查看本地端口的状态如图 5-136 所示。

图 5-136　查看本地端口的状态

（35）在"高级安全 Windows Defender 防火墙"对话框中，单击"入站规则"命令，单击"新建规则"按钮，选择要创建的规则类型为"端口"，如图 5-137 所示。

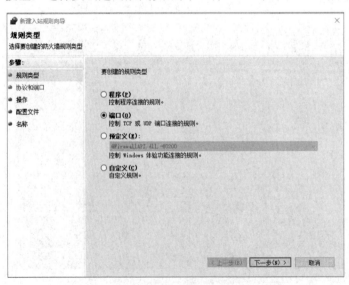

图 5-137　选择要创建的规则类型为"端口"

（36）单击"下一步"按钮，在"协议和端口"界面中选中"TCP"单选按钮（因为远程桌面服务在传输层调用的是 TCP 协议）和"特定本地端口"单选按钮，并输入数值 6565。设置防火墙入站新规则的协议类型和端口号如图 5-138 所示。

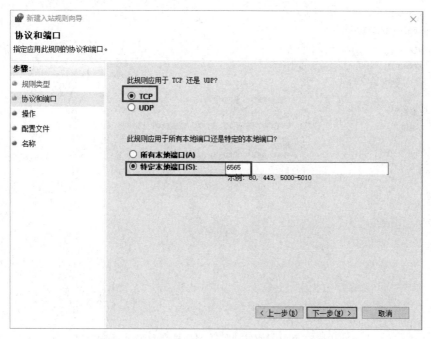

图 5-138　设置防火墙入站新规则的协议类型和端口号

（37）单击"下一步"按钮，出现"操作"界面，选中"允许连接"单选按钮，如图 5-139 所示。

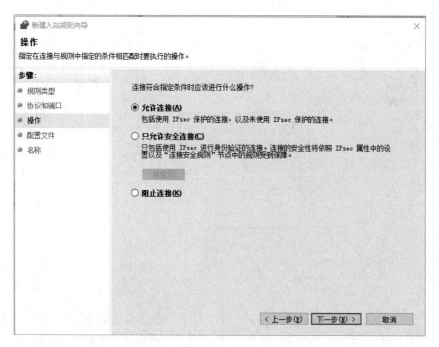

图 5-139　选中"允许连接"单选按钮

（38）单击"下一步"按钮，出现"配置文件"界面，依次勾选"域""专用""公用"复选框，设置防火墙入站新规则的应用范围，如图 5-140 所示。

图 5-140　设置防火墙入站新规则的应用范围

（39）单击"下一步"按钮，出现"名称"界面，输入新规则的名称为"远程桌面(TCP)新的端口号-6565"。设置防火墙入站新规则的名称如图 5-141 所示。

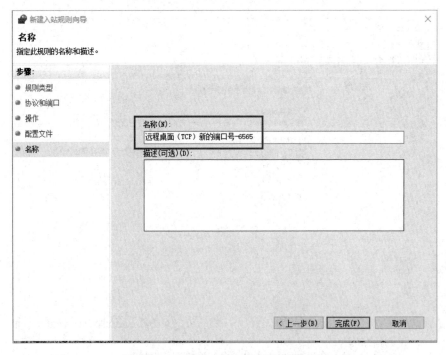

图 5-141　设置防火墙入站新规则的名称

（40）单击"完成"按钮，在"高级安全 Windows Defender 防火墙"对话框中单击"入站规则"命令，在防火墙入站规则中查看新创建的规则，如图 5-142 所示。

图 5-142　在防火墙入站规则中查看新创建的规则

（41）在主控主机 PC7 中启动远程桌面连接服务，输入 10.26.2.180:6565，即可远程登录 PC6。测试修改端口号和打开防火墙状态下远程桌面登录成功如图 5-143 所示。

图 5-143　测试修改端口号和打开防火墙状态下远程桌面登录成功

至此，本案例中的远程控制访问目的已经实现。

相关知识

远程控制中的"远程"不是字面意思的远距离，一般是指通过网络控制远端计算机。早期的远程控制往往指局域网中的远程控制，随着互联网和技术的革新，远程控制使用户如同坐在被控计算机的屏幕前一样，可以启动被控计算机的应用程序，可以使用被控计算机的文件资料，甚至可以利用被控计算机的外部打印设备（如打印机）和通信设备（如调制解调器或专线等）来进行打印和访问外网或内网，就像利用遥控器遥控电视的音量、变换频道或开关电视一样。不过，有一个概念需要明确，那就是主控计算机只是将键盘和鼠标的指令传输给被控计算机，同时将被控计算机的屏幕画面通过通信线路回传过来。也就是说，控制被控计算机进行操作似乎是在眼前的计算机上进行的，实质是在远处的计算机中实现的，不论是打开文件，还是上网浏览、下载等都是存储在远处的被控计算机中的。

远程控制软件工作原理：远程控制软件一般分客户端程序（Client）和服务器端程序（Server）两个部分，通常将客户端程序安装到主控端的计算机上，将服务器端程序安装到被控端的计算机上。在使用时，客户端程序向被控计算机中的服务器端程序发出信号，建立一个特殊的远程服务，通过这个远程服务，使用各种远程控制功能发送远程控制命令，控制被控计算机中的各种应用程序运行。

远程控制并不神秘，Windows XP 系统中就提供了多种简单的远程控制手段，如远程桌面连接组件。远程桌面连接组件是从 Windows 2000 开始由微软公司提供的，在 Windows 2000 中不是默认安装的。该组件一经推出便受到了很多用户的拥护和喜爱，所以在 Windows XP 和 Windows 2003 中，微软公司将该组件的启用方法进行了改革，用户通过简单的勾选操作就可以完成远程桌面连接功能的开启。

远程控制的实现方式通常有两种：点对点方式和点对多点方式。Windows 系统自带的远程桌面服务就采用了典型的点对点方式。远程控制软件 TeamViewer、PcAnywhere、ToDesk 等则可以借助计算机网络的优点，使用一台计算机控制多台计算机，实现对远程主机的点对多点控制。

本章小结

本章主要讲述了虚拟机操作系统的安装与配置。通过本章的学习，学习者可以掌握如何在服务器上发布网页、共享 FTP 资源、发送电子邮件，可以对机房主机的 IP 地址进行自动获取，能够根据需要进行远程控制，从而进一步理解网络体系结构原理和服务器操作系统的特点，为后续学习打下良好的基础。

习题

一、填空题

1. 在宿主机上配置虚拟机上网与通信时，主要选择的网络连接模式为＿＿＿＿＿、＿＿＿＿＿和仅主机模式。

2. 常见的虚拟机软件有＿＿＿＿＿、＿＿＿＿＿和 VirtualBox。

二、选择题

1. 使用"DHCP 服务器"功能的优点是（　　）。
   A. 降低 TCP/IP 网络的配置工作量
   B. 增加系统的安全性与可靠性
   C. 对那些经常变动位置的计算机，DHCP 服务器能迅速更新位置信息
   D. 可以减少网络流量

2. 要实现动态 IP 地址分配，网络中至少要求有一台计算机安装了（　　）。
   A. DNS 服务　　　　　　　B. DHCP 服务
   C. IIS 服务　　　　　　　D. PDC 主域服务器

3. DHCP 客户端是使用地址（　　）来申请一个新的 IP 地址的。
   A. 0.0.0.0　　　　　　　B. 10.0.0.1
   C. 127.0.0.1　　　　　　D. 255.255.255.255.255

三、简答题

1. 在虚拟机上安装操作系统需要注意哪些方面？

2. 虚拟机上网的方式有哪几种？其区别是什么？

3. 若主控主机的操作系统是 Windows 7，而被控主机的操作系统是 Windows 10，请总结远程控制应用的主要步骤。

4. 若远程控制连接不成功，那么可能的原因有哪些？

实训项目

1．虚拟机安装与配置

（1）实训目标。
掌握在宿主机上配置虚拟机操作系统的方法，并能通过网络连通性测试。

（2）实训要求。
在个人计算机上采用 VMware 软件安装操作系统为 Windows Server 2012 的虚拟机，建立一个新的虚拟机，名称为 Windows 2012；内存大小设定为 4 GB，硬盘大小设定为 64 GB；系统文件目录建立在 D:\VM Machine\win2012 路径下；使用一个网卡和一个 USB 接口，网络连接模式为桥接模式；计算机名为 hhxy，工作组名为 601，管理员密码为 123456，设定

虚拟机 IP 地址，使之能上网并连通宿主机；安装全部设备驱动程序和 VMware Tools。

2．FTP 服务安装与配置

（1）实训目标。

掌握在宿主机上配置 FTP 服务器的方法，并能通过文件下载和非匿名登录测试。

（2）实训要求。

构建一个企业内容的 FTP 服务器站点，要求如下：在服务器上安装与操作系统对应的 IIS 服务版本；设置该 FTP 站点的服务端口号为 30，并设置 IP 地址；将 FTP 站点的主目录存放在服务器 C:\ftp 目录下；设置所有的用户只能从 FTP 服务器上下载、查看文件，而不能上传文件到 FTP 服务器中；客户端访问 FTP 站点的时候不能匿名登录，需要输入用户名"lisi"和密码"123456"；设置登录 FTP 站点的欢迎信息为"欢迎使用校园网络中心内部 FTP 站点，请自觉遵守相关规则"，最大客户端连接数量为 1000 个；保存所有用户的访问日志文件，并将日志文件保存在服务器 C:\ftp 中；在客户端用浏览器登录 FTP 服务器并验证以上要求。

3．DHCP 服务安装与配置

（1）实训目标。

掌握在宿主机上配置 DHCP 服务器的方法，并能在客户端上通过网络命令测试 DHCP 服务。

（2）实训要求。

构建一个企业内容的 FTP 服务器站点，要求如下：检查系统是否已经安装 DHCP 服务，若没有安装，则必须安装 DHCP 服务；设置该网络 DHCP 服务器的 IP 地址；DHCP 服务器必须授权，未经授权操作的服务器无法提供 DHCP 服务；当 DHCP 服务器被授权后，需要为它设置 IP 地址范围；给客户端计算机设置一定时间的租约；设置服务器端的路由器和 DNS；保存 DHCP 服务的所有设置；客户端必须自动获取 IP 地址；在客户端上用网络命令来测试 DHCP 服务。

第6章　小型企业局域网组建

教学目标

通过本章的学习，学习者应了解网络工程的整个流程，理解网络规划、网络方案设计、工程管理、工程监理等相关网络知识，掌握小型企业局域网的规划及实施过程。

教学内容

本章主要介绍网络工程的整个实施过程，内容包括如下方面。

（1）网络规划及网络方案设计。

（2）网络工程管理及工程监理。

教学重点与难点

（1）重点是熟悉网络工程规划及网络方案设计。

（2）难点是网络工程管理及工程监理。

案例一　网络的建设和规划

【案例描述】

小李所在的公司是一家 300 人规模的公司。因业务发展需要，公司在我市的市区租赁了新的办公楼区，拟一年后整体搬迁过去。小李是网络技术负责人，公司要求小李负责网络建设的前期规划。

【案例分析】

根据以上情况，小李是无法完成网络规划的。要想完成该网络规划，小李至少需要知道以下几点。

（1）网络工程建设原则。

（2）网络工程实施步骤。

（3）网络需求的获取及需求分析。

【实施方案】

本着经济性、实用性、安全性、可靠性等一些网络工程建设原则，小李拟采用企业级的组网模式对本企业进行网络规划。

在规划阶段主要考虑用户的需求获取及需求分析、可行性分析等工作。

【实施步骤】

小李向单位领导申请，组成一个网络规划小组。小组成员首先找各部门的计算机使用人员、管理人员及部门负责人进行调研；然后分辨、归纳调研结果，形成具体而详尽的需求；最后根据需求，撰写用户需求报告及需求分析报告。

相关知识

1．网络工程建设原则

随着计算机和信息技术的飞速发展，很多企业为了适应现代社会，陆续开展了信息化建设，根据本企业计算机应用现状和实际需求，建设计算机网络或将原有的计算机网络进行改造升级。一般来说，企业计算机网络建设和改造应遵循以下原则。

（1）系统工程原则。

系统的设计和实施将严格按照系统工程的观点和方法进行，自始至终注意到系统的全局性、关联性、整体最优性、综合性和实践性。

（2）总体可行性原则。

在设计中全面考虑系统的实用性、可靠性、先进性、可扩性等因素，确保系统在总体上可行，设计出来的系统能真正发挥作用。

（3）先进性和实用性原则。

系统设计应采用先进的设计思想和设计方法，尽量采用国内外的先进技术，达到国内先进水平，接近或达到国际先进水平。设计应体现先进性和实用性的完美统一。采用先进技术必须符合实际情况，坚持一切从实际出发，一切为用户着想的原则。系统的建立以用户的需要作为设计的出发点和归宿，求得最佳效益。

世界上网络产品的主要供应商有十几家，就产品实现的功能而言，都大同小异，但由于他们各自采用的技术和实现的方法不同，产品的实际性能千差万别，因此选择具备先进技术且产品可靠的供应商，也可以说是对自己投资的保护。此外，还应注重实用和成效，应采用成熟主流的设备。

（4）可靠性原则。

在实现各种功能要求的前提下，系统设计应确保系统动作的正确性与准确性，以及为防止异常情况所必需的保护性设施。在硬件的选型和配置、软件的组织和设计、数据的安全可靠，以及系统的动作与管理等方面采取必要的措施。

（5）开放性原则。

计算机网络和有关技术发展很快，可以说日新月异，在新技术成熟或提出新要求时，系统应能扩展升级和灵活变更，而不是推倒重来，以保护今天的投资。

系统设计的开放性原则是指系统有适应外界环境变化的能力，即在外界环境改变时，系统可以不进行修改或仅进行少量修改就能在新环境下运行。

开放性是系统柔性的体现，具体反映在以下几个方面。

① 能适应计算机软、硬件技术的迅速发展。在硬件上能采用新技术，简便地重新组合成新的支撑环境：在软件上能使基础软件的版本升级所造成的影响局限在可以控制的范围内，或者能消除其影响。

② 能满足用户不断提出的新要求。系统在体系结构上应有能力适应这一要求。

③ 能适应管理体制和政策的变化。系统设计应充分考虑到我国管理体制目前正在急剧变化之中，系统建成后，当管理体制、政策及组织机构发生变化时，只需要进行相应的调整，就可满足新的要求。

（6）安全性原则。

网络系统应能从硬件和软件上防止非法访问。

（7）可管理性原则。

网络系统应能采用先进的网络管理系统，以降低网络管理的复杂性。

（8）经济性原则。

在设计网络系统时，应坚持在实现高性能的前提下尽量少投资的原则；建成网络系统后，应能提高管理、办公水平，以期获得更大的经济效益和社会效益。

（9）系统友好性原则。

确保系统对用户的友好性是系统存在和受用户欢迎的前提。系统应尽量便于用户的理解、学习、掌握和使用。

系统建设应严格遵循上述原则，采用结构化的设计方法按不同管理对象分时段、分任务顺序来实现。

2．网络工程实施步骤

网络工程是一系列工作的集合，为保证工作的顺利进行，有必要明白网络工程的先后顺序。网络工程的开展分为构思、准备、设计、部件准备、安装调试、测试验收、用户培训、维护等几个阶段。该过程与软件工程有许多类似的地方。

构思阶段的主要工作有用户调查、需求分析、可行性分析、系统规划、资金落实、组织实施人员等。

准备阶段的主要工作有网络系统的初步设计、系统招标和标书评审、确定系统集成商和产品供应商、合同谈判等。

设计阶段的主要工作有网络系统详细设计、端站点详细设计、中继站点详细设计等。

部件准备阶段的主要工作有机房装修、设备订货、设备到货验收、电源的准备和检查、网络布线和测试、远程网络线路租借等。

安装调试阶段的主要工作有计算机安装和调试、网络设备的安装和调试、网络系统测试、软件的安装与调试、系统总体调试等。

测试验收阶段的主要工作有系统测试、系统初步验收、系统最终验收等。

用户培训阶段的主要工作有人员培训、考察设备和软件的开发基地、考察系统集成商的样板工程等。

维护阶段的主要工作有系统维护、系统管理等。

上述工作有些必须串行，有些可以并行。对于不同网络项目，要求不尽相同，实施步骤可能会有差别。

3．网络需求的获取及需求分析

网络需求分为用户需求、功能需求、应用需求三种。

1）用户需求

我们把整个用户调查项目分为两类，即用户一般状况调查和用户需求调查。用户一般状况调查的内容包括企业组织结构、网络系统地理位置分布、外网连接、现有可用资源、投资预算、发展状况、企业和行业特点、人员组成（包括人员对计算机和网络使用的熟练水平）和分布，以及用户对新系统的期望和要求。用户需求调查是多方面的，要求从事用户需求调查的工程人员（通常由负责网络系统具体部分设计的工程师担当）对所负责的设计部分有全面的技术和功能需求掌握。调查对象因不同的调查项目可能会不同，不过一般向用户网络管理员调查，必要时可向具体应用部门负责人调查。

（1）用户一般状况调查。

用户一般状况调查所包括的项目如下。

① 企业组织结构。

企业组织结构非常重要，特别是对于一些网络应用系统的开发。在一些网络配置和管理中，要确定哪些用户配置哪些应用系统及哪些权限，企业组织结构是必不可少的。

② 网络系统地理位置分布。

网络系统地理位置分布同样非常重要，这涉及网络系统的最终拓扑结构、传输介质选用和网络连接方式，也涉及各交换节点的位置安排。当然对于网络系统的综合布线结构设计就更重要了，因为综合布线系统设计最重要的参考依据就是网络系统地理位置分布。

③ 人员组成和分布。

终端用户数决定了整个网络的规模大小，而各具体应用人员的组成和分布决定了各具体应用系统软、硬件配置和相应权限配置。这里所说的人员组成调查不仅需要了解各部门或功能软件使用人员的组成，更要清楚这些人员对各功能软件，甚至操作系统、OA办公系统等的熟练程度，应尽可能避免采用大部分人不熟悉的系统或软件。网络规模大小影响了网络系统的最终拓扑结构、网络连接方式、设备档次选择、投资成本等。

④ 外网连接。

这里所说的外网连接是与集团公司网络、分支公司网络、产品供应商网络、合作伙伴网络，以及互联网的连接。与其他局域网的连接是指广域网互联，而与互联网的连接通常是指互联网的接入。如果有这方面的连接需求，则在网络系统设计时一定要预留出口，当然这相应地要增加一些软、硬件设施。局域网的广域互联方式很多，有 Modem 拨号、HDSL、VDSL、分组交换网、帧中继网络和 ATM 网等之类的非专线连接，也有 DDN、T1、E1、T3、E3、光纤等专线连接。

⑤ 发展状况。

发展状况是指网络规模和系统应用水平这两个方面的发展，这要根据企业最近3年的平均发展状况和未来3～5年的发展水平来估算。企业发展状况影响着网络系统设计时为各关键节点预留的扩展能力，影响着整个网络系统的网络设备配置和投资成本。当然最终目的是使用户节省网络投资。

⑥ 企业和行业特点。

行业特点的调查主要是为了一些行业应用系统设计做准备的，毕竟我们不可能对所有行业都十分了解。况且即使是同一个行业，不同企业也有相当大的企业特点。了解这些特点后，我们在具体的网络系统设计时才能加以充分注意。

⑦ 现有可用资源。

现有可用资源是从用户角度出发进行考虑的。如果用户原来已有网络，则要充分考虑到原有网络中有哪些网络设备和数据资源可以利用。这里不仅要考虑现有的网络设备资源，还要考虑现有的数据资源。相对来说，现有数据资源的利用对用户来说更加重要。了解这些可用资源后就可以为新系统的网络设备选购和应用系统设计提供参考，在不影响性能的前提下，能利用现有网络设备资源的一定不要重新购买；能利用现有数据资源的，一定不要采用完全不兼容的新系统，以免造成资源浪费。

⑧ 投资预算。

投资预算要先确定下来，否则无法为各部分进行细化预算。当然这个预算可能不准确，毕竟用户对这方面的行情可能不是很了解，但这并不影响设计人员对用户的投资预算范围。在确定了网络规模和基本的应用需求后，就可以知道这个预算是否合理。

⑨ 用户对新系统的期望和要求。

最后应调查一下用户对新系统的期望和要求是什么，这样方便在具体设计时参照满足。用户对新系统的期望和要求其实是做系统设计的人员最想了解的，因为让用户满意就是设计人员自己最大的满足。

（2）用户需求调查。

用户需求主要指用户对网络系统性能方面的需求，网络系统性能需求决定了整个网络系统的性能档次、所采用的技术和设备档次。这里的调查对象主要是一些主要用户（如公司管理层领导）和关键应用人员或部门负责人。当然这里进行的调查仅供参考，不一定就是最后进行系统设计的依据，因为有些用户所提的需求可能不符合实际需求，也有可能与公司的实际投资成本不相符。最终性能需求的确定要在详细、具体分析后，经项目经理和项目负责人批准后采用。

性能需求涉及很多的具体方面，有总体网络接入方面的性能需求，还有交换机、路由器和服务器等关键设备的响应性能需求、磁盘读写性能需求等。更具体的性能就非常多了，每个设备都有非常多的性能指标。在此仅就总体的系统性能需求进行介绍，主要考虑如下几个方面。

① 接入速率需求。

接入速率是由端口速率决定的。在以太网终端用户中，接入速率通常按 10 Mbit/s、100 Mbit/s 和 1000 Mbit/s 3 个档次划分，不过目前通常要求百兆速率到桌面，支持 10/100 Mbit/s 自适应速率即可。骨干层、核心层的端口通常需要支持双绞线、光纤的千兆速率，甚至万兆速率。实际的接入速率受许多因素影响，包括端口带宽、交换设备性能、服务器性能、传输介质、网络传输距离、网络应用等。

为了提高一些关键节点的接入速率，在交换机方面，各厂商都有不同的技术，著名的是 Cisco 的 FEC（Fast Ether Channel，快速以太网通道）技术和 GEC（Gigabit Ether Channel，千兆以太网通道）技术（3Com、华为等公司都有对应的链路汇聚技术）。通过这两种技术，分别可以实现最高 800 Mbit/s、8 Gbit/s 双绞线链路汇聚和 400 Mbit/s、4 Gbit/s 光纤链路汇聚。10 Gbit/s 技术也有相应的链路汇聚技术，最高可汇聚 4 个 10 Gbit/s 链路，实现单一的 40 Gbit/s 链路，满足一些高带宽需求的设备或网络连接需求。这样就要有效地提高交换机与一些关键设备（如服务器和路由器）之间的链路带宽，当然这要求互联双方都支持相应的技术。3Com 和华为-3Com 公司的一些交换机也有类似的端口汇聚技术，而且最高可以支持 8 个端口的汇聚，汇聚能力更强。

在广域网方面，接入速率是由相应的接入方式和相应的网络接入环境决定的，在这方面用户一般没有太多选择权，只能根据自己的实际接入速率需求选择适合自己的接入网类型。目前主要采用各种宽带和专线接入方式，如 ADSL、Cable Modem、光纤接入（OAN）、DDN、LMDS、MMDS 等。

② 扩展性需求。

网络系统的扩展性非常重要，是不断满足用户需求的基本保证。网络系统的扩展性需求是通过网络结构设计和网络设备选型方面来保证的。在网络结构设计上要求所采用的技术必须是主流的，且具有一定的超前性，这里所说的超前是指适当超出企业当前应用的需求，以便日后在技术上平滑升级。如果当前实际需求只是普通的百兆速率，则在设计时就可以考虑核心层双绞线千兆速率；如果当前实际需求为核心层双绞线千兆速率，则在设计时就要在核心层实现光纤千兆速率的支持。另外，扩展性需求还体现在网络结构中不同速率端口的配置上，一定要留有适当的冗余，一方面为日后的网络规模扩展留下空间，另一方面为网络维护考虑，当一些端口失效后，就可以用冗余的端口替代。所预留的端口类型一定要齐全，包括端口速率和端口介质类型。高速率端口用于连接扩展交换机、服务器等关键节点设备，低速率端口用于连接普通用户。

网络设备的扩展性除体现在交换机上外，还主要体现在服务器上，因为服务器性能的好坏直接决定了整个网络性能的好坏，特别是在集中式管理的网络类型中。服务器的扩展性主要体现在性能的扩展上，通常是通过增加处理器数，提高处理器性能；增加内存容量，提高内存性能；增加磁盘容量，提高磁盘性能（如磁盘阵列级别）等方式来保证的。

③ 吞吐速率需求。

吞吐速率是指单位时间（通常指 1s）内传输的数据总量。吞吐速率与接入速率密切相关，是由许多因素共同决定的，如端口带宽、交换设备性能、服务器性能、传输介质和网络应用等。在局域网中，网络的吞吐速率主要是由各级交换机的背板带宽、所采用的交换方式和交换机的硬件配置等因素决定的，特别是位于核心层或骨干层的交换机。

在单台交换机背板带宽一定的前提下，可以通过交换机堆叠来扩展交换机的背板带宽，因为堆叠在一起的多台交换机可以当作一台交换机来管理，这样堆叠后的交换机背板带宽就相当于多台独立交换机背板带宽的总和。虽然堆叠后的交换机总端口数也是原来独立交换机端口数的总和，但是同一时刻都处于数据收或发状态的端口一般不会是所有端口，这样就在无形之中提高了各端口实际可用的背板带宽，也就提高了交换机的交换性能，即吞吐速率。华为-3Com 公司的 IRF（Intelligent Resilient Framework，智能弹性架构）技术就是类似的堆叠技术。

虽然理论上吞吐速率就是指端口可用带宽，但实际的吞吐速率仍需要经过专门的测试工具进行测试。

④ 响应时间需求。

响应时间是指从用户发出指令到网络响应并开始执行用户指令所需的时间。响应时间越短，系统性能越好，效率越高。局域网的响应时间通常为 1～2 ms，而广域网的响应时间通常为 60～1000 ms，响应时间要求越高，所对应的网络设备配置就越高档，成本越高。响应时间要看具体应用而定，对于一般的文字工作，通常的响应时间标准是可以满足的，但对于大容量的多媒体文件传输工作，如视频点播、远程视频教学等，响应时间就不能按正常标准要求那么高了，因为这样会对整个网络硬件，特别是服务器配置要求相当高，会大大增加成本。

⑤ 并发用户数需求。

并发用户数是指某一系统可以承载的同时访问的用户数。支持的并发用户数越多，系统性能越好，当然所需的配置就越高档。并发用户数需求是对相应应用服务器的性能需求，通常是由服务器的整体硬件配置决定的。具体的并发用户数支持需求要看正常情况下同时使用同一系统的人数而定，所确定的并发用户数要稍高于实际值。

⑥ 磁盘读写性能需求。

磁盘读写性能需求主要是针对各种服务器的，因为一般终端只用于一个用户的文件读写，一般的磁盘系统都可以满足。在服务器系统中，通常要支持几十个用户、几百个用户，甚至几千个用户同时访问，如一个大型局域网文件服务器，或者一个大型的网站服务器等。这么多用户同时访问，如果磁盘系统的读写性能不好，就会出现延时，甚至死机的现象。

虽然目前最新的 SCSI 标准传输速率可达 640 Mbit/s，但如果仅凭一个磁盘，不采取其他措施，仍然不能满足大型网络系统的磁盘读写性能需求。这时就需要采取一些特定的措施给磁盘系统加速，目前主要采用配置 RAID（冗余阵列）的方式，通过 RAID 可以把数据同时分写在多个磁盘上，以此来达到加速的目的。

目前几种 IDE 接口都可以配置 RAID，如 IDE RAID、SATA RAID 和 SCSI RAID，其中 IDE RAID 和 SATA RAID 适用于中小型企业，性能较差，而 SCSI RAID 性能较好，适用于大中型企业。各种 RAID 配置中有多种不同的阵列级别，如 RAID 0、RAID 1、RAID 3、RAID 5、RAID 10 等，不同级别有不同的特点和优势，要根据具体的网络系统特点和应用需求来选择。

⑦ 误码率需求。

误码率是指单位时间（通常指 1s）内接收端有效接收的数据比特数与发送端用户发送的数据比特数之比。误码率越高，系统性能越差，传输效率越低。误码率通常是针对广域网应用而言的，因为在局域网中，误码率较低（通常为 $10^{-10} \sim 10^{-8}$），基本上都是可以满足用户应用需求的。在广域网中，采取的接入方式不同，误码率也不同，如采用电话铜线的 Modem 拨号和无线接入方式的误码率一般较高，在 10^{-6} 左右，而采用 ISDN、ADSL、Cable Modem 和 DDN 的误码率通常在 10^{-8} 左右，光纤接入方式的误码率可达到 10^{-9} 级别。误码率主要对那些流数据发送、接收用户比较重要，如音视频收发、动画演示等。

⑧ 可用性需求。

可用性是个概念性的指标，没有一个具体的量，主要包括稳定性、可靠性两个方面。稳定性通常根据服务器和其他关键网络设备连续工作时间的长短来判断。在一些小型企业中，通常不要求服务器长期开启；而在一些大中型企业中，通常要求网络长期保持通畅。要求不同，对服务器等硬件设备的配置也不同。系统的稳定性可以通过专门的测试工具软件进行测试得出，它是通过对相应系统加极限负荷进行测试的，能稳定运行的时间越长，说明稳定性越好。这相当于几个都能最重挑 100 kg 的重担的人，要知道谁的体能最好，只有让他们同时挑 100 kg 的重担（如果不是极限负荷下，测试就很难分出高下）进行同样路程的行走，谁坚持的时间越久，走的路越远，谁的体能就越好。

可靠性通常与稳定性相关联，稳定性越好的网络系统，可靠性也越好，这是由网络软、硬件系统综合性能决定的。目前，可靠性通常根据系统在发生故障时的自愈能力来判断。许多企业级网络设备都具有相应的自愈能力，如交换机、路由器、服务器等。除这些设备外，网络本身也可以有一些提高可靠性的方法，如冗余链路连接就是一种常用的方法。除此之外，还可通过配置 UPS 电源来防止意外断电带来的损失，这是提高网络可靠性的一种手段。

在一些大型网络系统中，为了确保整个网络长期保持通畅，为骨干层配置了冗余链路，关键节点（如汇聚层与核心层交换机之间、服务器与核心层交换机之间）的连接都采取了冗余的双链路连接。一旦某一条链路出现故障，另一条链路可随时接替原链路的工作，继续为用户服务。

另外，随着视频会议、视频点播、IP 电话等多媒体技术的日趋成熟，网络传输的数据已不再是单一文件类数据了，多媒体网络传输成为世界网络技术的趋势。企业应着眼于未来，对网络的多媒体支持是必然趋势。同时，在网络带宽非常宝贵的情况下，丰富的 QoS 机制，如 IP 优先、排队、组内广播和链路压缩等优化技术能使实时的多媒体和关键业务得到有效的保障。还有，随着互联网的发展，上网用户的不断增多，访问量和数据传输量剧增，网络负荷相应加重；随着企业对多媒体技术的广泛应用，视频数据、音频数据越来越耗费网络带宽。在上述情况下，如果网络没有高性能，会导致系统反应缓慢，甚至在业务量突增时，发生系统崩溃、中止和异常等现象。因此，高性能的网络是一些关键业务或特殊应用的必备条件。

2）功能需求

网络系统的功能需求主要侧重于网络自身的功能，而不包括应用系统。调查的对象通常是企业网络管理员，或者网络系统项目负责人。网络自身功能是指基本功能之外的那些比较特殊的功能，如是否配置网络管理系统、服务器管理系统、第三方数据备份和容灾系统、磁盘阵列系统、网络存储系统、服务器容错系统，是否需要多域或多子网、多服务器。

以上是从总体上进行的功能需求分析，更多的网络功能需求还体现在具体的网络设备上，如硬件服务器系统可以选择的特殊功能包括磁盘阵列、内存阵列、内存映像、处理器对称或并行扩展、服务器群集等；交换机可以选择的特殊功能包括第三层路由、VLAN、第四层 QoS、第七层应用协议支持；路由器可以选择的特殊功能包括第二层交换、网络隔离、流量控制、身份验证、数据加密等。

3）应用需求

在一定程度上，需求决定一切，所以我们在组建新网络或改造原有网络前一定要详尽了解企业当前，乃至未来 3～5 年内的主要网络应用需求。必须详细地列出所有可能的应用，找各个部门负责具体网络应用的人士进行面对面分析和询问，并做好记录，而不是简单的口头询问。

应用需求调查项目主要包括以下几个方面。

- 熟练或期望使用的操作系统。
- 熟练或期望使用的办公系统。
- 熟练或期望采用的数据库系统。
- 打印、传真和扫描业务是否多？
- 主要的内部网络应用。

- 是否需要用到公司内（外）部邮件服务？
- 是否需要用到公司内（外）部网站服务？
- 经常要与外部网络连接的方式和用户数。
- 与外部网络连接的主要应用。
- 是否需要用到一些特定的行业管理系统？
- 对各管理系统的应用需求。
- 其他应用需求。

以上调查通常是以部门为单位进行的，调查对象通常是部门负责人或具体应用人员。

（1）编写需求说明书。

获取到以上需求后，需要编写需求说明书。需求说明书是网络工程中一份可阅的文件。

编写需求说明书的简单方法是把这些需求数据制作成表格。编写需求说明书的目的是为管理人员提供决策用的信息，同时为设计人员提供设计依据，因此需求说明书应该简明扼要、信息充分。需求说明书一般由 5 个部分组成，包括综述、需求信息收集工作的总结、需求数据总结、按优先级列出的需求清单、申请批准。

综述介绍需求说明书的目的、重要性，简单描述整个项目，描述项目的阶段划分和过程、需求说明书在项目阶段中的位置，说明项目目前的状态，包括已完成和正在进行的工作。

需求信息收集工作的总结需要简单回顾该阶段所进行的工作，信息收集使用的方法（问卷调查、面谈、集中讨论等），接触过的人员的名单和次数，并且要分析该过程中的不足和原因，以及以后的改进和弥补措施。

需求数据总结主要用各种方法表示收集到的信息，多种方法综合运用可以获得更好的效果。在需求数据总结中要注意以下几点。

- 在表示信息时应该尽量用简单易懂的语言，慎用专业语言，即使用到专业语言也要给出定义。
- 应该给出信息的整体情况，这比具体细节更重要。
- 区分业务需求和用户需求。
- 标注高优先级的需求，并说明信息来源。
- 运行条形图或饼图有时可以使读者更易理解。
- 准确地说明需求中的矛盾，结合需求的优先级给出解决矛盾的建议。

管理层在审批过程中会给出解决不同群体间需求矛盾的方法，或者调整需求，使相关人员的需求达成一致。

（2）需求分析。

需求分析的任务是在了解用户具体要求的基础上提出网络工程的目标，确定网络服务和性能水平，厘清网络应用约束，提出网络系统的概要设计。用户需求分析做得越详细，对网络工程目标的确定、新系统的设计和实施方案的制定越有利，后期开发中可能出现的问题越少。

需求分析工作可按如下步骤进行。

① 调查分析并整理用户的需求和存在的问题，研究解决办法。

② 提出实现网络系统的设想，在需求调查的基础上对系统进行概要设计，可以根据不同的要求提出多个方案。

③ 计算成本、效益和投资回收期。

④ 设计人员内部对所设想的网络系统进行评价，给出多种设计方案的比较。

⑤ 编制系统概要设计书，对网络系统进行分析和说明。

⑥ 对基本调研的结果是否与用户需求一致进行验证，重点是对系统概要设计书进行审查。基本调研审查人员由设计人员、管理人员共同组成。

⑦ 把基本调研情况及系统概要设计书提交给用户，并进行解释。

⑧ 用户对基本调研情况和系统概要设计书进行评价，提出意见。

⑨ 确认系统概要设计书，设计人员采纳用户意见，对系统概要设计书进行修改，并最终获得用户认可。用户负责人签字确认。

（3）可行性报告的撰写。

在充分了解分析用户对目标网络系统的详细需求后，应该按照国家制定的有关规定，写出系统开发和建设的可行性报告。可行性报告需要对网络工程的背景、意义、目标、功能、范围、需求、可选择的技术方案、设计要点、建设进度、工程组织、监理、经费等方面进行客观的评价和描述，为工程建设提供基本依据。

可行性报告一般按照以下步骤撰写。

① 可行性的前提。

可行性的前提包括项目要求，如系统应具备的功能、性能、数据流动方式、安全要求、与其他系统的关系、完成期限等；项目目标，如提高自动化程度、处理速度、人员利用率，优化信息服务和应用信息平台等；项目的假定条件和限制条件，如系统运行寿命、系统方案选择比较的时间、经费的来源和限制、法律和政策方面的限制、运行环境和开发环境的限制、可利用的信息和资源等；可行性研究的方法，说明使用的基本方法和策略，系统的评价方法等；评价尺度，说明对系统进行评价时所使用的主要尺度，如费用、功能、性能、开发时间、用户界面等。

② 现有状况的分析。

分析用户目前的计算机使用状况，以进一步说明组建新的计算机网络的必要性，具体内容如下。

说明目前的计算机系统的基本情况，以及数据信息处理的方法和流程；计算机系统承担的工作类型和工作量；现有系统在处理时间、响应速度、数据存储能力、功能等方面的不足；用于现有系统的运行和维护人员的专业技术和数量；计算机系统的费用开支、人力、设备、房屋空间等。

③ 建议建立的网络系统方案。

说明建立的网络系统方案如何实现其目标，具体内容如下。

方案的概要，为实现目标和要求将使用的方法和理论依据；建议的网络系统对原有系统的改进；技术方面的可行性，如系统功能目标的技术保障、工程人员数量和技术水平、规定期限内完成工程的计划和依据；建议的网络系统预期带来的影响，包括新增设备和可使用的老设备的作用、现存的软件和新软件的适应和匹配能力、用户在人员数量和技术水平方面的要求、信息的保密安全、建筑物的改造要求和环境实施要求、各种经费开支等；建议的网络系统存在的问题，以及这些问题未能消除的原因。

④ 可供选择的其他网络系统方案。

提出可供选择的其他网络系统方案，说明每一种方案的特点和优缺点，与建议的方案比较，指出未被选中的原因。

　　⑤ 投资与效益分析。

　　投资与效益分析的内容包括对建议的方案说明所需要的费用，包括基本建设费用（如设备、软件、房屋和环境实施、线路租用等）、研究和开发费用、测试和实验费用、管理和培训费用、非一次性支出费用等；对建议的方案说明能够带来的效益，如日常开支的缩减、管理运行效率的改进、其他方面效率的提高，也可以说明有可能产生的社会效益；对建立的网络系统的收益/投资比值和投资回收周期给出建议；估计当一些关键因素，如系统周期长度、系统的工作负荷量、工作负荷类型、处理的速度要求、设备的配置等发生变化时，对收益和开支的影响。

　　⑥ 社会因素。

　　社会因素包括法律方面的可行性，包括合同责任、专利侵犯等；用户的工作制度、行政管理等方面是否允许使用该方案；用户和工作人员是否已具备使用该系统的能力。

　　⑦ 结论。

　　可行性研究报告应给出研究结论，并进行简要说明。这些结论包括以下内容：可以立即开始实施；需要等待某些条件满足后才能实施；需要对系统目标进行某些修改后才能实施；不能实施或不必实施。

案例二　网络系统的设计

【案例描述】

　　小张是网络系统的设计人员，负责人让小张根据前期的分析，对网络系统进行设计。

【案例分析】

　　目前的网络设计有多种方法，小张认真查看了需求分析报告后，决定采用三层架构来对公司网络进行设计。

【实施方案】

　　核心层是网络的高速交换主干，对整个网络的连通起到至关重要的作用。该层是基于千兆高速交换和路由设计的，设备的性能也是三层中最好的（高达数百 GB 容量和每秒千万级数据包转发能力），主要由全模块化的高性能多层交换机和高性能服务器组成，系统带宽必须是 1000 Mbit/s，甚至 10 Gbit/s。

　　汇聚层是网络接入层和核心层的"中介"，在工作站接入核心层前先进行汇聚，以减轻核心层设备的负荷。汇聚层具有实施路由策略、安全、工作组接入、虚拟局域网（VLAN）之间的路由、源地址或目的地址过滤等多种功能。汇聚层采用 1000 Mbit/s 的快速交换路由设计，设备的性能很好，主要由固定配置+可选模块的三层路由交换设备组成。

　　接入层向本地网段提供工作站接入功能。在接入层中，减少同一网段的工作站数量，能够向工作组提供高速带宽。该层由 1000 Mbit/s 以太网交换机和客户机组成，采用可管理的固定配置的工作组级别的交换机，能提供多层堆叠功能，实现大量用户的接入。

网络方案如图 6-1 所示。

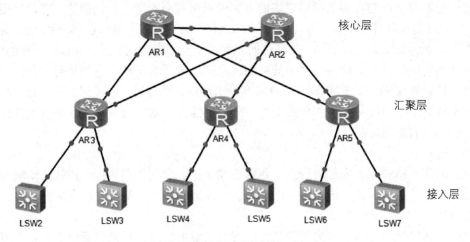

图 6-1　网络方案

【实施步骤】

（1）规划办公区及家属区 IP 地址（小张把 IP 地址管理成详细的文档，以备以后查阅）。

（2）基于三层架构的思想规划网络拓扑结构，如图 6-2 所示。

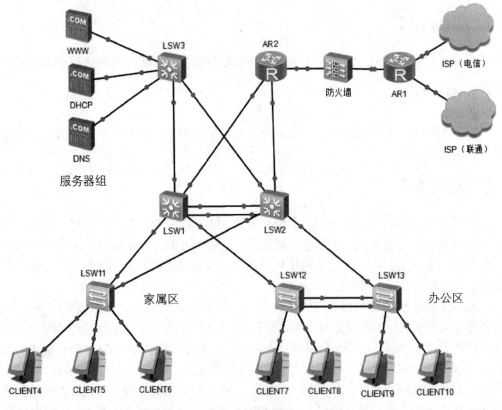

图 6-2　网络拓扑结构

相关知识

网络架构有多种，典型的园区网络架构一般由接入层、汇聚层、核心层三层构成，如图 6-3 所示。

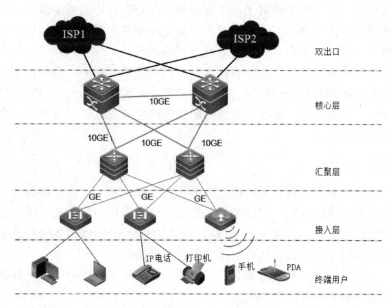

图 6-3　典型的园区网络架构

通常，将网络中直接面向用户连接或访问的部分称为接入层，将位于接入层和核心层之间的部分称为分布层或汇聚层。

1. 接入层

接入层的目的是允许终端用户连接到网络，因此接入层交换机具有低成本和高端口密度特性。接入层交换机是常见的交换机，直接与外网联系，使用广泛，尤其是在一般办公室、小型机房和业务受理较为集中的业务部门、多媒体制作中心、网站管理中心等部门。在传输速率上，现代接入层交换机大都提供多个具有 10 Mbit/s/100 Mbit/s/1000 Mbit/s 自适应能力的端口。

在接入层设计上主张使用性价比高的设备。接入层是用户与网络的接口，应该提供即插即用的特性，同时应该非常易于使用和维护。当然我们也应该考虑端口密度的问题。

接入层由无线网卡、无线接入点和二层交换机组成，按照宽带网络的定义，接入层的主要功能是完成用户流量的接入和隔离。对于无线局域网（WLAN）用户，用户终端通过无线网卡和无线接入点（AP）完成用户接入。

2. 汇聚层

汇聚层是楼群或小区的信息汇聚点，是连接接入层和核心层的网络设备，为接入层提供数据的汇聚、传输、管理、分发功能。汇聚层为接入层提供基于策略的连接，如地址合并、协议过滤、路由服务、认证管理等。通过网段划分（如 VLAN）与网络隔离可以防止某些网段的问题蔓延和影响到核心层。汇聚层同时可以提供接入层虚拟网之间的互联，控制和限制接入层对核心层的访问，保证核心层的安全和稳定。

汇聚层的功能主要是连接接入层节点和核心层中心。汇聚层被设计为连接本地的逻辑中心，需要较高的性能和比较丰富的功能。

汇聚层设备一般采用可管理的三层交换机或堆叠式交换机，以达到带宽和传输性能的要求。其设备性能较好，但价格高于接入层设备，而且对环境的要求较高，对电磁辐射、温度、湿度和空气洁净度等都有一定的要求。汇聚层设备之间及汇聚层设备与核心层设备之间多采用光纤互联，以提高系统的传输性能和吞吐量。

一般来说，用户访问控制会安排在接入层，但这并非绝对的，也可以安排在汇聚层。在汇聚层实现安全控制和身份认证时，采用的是集中式的管理模式。当网络规模较大时，可以设计综合安全管理策略，如在接入层实现身份认证和 MAC 地址绑定，在汇聚层实现流量控制和访问权限约束。

3. 核心层

核心层的功能主要是实现骨干网络之间的优化传输，核心层设计任务的重点通常是冗余能力、可靠性和高速的传输。网络的控制功能尽量少在核心层实施。核心层一直被认为是所有流量的最终承受者和汇聚者，所以对核心层的设计及网络设备的要求十分严格。核心层设备将占投资的主要部分。核心层需要考虑冗余设计。

核心层有一个目的，即交换数据包。核心层设备应该得到充分的支持并以峰值性能运行。以下两个基本策略将有助于实现此目标。

（1）不要在核心层执行网络策略。

任何形式的网络策略都必须在核心层外执行，数据包的过滤和策略路由是极好的例子。即使核心层设备可以高速地过滤和策略路由数据包，核心层也不是执行这些任务的合适地方。网络核心层的任务是高速地交换数据包，严禁采用任何降低核心层设备处理能力或增加数据包交换延迟时间的方法。此外，尽量避免增加核心层路由器配置的复杂程度，核心层路由器配置复杂是网络边界策略执行出错并导致用户组间失去连通性的可能因素。将网络策略的执行放在接入层的边界设备上，或者在某些情况下，可以放在接入层与汇聚层之间的边界上。

（2）核心层的所有设备应对网络中的每个目的地具备充分的可达性。

核心层设备应该具有足够的路由信息来职能地交换发往网络中任意端设备的数据包，核心层的路由器不应该使用默认路径到达内部的目的地。但这并不意味着核心层上的路由器应该到达网络每个角落中独立的路径。聚合路径能够也应该用来减少核心层路由表的大小，默认路径应该用来到达外部的目的地。

没有采用默认路径的原因是：便于核心层的冗余；减少次优化的路径；阻止路由循环。

我们在实际规划核心层的类型时采取灵活的方式。在网络信息量较小的时候，我们采取压缩核心层的办法来节约投资，即一个核心层路由器扮演网络核心层与汇聚层上的所有路由器。但压缩核心层会导致单点的崩溃。对于大多数大型网络，我们使用一组由高速局域网或高速广域网连接形成的一个核心层网络。一个优异的核心层网络能够像只有一台路由器的核心层网络一样便于管理，并且具备更大的容错性。

案例三　网络工程项目管理

【案例描述】

小赵原来属于网络公司技术部的人员，随着年龄及阅历的增长，领导让其进行项目管理。小赵最近想了解一下项目管理的整个流程。

【案例分析】

项目管理一般由项目经理负责，抽调一些岗位上有经验的、能够在该岗位上具有一定决定权的人参与，这些人在实际生活中有一定的亲和力和交流艺术。他们会与各方代表进行沟通，把网络项目管理落到实际行动中。

【实施方案】

项目经理组织小赵及抽调过来的项目施工代表、项目监理代表共同构成项目管理队伍，讨论管理工作的开展。

【实施步骤】

（1）制定质量管理工作规划，主要涵盖总体的和各专业及特定工程的质量保证活动。

（2）制定网络设计规范、网络工程施工规范、网络工程验收制度及标准等，同时制定的标准和规范应该具有可操作性和一定的奖惩条例。

（3）加强观察检查与测试，对施工质量、工艺和有关技术随时进行检查。

（4）制定网络工程测试方法，设计网络测试例，进行功能、性能、局部、整体等测试。

相关知识

为了确保工程质量，必须使用项目管理的方法对工程进行严格的管理。

1．网络工程项目管理的特点

网络工程项目管理具有复杂性、创造性、项目经理负责制的特点。

① 复杂性。网络工程由多个业务组成，需要多门学科的知识和技术解决，项目执行中有许多未知因素，这些情况构成了网络工程项目管理的复杂性特点。

② 创造性。网络系统的建设需要技术与方法两个方面的支持，同样的设备和系统通过优化和组合可以在网络性能上获得不同的效果，因此充分发挥各个功能单元的潜能，优化组合子系统，可以使系统性能得到提高，这就是网络工程项目管理的创造性特点。创造的过程是一个探索的过程，存在失败的可能，因此在项目管理的创造过程中一定要有科学、严谨的态度。

③ 项目经理负责制。项目的成功与否在很大程度上取决于项目经理。项目的成果是否达到或超过项目目标，用户的积极参与、明确的表达需求、管理层的支持、项目团队的能力是项目成功的关键因素，这些都需要项目经理在项目管理中切实管理与实施到位。项目经理应该有权独立地进行施工计划设计、资源分配、人员协调和控制；必须了解网络工程的开发方法与技术复杂性；必须能综合考虑各种不同专业的技术问题；必须有项目和人员管理的能力。

2. 网络工程项目管理的内容

网络工程项目管理主要从范围、时间、成本、质量、人力资源、风险等几个方面进行。

范围管理是为了实现网络工程的目标，对网络工程的工作内容进行控制的管理过程。范围管理包括网络工程范围的界定、规划和调整等工作。网络工程可以分成不同的类型，如全新的网络建设、网络的改扩建、根据新应用的网络改造、网络的迁移等。不同的网络工程有不同的特点和重点，使用的管理方式也不尽相同，因此有必要根据网络工程的特点进行归类，以便工程管理做到有的放矢。

时间管理是为了确保网络工程最终按照既定的时间完成而实施的管理过程。时间管理包括具体的网络工程活动的界定、流程、时间估计和时间控制等。工程建设涉及的环节比较多，一定要将工程建设的各个环节流程化，说明每个环节的目标、完成期限、验收审核方法，厘清相互之间的关系和各自的职责，设计突发事件的应对方法。

时间管理可以使用表格或甘特图等来表达。

图 6-4 所示为一个简单的网络工程项目时间管理甘特图。

项目编号	项目名称	起始时间	完成时间	2012年 1月	2月	3月	4月	5月	6月	7月	8月	9月	10月	11月	12月
1	前期准备	2012/1/1	2012/1/22	▓											
2	用户调查	2012/1/22/	2012/2/11	▓											
3	需求分析	2012/2/2	2012/2/28		▓										
4	网络设计	2012/3/1	2012/5/26			▓▓									
5	网络实施	2012/5/28	2012/8/17						▓▓						
6	网络试运行	2012/8/17	2012/9/16								▓				
7	网络系统测试	2012/9/17	2012/10/9									▓			
8	网络系统验收	2012/10/10	2012/11/5										▓		
9	网络系统运行	2012/11/5	2012/12/1												▓

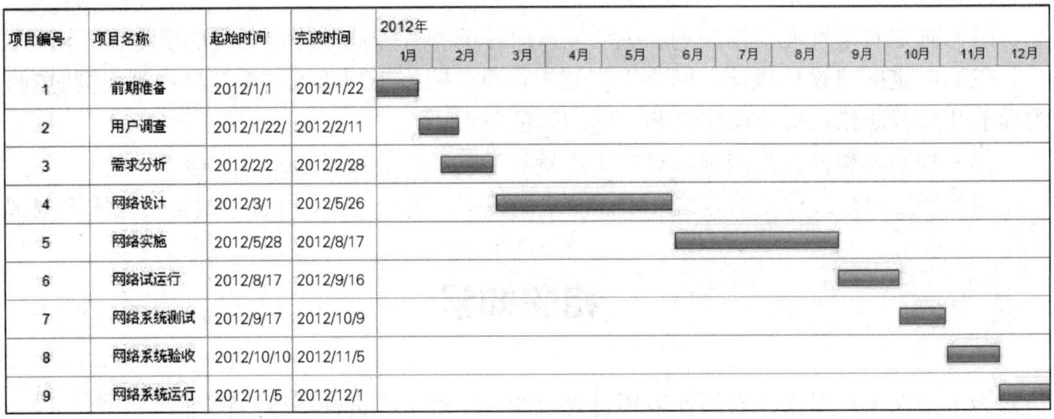

图 6-4　网络工程项目时间管理甘特图

表 6-1 所示为一个综合布线工程的时间进度管理表。

表 6-1　综合布线工程的时间进度管理表

工程进度	工期安排从设备到货以后开始计算，计划用 38 天完成			15 天试运行	终　　验
设备运输到货	15 个工作日内到达客户指定地点				
客户沟通	第 1～12 天				
验货及安装		第 13～28 天			
单机调试		第 13～28 天			
现场培训			第 17～30 天		

工程进度	工期安排从设备到货以后开始计算，计划用 38 天完成						15 天试运行	终　验
系统切割				第 28～33 天				
移交（初验）测试					第 33～38 天			
试运行								
终验								

　　成本管理是为了保证网络工程的实际费用不超过预算费用而实施的管理过程。成本管理包括人力资源、网络软硬件、网络环境、系统集成等费用的预算与控制。

　　质量管理是为了确保网络工程达到行业标准和国家标准，以及合同中所规定的质量要求而实施的一系列管理过程。质量管理包括网络工程质量规划、质量控制和质量保证等。

　　人力资源管理是为了保证所有与网络工程项目有关的人员的能力和积极性都得到有效发挥和利用而实施的管理过程。人力资源管理包括网络工程组织的规划、团队建设、人员的选择等。

　　风险管理涉及网络工程中有可能遇到的各种不确定因素的应对策略。风险管理包括网络工程风险识别、风险量化、对策制定和风险控制等。

3．网络工程项目管理的人员组成

　　网络工程涉及多个环节，如何组织项目团队将成为项目管理的重要问题。项目实施过程需要决策、分析设计、项目实施、质量监督、工程管理辅助等方面的人员参与、负责各自的工作。

　　决策人员由项目的参与方共同组成，应能确定工程实施过程中的重大决策性问题，如总体目标、工期、施工规范、质量管理规范、各方人员的组成和协调。

　　分析设计人员主要由系统实施人员、网络设计师组成。他们的责任是全面细致地了解用户的网络应用需求，与用户进行充分的交流与沟通，接受用户合理的建议和要求，采用先进合适的网络设计方案和网络工程方案。

　　项目实施人员由网络工程师、布线工程师和程序员等技术人员组成。他们将根据工程的实际情况对工程项目进行分解，根据工作的相关程度组织工程小组，严格遵守施工规范和质量规范，高效地实施网络工程方案。

　　质量监督人员由用户、项目监理单位、工程实施方组成。他们的任务是协助、指导和监督工程的实施，监管工程质量，直接向决策人员负责。

　　工程管理辅助人员负责工程项目的进度控制，技术文档的收集、编写和管理，项目进度评估，验收测试的组织和管理等。

　　项目实施过程中还需要负责成本管理、材料设备购置、公关协调等方面的人员。

　　表 6-2 所示为一个项目组成员表。

表 6-2　项目组成员表

项目组成员表			
一、项目基本情况			
项目名称	xxx 公司网络工程	项目编号	T0808
制作人	张三	审核人	李四
项目经理	张三	制作日期	2014/7/8

二、项目组成员							
成员姓名	项目角色	所在部门	职责	项目起止日期	投入频度及工作量	联系电话	主管经理
李四	项目决策人员	公司经理					
张三	项目经理	网络技术部					
王五	分析设计人员	网络技术部					
赵六	项目实施人员	网络技术部					
王三	质量监督人员	纪检部					
赵四	质量监督人员	网络技术部					
李五	工程管理辅助人员	办公室					
xxx	项目实施人员代表	第三方施工单位					
签字			日期				
项目赞助人		李四	2014/7/8				
项目经理		张三	2014/7/8				

4．工程质量控制

国际标准化组织（ISO）对质量控制的定义是为满足质量要求所采取的作业技术和活动。网络工程项目的质量控制按其控制主体可分为建设单位的质量控制和承包单位的质量控制。建设单位的质量控制可通过合同委托工程监理单位，对网络工程项目进行质量监理；承包单位的质量控制依靠承包单位的质量自检体系来实现。

网络工程项目建设的过程是质量形成的过程，过程中的每个阶段、每个环节都影响到整体质量。网络工程质量的优劣与各部门、各环节的工作质量有密切的关系，主要取决于工程实施人员的工作质量，因此对工作质量的管理是网络工程质量控制的重中之重，必须对影响信息系统工程项目质量的各种因素进行监控。

网络工程的质量表现为对用户需求的满足程度与对需求变化的满足程度，反映为系统的外在质量表象，并由其内在质量特征决定。通常，网络工程的外在质量表象为网络的功能性、适应性和可靠性。功能性指网络系统满足用户需求的能力，包括网络系统提供的功能及这些功能对用户需求的满足程度；适应性指网络系统实现其功能的方便程度及提供功能调整与延伸服务的便利程度；可靠性指网络系统抵御破坏的能力。

为了实现对网络工程项目质量的有效管理，建设单位和承包单位必须采取有效的质量管理方法。

（1）制定质量管理工作规划。

质量管理工作规划应该涵盖总体和各专业及特定工程的质量保证活动，应该说明为实现总体质量规划目标所要执行的活动的类型及需要进行的专门质量保证管理任务。项目管理层应该制定质量保证的流程，决定质量管理活动的阶段、范围和程序。

（2）制定规范和标准。

对工程的各个环节制定相应的标准和规范是保证质量的基础，如网络设计规范、网络工程施工规范、网络工程验收制度及标准等，同时制定的标准和规范应该具有可操作性和一定的奖惩条例。

（3）加强观察检查与测试。

观察检查是工程质量管理的主要方法，要对施工质量、工艺和有关技术随时进行检查，检查工作方法是否符合技术规范要求，所采用的软硬件、级别是否符合要求，及时发现质量缺陷，消除质量隐患，以免发生重大质量问题。

（4）制定网络工程测试方法。

在网络的需求分析阶段就要开始考虑网络功能和性能的测试方法，根据网络工程的目标，跟随网络设计的进展逐步设计网络测试例。这些测试例既要有针对整个网络的测试，又要有针对局部的、单体的测试；既要有功能方面的测试，又要有性能方面的测试。在网络工程实施过程中，应有计划、有步骤地对被测对象进行测试。测试结果应及时告知网络的设计者和工程师。

案例四　网络工程监理与验收

【案例描述】

小王是某监理公司的新人，第一次随公司老员工外出进行网络工程监理工作。小王想了解监理都需要做哪些工作。

【案例分析】

作为新人，一般都有老员工带领，指导其工作。在工作中积极主动地向老员工讨教，是快速了解新工作的最好方法。

【实施方案】

小王在听从老员工工作安排的基础上，按照 GB/T 19668.2—2017《信息技术服务　监理第 2 部分：基础设施工程监理规范》中的标准和指导准则进行日常监理工作。

【实施步骤】

（1）小王与公司其他员工根据网络工程的实际方案，在与用户单位协商的基础上，制定质量标准，并获得用户代表的签字认可。

（2）根据质量标准，小王与公司其他员工制定实际、可操作的质量监理机制。

（3）根据质量监理机制，小王与公司其他员工按照时间进度安排，每隔一段时间到施工现场进行监理。

（4）对出现的问题，与施工单位沟通；对需要停工的地方，及时提醒。

（5）对一些涉及施工单位、用户单位的问题（如用户单位需求有变），与施工单位、用户单位协商解决出现的问题。

（6）归纳整体文档，记录监理情况。

相关知识

在计算机网络的建设过程中，建设单位自身力量有限，可以借助外部力量进行工程监理，由监理单位进行工程质量监理的做法越来越普遍。实施监理后，建设单位不必设立策划机构及花费大量的人力、物力和财力。中国国家标准化管理委员会制定发布了国家标准 GB/T

19668.2—2017《信息技术服务 监理 第 2 部分：基础设施工程监理规范》，其中第 6 子部分为"部署实施部分"。该部分规定了信息系统工程招标、设计、实验、验收各个阶段的规范要求，适用于计算机网络系统工程中网络基础设施、网络服务、网络管理及网络安全的监理工作。相关规范的出台使我国的信息工程建设监理走向制度化、科学化和标准化。

监理工作包括以下几点。

- 为用户提供建网咨询。
- 讨论产生组网方案。
- 制定网络工程质量标准。
- 建立质量保证机制。
- 评审系统方案。
- 确定网络工程施工单位。
- 检查系统开发人员是否按照规定的目标、规范、标准进行系统的建设。
- 掌握工程进度。
- 按期分段对工程进行测试和检验。
- 保证工程按期、高质量地完成。

监理人员应该是有丰富经验的网络系统设计人员或网络工程师。由于个人知识的局限性，承担监理工作的应该是一个团队，而不是一个人。

网络工程监理必须做到"守法、诚信、公正、科学"，应熟悉有关的法规政策，具备计算机软硬件知识、网络工程建设经验，熟悉信息系统架构和网络系统集成的全过程，掌握工程建设所必经的关键步骤，对工程各个阶段的建设进度、质量具有监督控制能力，具有必要的测试设备和监测手段。

1. 监理质量保证机制

为便于网络工程的开展，有必要制定一个用户单位认可的质量标准。这个标准必须在投资规模、系统目标、技术方法、系统功能等方面综合协调的基础上制定。

网络工程在投资规模允许的情况下，采用的技术手段不应影响目标的实现，不能以牺牲性能为代价。确立一个恰当全面的标准，才能实现目标、方法、性能的综合平衡，以便使系统达到最佳效果。如果施工单位在系统开发时没有确立标准，那么监理人员应该帮助施工单位建立一套网络系统的功能和性能应该达到且能够达到的质量标准。

有了质量标准后，还需要建立一套能够达到这一标准的保证机制，即质量保证机制。在一般意义上，质量保证是质量管理的一种程序，它建立质量检测标准，但通常不直接从事质量检测等工作。指标保证是利用质量检测所产生的结果来评估和改进产品的过程。在产品的生产过程中，工厂的质量控制部门与制造部门一起保证产品达到所期望的质量水平。质量控制包含的内容比对最终产品检验的内容要广泛得多，它从原料开始贯穿整个过程。

网络系统的开发与产品的制造一样，也需要进行质量控制。监理人员在开发过程中需要对承建方的开发人员提出各阶段各环节应该达到的保证一定质量水平的质量要求。同时，根据网络工程的进展，监理人员应和网络工程施工人员一起建立一套机制，即技术方法、衡量标准和测试方法。通过保证各阶段质量的方法，达到保证系统整体质量的目的。实际上，技术只能反映能否找到更好的办法来完成工作，最终结果还是要按照某个标准来衡量和评估的。质量保证机制是把网络系统的开发由个人技术的展现变成工程的重要一步。

2．网络建设方案的评审

保证系统质量的重要一环是对网络建设方案的评审。对监理工作来说，评审的目的是确定用户的要求是否得到了充分满足，网络建设单位的总体目标是否能够实现。评审从以下三个方面着手。

（1）目标系统能否满足最终用户及建设单位决策者的要求。决策者的目标优先，用户的目标其次。二者之间常有矛盾，监理人员需要了解这些矛盾，在实现总体目标的前提下进行协调。

（2）系统开发所采用的是不是标准化的方法。标准化的方法就是已经成功证明有效的原则、程序、标准等。监理人员在质量监理中要检查网络施工人员在完成工作时是否采用了这些方法和手段。

（3）确定系统是不是经济的、有效的和有益的，开发人员对各种资源是否实现了优化使用。优化涉及网络系统的设计，如合适的设备、系统平台和工具等。

监理人员要与网络承建单位共同完成这些工作。监理人员不承担设计责任，只提出参考意见和建议，最后的决定要由网络承建单位的责任人做出。

3．确定施工单位

充分了解用户的需求，提出质量标准后就可以开始选择施工单位了。选择施工单位可以采用流行的招投标方法，也可以根据用户和监理人员的经验直接选择或协商。

在招投标的过程中，监理人员应该参与以下事项。

- 根据用户需求分析、质量标准和组网方案，与用户共同编制网络工程标底。
- 协助用户做好招标工作的前期准备，编制招标文件。
- 发布招标通告或邀请函，回答有关网络工程的问题。
- 接收投标单位的标书。
- 审查投标单位的资格和企业资质，包括企业注册资金、网络工程经验、技术人员能力、网络设备代理资格、资质证书等。
- 组织评标委员会，邀请相关的计算机和网络专家参加。
- 开标、评标和决标，产生施工单位。
- 与施工单位签订合同。

4．工程检验和验收

在系统施工周期的每个阶段，监理人员都需要与项目开发人员进行交流，从而进行过程监理，根据质量标准检验和审核阶段性结果和最终结果。同时，监理人员有责任协调用户和施工单位的关系，明确职责。下面是主要的分阶段的工程检验和审核工作。

- 对网络设备及系统软件进行到货验收。
- 监控设备安装工艺、施工进度。
- 根据实际施工情况，协调施工单位解决有可能出现的问题，确保工程如期进行。
- 组织单体设备性能测试、网络应用测试。
- 检测网络应用软件配置的合理性、各种网络服务是否实现、网络安全及可靠性是否符合合同要求。
- 测试网络性能，包括丢包率、错报率、网络线速、碰撞统计、帧故障等，形成详细的网络测试报告。

监理人员应该向建设单位提交审核报告，审核报告可以是书面的，也可以是口头的。一些重点的复杂的事件应以专题报告的形式书面汇报，以利于建设单位采取相应的措施，并督促系统集成方解决测试中出现的问题。

工程竣工后，监理人员要配合施工单位组织实施网络系统试运行，包括建立试运行环境、模拟各种试运行条件和现象、审核与确认试运行记录、签署认可测试报告。

得到试运行结果后，监理人员应该组织验收工作。验收工作包括以下主要内容。

- 编制验收大纲。
- 审核系统竣工资料的准确性、一致性、完整性。
- 按设计要求、合同条款对网络系统的性能和试运行情况进行测试和检查。
- 协助用户组织第三方测试或行业主管部门验收。
- 按工程合同、设备材料供应合同、变更记录等，审核系统造价决算。
- 督促施工单位为用户建立详细的网络档案，一旦出现问题，用户可以迅速检索与定位。
- 审核系统培训技术资料、人员培训计划、系统操作规程、设备管理方案。

在网络工程中，经常出现工程超期、资金超预算、系统达不到预期效果等情况。造成这些情况的一个重要原因是监理出问题，监理不到位或监理机制设置问题。在网络建设中，分阶段检验和测试能有效地保障项目的实施和工程质量。

本章小结

本章主要介绍了典型的小型企业局域网的网络规划步骤及方案设计原则、网络工程管理及工程监理的基本流程，旨在让读者对网络工程从设计到施工管理、监理等流程有初步的了解。

习题

简答题

1. 接入层、汇聚层、核心层的作用分别是什么？
2. 网络需求有哪些类型？
3. 网络工程监理人员需要做哪些主要工作？
4. 在网络性能测试中，需要测试哪些主要数据？

实训项目

1. 请你调查某个小区或办公楼的网络需求，并编写一份需求分析报告。
2. 请你根据需求分析，设计两个网络方案，并比较两个方案的优劣。

第 7 章　网络安全

教学目标

通过本章的学习，学习者应认识到当今网络安全所面临的严峻形势，了解维护网络信息安全的基本方法，理解计算机网络安全基本原理，掌握对压缩文件进行加解密的基本方法、操作系统密码的安全设置方法及安全设置原则，通过 Wireshark 软件来远程破解 FTP 用户名和密码，让用户认识到访问 FTP 网站时传输用户名和密码的不安全性。

教学内容

压缩文件的加解密、网络安全管理、系统安全配置、FTP 用户名和密码的破解。

教学重点与难点

（1）压缩文件的加解密。
（2）操作系统中账户安全、密码安全的设置原则。
（3）使用 Wireshark 捕获访问 FTP 网站的用户名和密码。

案例一　压缩文件的加解密

【案例描述】

小明的一个高中好友让小明帮个忙，他有一个以前存放的 RAR 压缩文件进行了加密，但是由于时间长，密码忘记了，因为该 RAR 压缩文件很重要，所以好友想让小明帮忙找到 RAR 压缩文件的密码，这样才能读取文件的内容。

【案例分析】

在编辑一些非常重要的 RAR 压缩文件时，特别是一些机密的文件，给 RAR 压缩文件加密是一项非常有用的功能，也是一项安全保障。给 RAR 压缩文件加密后，所有人都必须输入正确的密码才可以查看内容。在该案例中，小明的好友就是此类情况，要破解 RAR 压缩文件密码，基本方法有暴力破解、掩码式暴力破解、字典破解。

【实施方案】

本案例中为了破解 RAR 压缩文件的密码，使用常用的密码破解软件 ARPR（Advanced RAR Password Recovery）工具进行解密。为了更清楚地了解文件加解密的原理，本案例先对压缩文件进行加密处理，再进行密码破解。此类文件加解密的基本原理和 Office 文件的加解密方法一致，读者可以举一反三，以后碰到此类问题，都可以按照此方法来解决。

【实施步骤】

按照实施方案的要求，实施步骤如下。

（1）右击需要压缩的文件，在弹出的快捷菜单中选择"添加到压缩文件"选项，弹出"压缩文件名和参数"对话框，如图 7-1 所示。

（2）单击"高级"选项卡，如图 7-2 所示。

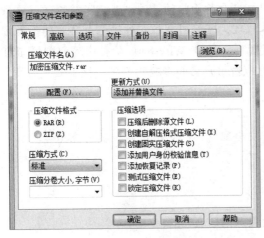

图 7-1 "压缩文件名和参数"对话框

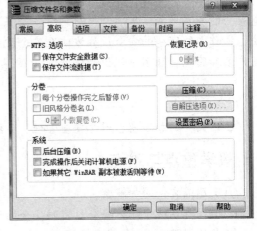

图 7-2 单击"高级"选项卡

（3）单击图 7-2 中的"设置密码"按钮，连续两次输入相同的 3 位密码"abc"，单击"确定"按钮。输入并确定压缩文件密码如图 7-3 所示。

（4）重新打开压缩包文件，双击需要打开的 Word 文件，此时发现需要输入密码才能读取文件。"输入密码"对话框如图 7-4 所示。

图 7-3 输入并确定压缩文件密码

图 7-4 "输入密码"对话框

（5）打开 ARPR 软件，ARPR 软件界面如图 7-5 所示。

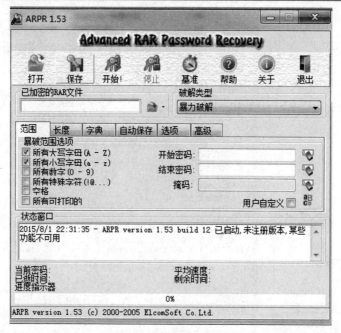

图 7-5　ARPR 软件界面

（6）在图 7-5 中发现该软件目前是未注册版本，某些功能不可用，所以切换到"选项"选项卡，单击"注册"图标，如图 7-6 所示，输入注册码，如图 7-7 所示。

图 7-6　单击"注册"图标

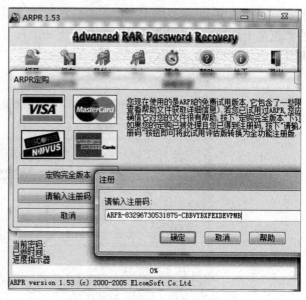

图 7-7　输入注册码

（7）注册成功界面如图 7-8 所示。

（8）重新退出并打开 ARPR 软件，打开需要解压缩的文件。如图 7-9 所示，单击"打开"按钮，选择需要解压缩的文件。"破解类型"选择"暴力破解"，"破解范围选项"选择"所有小写字母"，并在"长度"选项卡界面下，设置最小密码长度和最大密码长度都是 3 位，"开始密码"是 aaa。

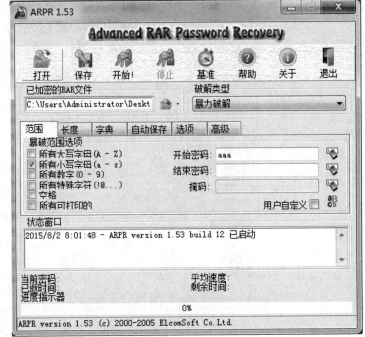

图 7-8　注册成功界面　　　　　　　　　　　图 7-9　单击"打开"按钮

（9）完成上述设置后，单击"开始"按钮，进行密码的破解，成功破解密码如图 7-10 所示，密码为 abc。本案例用一个比较简单的密码演示，如果以后要破解比较复杂的密码，步骤也是一样的，有大小写英文、数字，不知道长度的话，那么破解起来就要时间长一点，并且密码长度和暴破范围选项要改变。

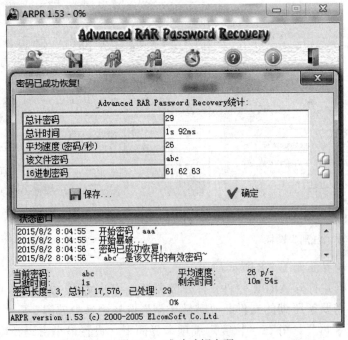

图 7-10　成功破解密码

（10）重新打开压缩包文件，输入密码 abc，即可打开加密文件。输入文件压缩密码如图 7-11 所示，成功打开加密压缩文件如图 7-12 所示。

图 7-11　输入文件压缩密码

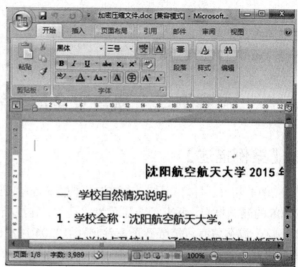

图 7-12　成功打开加密压缩文件

至此，本案例中的对 RAR 加密压缩文件进行解密的任务已经完成。

相关知识

很多人在发送文件的时候都会使用压缩包，压缩包可以将非常大的文件进行压缩，压缩之后发送的速度是非常快的，十分节省时间。压缩包是可以设置密码的，设置了密码的压缩包需要输入密码才能解压缩。但是有些人设置密码后就忘记了密码，面临无法解压缩的尴尬情况。那么压缩包是如何进行解密的呢？

压缩包密码破解的常用方法有暴力破解、掩码式暴力破解和字典破解。

（1）暴力破解。

暴力破解是对所有字符（英文字母、数字和符号等）的组合依次进行尝试的一种破解方法。可能的组合数越多，破解的时间越长。组合数的多少与密码的长度和使用的字符集直接相关，因此，为了减少可能的组合数，在破解前应该首先估计一下密码的构成特点，然后在"暴力"选项卡界面下合理设置密码的长度和使用的字符集。

（2）掩码式暴力破解。

如果记得密码中的一个或几个字符，那么使用掩码式暴力破解比使用纯粹的暴力破解更节省时间。当使用这种破解方法时，要在"暴力"选项卡界面下键入已知的密码字符。另外，为了尽量减少尝试的组合数，仍然要设置密码的长度和密码中其他字符所在的字符集。

（3）字典破解。

字典破解方法利用一个密码列表文件即密码字典对文件的密码进行破解。为了便于记忆，很多人喜欢用生日、电话号码、人名或英文单词作为密码，字典破解就是针对这种有规律的密码的破解方法。

ARPR 软件只带了一个密码字典，该密码字典在预备破解时已经使用，因此要进行字典破解需要选择其他密码字典。在"字典"选项卡界面下，单击"获取字典"按钮，在打开的 AOPR 官方网站上可以邮购密码字典光盘。另外，密码字典可以由专业的字典工具生成，这里向大家推荐"易优字典生成器"，该工具功能全面，可以生成生日字典，可以定义特殊位，还可以生成电话号码字典等。

案例二　账户安全配置和系统安全配置

【案例描述】

2014 年 12 月 25 日，国内安全播报平台乌云网上出现了一则关于中国铁路购票网站 12306 的漏洞报告，危害等级显示为"高"，漏洞类型则是"用户资料大量泄露"。这意味着，这个漏洞将有可能导致所有注册了 12306 用户的账号、明文密码、身份证、邮箱等敏感信息泄露，而泄露的途径目前还不知道。对此，中国铁路客户服务中心回应称，经网站认真核查，此泄露信息含有全部用户的明文密码，网站数据库所有用户密码均为多次加密的非明文转换码，网上泄露的用户信息是经其他网站或渠道流出的。

【案例分析】

网络安全是指网络系统的硬件、软件及其系统中的数据受到保护，不因偶然的或恶意的原因而遭受破坏、更改、泄露，系统连续可靠正常地运行，网络服务不中断。

随着计算机网络的广泛应用，网络用户越来越多，但网络攻击（如对账户和密码的攻击）也越来越多，很多攻击行为让用户颇为依赖的防火墙形同虚设，一台 Web 服务器，即使打了所有微软补丁、只让 80 端口对外开放，也逃不过"被黑"的命运。以京东之前的"撞库"举例，京东的数据库并没有泄露，黑客只不过通过"撞库"的手法，"凑巧"获取了一些京东用户的数据（用户名和密码），而这样的手法，几乎可以对付任何网站登录系统，用户在不同网站登录时使用相同的用户名和密码，就相当于给自己配了一把"万能钥匙"，一旦丢失，后果可想而知。难道我们真的无能为力了吗？其实，只要用户掌握了操作系统下的账户设置、密码权限设置问题，就可以轻松对攻击用户的"Crackers"说不了。

【实施方案】

一个安全操作系统的基本原则：最小的权限+最少的服务=最大的安全。因此，对不同用户应授予不同的权限，尽量降低每个非授权用户的权限，使其拥有和身份相应的权限。

设置用户权限的基本原则是在使用之前为每个硬盘分区加上"Administrator 用户具有最大权限"，删除其他用户。

Guest 账户的存在往往会给黑客带来侵入的可能性，如黑客可以偷偷地把用户的 Guest 账户激活后作为后门账户来使用，危害更大、更隐蔽的是直接克隆成 Administrator 账户，所以大多数情况下该账户是没有必要保留在系统中的，可以直接删除它来提高系统的安全性。但是，在基于 NT 技术架构的 Windows 账户中，系统不允许直接删除 Guest 账户。用户可以使用"控制面板"中的"用户账户"工具关闭 Guest 账户。当用户关闭 Guest 账户后,便会将该账户从"快速用户切换"欢迎屏幕上删除,但不会禁用 Guest 账户。

在网络信息技术快速发展的今天,为保证用户账户和密码的安全,需要从以下四个方面来进行设置:一是提高操作系统的安全级别,安装必要的系统安全插件;二是用户账户和密码设置需要有足够的复杂性,不同账户的密码不要设置成一样的,避免出现京东网站那样的"撞库"攻击;三是要定期修改密码;四是不在公众场合输入账户、密码信息,不要相信电话、短信、钓鱼网站之类的诈骗。

【实施步骤】

按照实施方案的要求,实施步骤如下。

(1)打开"资源浏览器"界面,右击"F 盘"盘符,在弹出的快捷菜单中选择"属性"选项,在弹出的对话框中单击"安全"选项卡,如图 7-13 所示。

(2)单击图 7-13 中的"编辑"按钮,设置用户权限,如图 7-14 所示。

图 7-13　单击"安全"选项卡

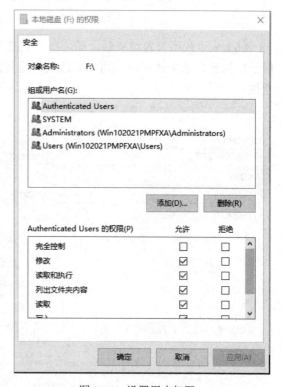

图 7-14　设置用户权限

(3)若需要修改某个用户的修改、读取和执行、列出文件夹内容等权限,只需要先选中该用户,再选择需要设置的权限为"允许"或"拒绝"即可。

(4)本案例中若需要添加其他用户账户,如用户名为"zhangsan"的账户,需要单击图 7-14 中的"添加"按钮,弹出"选择用户或组"对话框,如图 7-15 所示。

(5)单击"高级"按钮,在图 7-16 中单击"立即查找"按钮,将右下方的垂直滚动条下拉,就会出现使用本计算机的所有用户信息,选中用户名为"zhangsan"的账户,单击"确定"按钮,会出现如图 7-17 所示的来自 Windows 安全中心的"设置安全信息"界面。

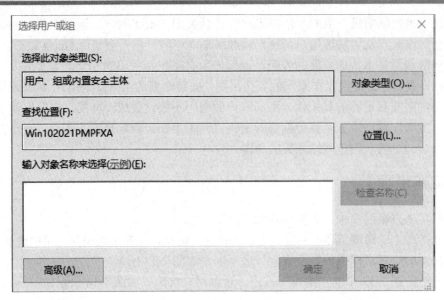

图 7-15　"选择用户或组"对话框

（6）安全权限设置结束后，即可在"组或用户名"下出现"zhangsan"账户，如图 7-18 所示。同理，选中该账户，可以修改其对文件的访问权限，以保证系统软、硬件资源的安全性。

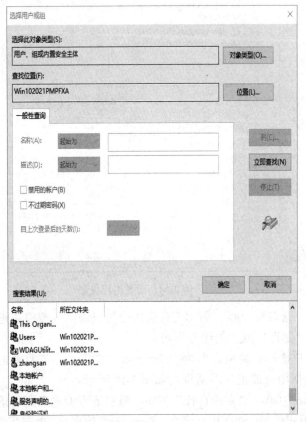

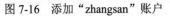

图 7-16　添加"zhangsan"账户　　　　图 7-17　"设置安全信息"界面

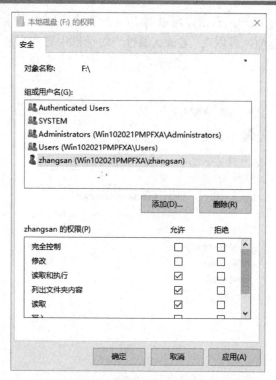

图 7-18　在"组或用户名"下出现"zhangsan"账户

（7）反之，若要删除某个用户账户，则直接选中后在图 7-18 中单击"删除"按钮即可。

（8）右击"我的电脑"图标，在弹出的快捷菜单中选择"管理"选项，出现如图 7-19 所示的"计算机管理"窗口，单击"本地用户和组"命令，选择"用户"选项，即可看到本系统中目前的用户账户信息。

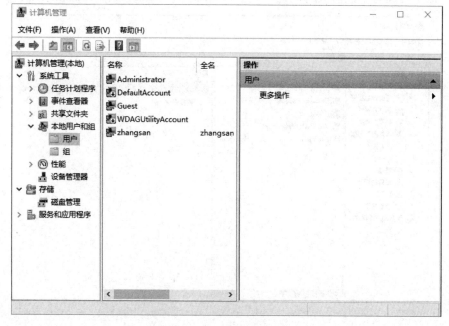

图 7-19　"计算机管理"窗口

（9）选中"Guest"账户，右击，可以对"Guest"账户完成删除、设置密码、重命名等任务，选择"属性"选项，可以在"Guest 属性"对话框中看到当前"Guest"账户的信息，如图 7-20 所示。

图 7-20　"Guest 属性"对话框

（10）从图 7-20 中可以看出，对"Guest"账户可以禁用，这样就大大增强了系统的安全性，禁用"Guest"账户后的界面如图 7-21 所示。对比图 7-19 可以看出，图 7-21 中的"Guest"账户前面有下拉箭头的标记，表明该系统的"Guest"账户已经被禁用。

图 7-21　禁用"Guest"账户后的界面

（11）重命名或禁用 Administrator 账户。

黑客入侵的常用手段之一就是获得 Administrator 账户的密码。每一台计算机至少需要设置一个账户拥有 Administrator（管理员）权限，但不一定非用"Administrator"这个名称不可。因此，最好创建一个拥有全部权限的账户，停用 Administrator 账户。

① 因为攻击者已经知道 Administrator 账户存在于 Windows 7、Windows 10 等操作系统中，所以若对 Administrator 账户进行重命名，则重命名后的新账户和原来的 Administrator 账户拥有同样大的权限，但是对于攻击者而言，攻击的难度明显增加，黑客很可能不知道该账户就是原来的 Administrator 账户重命名得来的账户。重命名时需要注意，为保证新账户的安全性，修改后的新名字不要含有 Admini 之类的字母。设置方法如下：右击"我的电脑"图标，在弹出的快捷菜单中选择"管理"选项，出现如图 7-22 所示的"计算机管理"窗口，单击"本地用户和组"命令，选择"用户"选项，即可看到本系统中目前的用户账户信息。

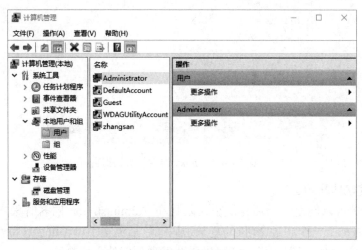

图 7-22　"计算机管理"窗口

② 选中"Administrator"账户，右击，和"Guest"账户的设置方法类似，可以修改"Administrator"账户的名字，如把"Administrator"的名字修改为"hhxy"，如图 7-23 所示。

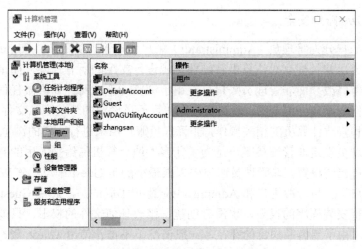

图 7-23　修改"Administrator"名字为"hhxy"

③ 若要禁用"hhxy"账户，则选中"hhxy"账户，右击，在弹出的快捷菜单中选择"属性"选项，弹出"hhxy 属性"对话框，如图 7-24 所示，勾选"账户已禁用"复选框即可。

图 7-24 "hhxy 属性"对话框

（12）创建陷阱账户。

系统管理员可以创建一个拥有最小权限且和 Administrator 同名的账户，并且添加到 Guests 中，同时加上一个超过 20 位的复杂密码（包括英文字母、数字、特殊符号），这样就可以让黑客忙活好一段时间了，还可以借此发现他们的入侵企图。

相关知识

1. Windows 账户安全

Windows 账户分为管理员（Administrator）账户和非管理员账户。Administrator 账户能够看见所有内容，并且拥有对计算机软硬件资源进行支配的所有权限，简单点说就是可以对计算机做任何修改。而非管理员账户只能用于浏览，不能对计算机做任何修改，并且硬盘中的有些文件是不允许浏览的，如系统文件和管理员设定的一些隐私文件。Administrator 账户用来设定和修改计算机的相关操作，非管理员账户用来进行一般的浏览，不能做修改。相对来说，管理员设定非管理员账户是为了让客人或计算机借给别人用的时候不透露自己的隐私或修改自己的设置。非管理员账户中权限最小的是 Guest 账户，在 Windows 10 中称之为"来宾账户"。与一般用户和 Administrator 账户不同的是，通常 Guest 账户没有修改系统设置和进行安装程序的权限，也没有创建、修改任何文件的权限，只能读取计算机系统信息和文件。由于黑客和病毒的存在，一般情况下不推荐使用 Guest 账户，最好不要开启这个账户。

2．Windows 系统安全

提高 Windows 系统的安全性，可以通过以下 4 个方法来实现。

（1）自动更新 Windows 补丁程序。

任何操作系统都不是十全十美的，总会存在各种安全漏洞，这使非法入侵者有机可乘。因此，及时给 Windows 系统打上补丁程序，是加强 Windows 系统安全性的简单、高效的方法。

（2）开启审核策略。

安全审核是 Windows 系统基本的入侵检测方法。当有非法入侵者对系统进行入侵时，都会被安全审核记录下来。

（3）关闭默认共享资源。

Windows 系统安装好后，为了便于远程管理，系统会创建一些隐蔽的特殊共享资源，这些共享资源在计算机中是不可见的。在一般情况下，用户不会去使用这些特殊的共享资源，但是非法入侵者会利用它来对系统进行攻击，以获取系统的控制权。因此，系统管理员在确认不会使用这些特殊共享资源的情况下，应删除这些特殊共享资源。

（4）关闭自动播放功能。

现在很多病毒（如 U 盘病毒）会利用系统的自动播放功能来进行传播，关闭系统的自动播放功能可以降低病毒传播的风险。

案例三　Wireshark 远程破解 FTP 用户名和密码

【案例描述】

本学期开学伊始，刘老师准备在学院内部创建一个 FTP 网站，以共享学院教师个人津贴等信息，刘老师刚刚创建好 FTP 网站，教师个人津贴信息还没有上传完毕，办公室的宋主任就告诉刘老师，现在局域网内部共享个人信息不能再用 FTP 网站共享的方法，即使用户访问 FTP 网站使用用户名和密码，也容易泄密。刘老师百思不得其解，所以向宋主任请教使用用户名和密码访问 FTP 网站不安全的原因。

【案例分析】

在互联网发展的早期阶段，用 FTP（文件传输协议）传输文件约占整个互联网通信量的 1/3，随着 20 世纪互联网进入 WWW 通信时代，FTP 的使用范围被缩小到局域网内来共享资源，但随着网络信息安全时代黑客攻击工具的不断改进，FTP 的安全问题随之产生。FTP 以明文形式发送用户名和密码，也就是不加密地发送。任何人只要在网络中合适的位置放置一个协议分析仪就可以看到用户名和密码；FTP 发送的数据也是以明文形式传输的，通过对 FTP 连接的监控和数据收集就可以收集和重现 FTP 的数据并实现协议连接回放。事实上很多用户把相同的用户名和密码用在不同的应用中，这样这个问题可能看起来更为糟糕，如果黑客收集到 FTP 密码，他们可能就得到了用户在线账号或其他一些机密数据的密码。

【实施方案】

本案例中为了捕获用户使用的 FTP 用户名和密码，使用功能强大的网络数据抓包软件 Wireshark。通过本案例，读者可以了解并掌握 FTP 的工作原理及访问 FTP 网站的不安全性。

【实施步骤】

按照实施方案的要求，实施步骤如下。

（1）首先在服务器端（操作系统为 Windows Server 2012）安装并配置 Web 服务器（IIS）功能和角色，配置 FTP 服务器网址为 192.168.42.136，同时配置 FTP 服务器不允许匿名访问，配置好的 IIS 管理器如图 7-25 所示。

图 7-25　配置好的 IIS 管理器

（2）在服务器端创建新用户，用户名为 Suser1，密码为 Li2920ning.，如图 7-26 所示。

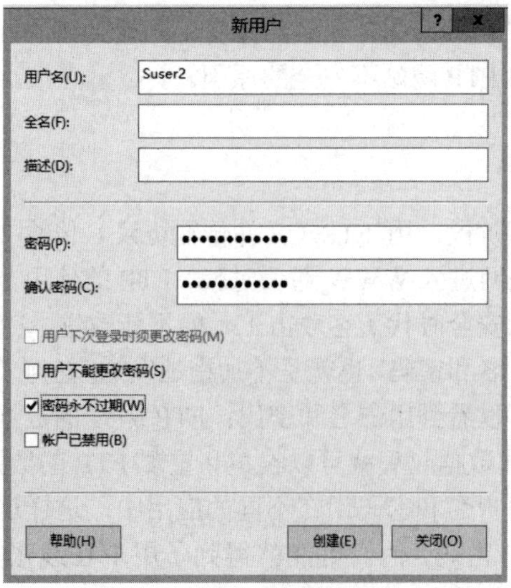

图 7-26　在服务器端创建新用户

（3）在客户端启动 Wireshark 软件（版本为 3.0.0），在该软件"Wireshark·捕获接口"对话框中单击"输入"选项卡，因为服务器端为虚拟机，并且虚拟网卡 VMnet8 的 IP 地址 192.168.42.1（见图 7-27），和服务器处于同一个网段，所以选择虚拟网卡 VMnet8 作为抓包网卡，如图 7-28 所示，选中该网卡后，单击"开始"按钮，开始抓包。

图 7-27　虚拟网卡 VMnet8 的 IP 地址

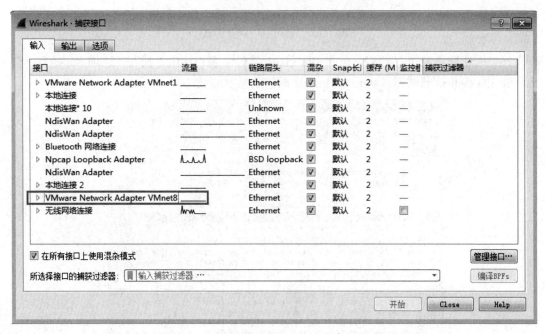

图 7-28　选择虚拟网卡 VMnet8 作为抓包网卡

（4）在客户端主机上打开"我的电脑"界面，在地址栏中输入 ftp://192.168.42.136，会弹出"登录身份"对话框，如图 7-29 所示，在对话框中分别输入用户名 Suser1 和密码 Li2920ning.。

图 7-29　"登录身份"对话框

（5）服务器端会验证输入的用户名和密码的正确性，若输入正确，则能成功访问该 FTP 站点。成功访问 FTP 站点如图 7-30 所示。

图 7-30　成功访问 FTP 站点

（6）成功登录 FTP 站点后，单击 Wireshark 软件主窗口中的"捕获"选项卡，选择"停止"选项，停止捕获数据。Wireshark 数据抓包效果图如图 7-31 所示。

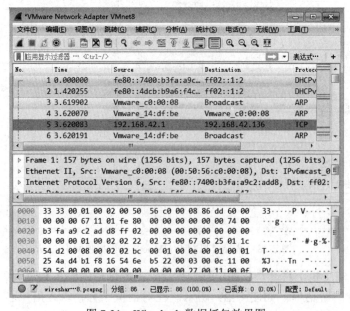

图 7-31　Wireshark 数据抓包效果图

（7）在 Wiresahrk 软件应用显示过滤器一栏中输入"ftp"，过滤掉其他协议，按下回车键。只显示 FTP 协议的 Wireshark 数据抓包图如图 7-32 所示。

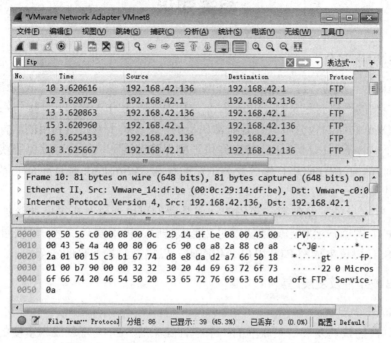

图 7-32　只显示 FTP 协议的 Wireshark 数据抓包图

（8）在过滤后的数据包中拖动垂直滚动条，即可看到刚才访问 FTP 站点的用户名（Suser1）和密码（Li2920ning.）。使用 Wireshark 软件捕获到的 FTP 用户名和密码如图 7-33 所示。

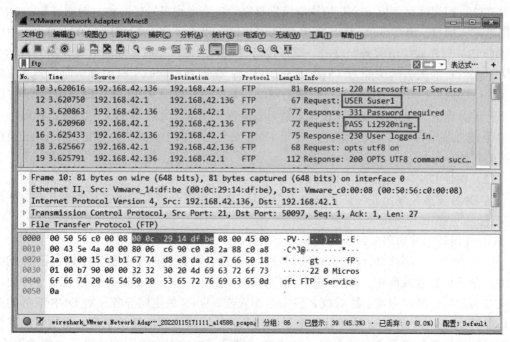

图 7-33　使用 Wireshark 软件捕获到的 FTP 用户名和密码

相关知识

1. Wireshark 简介

Wireshark 是一款网络封包分析软件。网络封包分析软件的功能是撷取网络封包，并尽可能显示出详细的网络封包资料。Wireshark 使用 WinPcap 作为接口，直接与网卡进行数据报文交换。过去，网络封包分析软件是非常昂贵的，或者属于专门盈利用的软件。Wireshark 的出现改变了这种局面。在 GNU GPL 许可证的保障范围下，用户可以免费获取软件及其源代码，并拥有对其源代码进行修改及客制化的权利。Wireshark 是目前全世界最广泛的网络封包分析软件之一。

Wireshark 本身是不能破解弱密码的，但是我们可以通过分析抓取的数据进行人工破解。这说明 FTP 的用户名和密码默认以明文形式传输，极不安全，我们可以通过在 Serv-U 软件上设置 SSL 协议来加密 FTP 用户名和密码，以提高数据传输的安全性。

2. DNS 安全性及发展趋势

（1）DNS 安全现状。

随着互联网的快速发展，互联网的"中枢神经系统"DNS 现已成为重要的基础服务。DNS（Domain Name System，域名系统）是互联网上关键的基础设施，其主要作用是将易于记忆的主机名称映射为枯燥难记的 IP 地址，从而保障其他网络应用顺利执行。作为互联网的一项核心服务，DNS 安全问题随之而来，DNS 一旦遭受攻击，会给整个互联网带来无法估量的损失。DNS 安全是网络安全的第一道大门，如果 DNS 的安全没有标准的防护及应急措施，即使网站主机安全防护措施级别再高，攻击者也可以轻而易举地通过攻击 DNS 使网站陷入瘫痪。调查显示，DNS 是互联网中第二大攻击媒介。常见针对 DNS 的攻击手段有 DDOS（分布式拒绝服务）攻击、缓存投毒、域名劫持，相应造成的后果分别为目标网站因无法解析而失去响应能力（网站无法访问）；访问者及网站主机中毒从而达到攻击者的目的；访问者打开错误的网站或伪造的网站，如反动分裂国家、邪教、赌博或色情网站。由于开放、庞大、复杂的特性及设计之初对安全性的考虑不足，再加上人为攻击和破坏，DNS 系统面临非常严重的安全威胁。保证 DNS 安全并寻求相关解决方案是当今 DNS 亟待解决的问题。

（2）保证 DNS 安全的基本措施。

从 DNS 安全角度出发，防止以上攻击，让 DNS 更安全可靠，建议从以下几个方面着手应对。

① 建议使用非通用系统平台及非开源软件。

当下 DNS 一般采用传统的微软或开源的 Bind 软件+通用的服务器来搭建自己的 DNS 系统。在开放的互联网中，DNS 服务面临很多网络攻击和安全威胁。在域名安全方面，存在域名劫持、缓存中毒、针对域名服务器的攻击、DNS 重定向等各种对 DNS 服务的威胁。对于 Windows 或 Bind 这些软件来说，自身无法提供必要的防护手段，需要借助其他设备和技术来抵御黑客攻击的风险，这增加了投资成本，同时给运维带来了一定的困难。

例如，采用通用系统平台及开源软件在发生安全漏洞预警的同时，应及时更新补丁，对 DNS 底层承载系统进行加固，在非必要的情况下关闭除 53 端口外的一切非 DNS 系统服务端口。

② 提供至少 2 个以上的 DNS 服务地址。

DNS 服务器的任务是解析域名，提供多台 DNS 服务器很重要。根据用户网站情况的不同，建议提供两台以上双链路 DNS 服务器。这样用户的 DNS 解析服务可以进行轮循处理，只要保证一个 DNS 服务器运转正常，即可确认网站的访问不受故障影响，尽量减少宕机的概率。

③ 智能 DNS 解析支持多路线、多区域。

通过链路负载均衡功能将流量分配到不同的 DNS 服务器上，可减少各种灾害带来的影响，当一个地方的 DNS 服务器受到危害时，可通过轮循机制保持 DNS 的正常解析。

④ 建议采用 TSIG 和 DNSSEC 技术。

TSIG 技术是为了保护 DNS 安全而发展的。DNSSEC 技术主要依靠公钥技术对 DNS 中的信息创建密码签名。

（3）DNS 未来趋势。

DNS 网络作为大规模分布式网络，可以抽象为一个有向图。DNS 名字服务器和解析器构成图的节点，NS 名字服务器和解析器之间的路由则构成了有向图的边。因此，加强 DNS 的安全性就是要加强这些节点和边的安全性。节点的安全性主要通过安全评估来保证，包括安全漏洞扫描和权威名字服务器可用性测量；边的安全性则体现在关键路由发现和保护上。此外，DNSSEC 有效配置与平滑过渡、DNS 配置错误检测及对 DNS 攻击的检测和防御等问题是未来研究的热点问题。

本章小结

本章主要讲述对压缩文件进行加解密的基本方法、操作系统密码的安全设置方法和安全设置原则，以及使用 Wireshark 捕获访问 FTP 网站的用户名和密码。通过本章的学习，学习者可以在以后的生活和学习中增强网络安全意识，提高网络安全技能，对自己的账号和安全设置有一个比较安全的策略。

习题

简答题

1. 在 Windows 操作系统的账户中，权限最大的是否一定是 Administrator 账户？若不是，怎么查看系统的最大权限账户？

2. 在不同用途的账户中采用相同的密码，其安全漏洞是什么？当在不同账户中使用不同密码时，是否还有安全问题？为什么？

3. DNS 服务器目前面临哪些安全威胁？如何防御？

实训项目

1．账户安全设置

（1）实训目标。

提高 Windows 用户对账户安全设置的意识，增强对密码安全的认识和实际技能。

（2）实训要求。

在个人计算机上禁用 Guest 账户；将 Administrator 账户的名字修改为"zhangsan"，并创建一个名为"Administrator"的陷阱账户；对硬盘的分区禁止共享；对 Administrator 账户设置密码，密码必须符合下列最低要求。

① 不能包含用户的账户名，不能包含用户姓名中超过两个连续字符的部分。

② 至少有六个字符长。

③ 包含以下四类字符中的三类字符。

- 英文大写字母（A～Z）。
- 英文小写字母（a～z）。
- 10 个基本数字（0～9）。
- 非字母字符（如 !、$、#、%）。

2．Wireshark 远程破解 FTP 用户名和密码

（1）实训目标。

提高在日常工作中传输用户名和密码等机密信息的安全意识，增强对 FTP 优缺点的理解。

（2）实训要求。

分别创建一台客户机和一台服务器，在服务器上配置好 FTP 服务，不允许匿名访问，同时设置访问 FTP 站点的用户名和密码（用户名和密码可以设置得尽量复杂一些），在客户机上安装 Wireshark 软件，要求能捕获到该用户名和密码，并能在 Wireshark 软件中看到相关机密信息的明文形式。

第 8 章　网络管理与维护

教学目标

通过本章的学习与实践，学习者应了解网络管理和网络安全的基础知识，掌握网络运行、维护与管理的基本技能，理解网络故障的范围和网络管理的基本原理，熟悉网络故障诊断的方法与步骤，以及主流的网络监控工具和网络管理软件的功能，能够胜任网络运维管理和网络外包服务相应工作岗位的需求。

教学内容

本章主要介绍计算机网络管理与维护的基本技能，包括以下几个方面。
（1）网络管理软件的安装与使用。
（2）线路故障诊断与排除。
（3）设备故障诊断与排除。
（4）配置故障诊断与排除。
（5）网络抓包分析工具的使用。

教学重点与难点

（1）网络管理监控工具的使用。
（2）网络故障的判断与分析。

案例一　网络管理软件的安装与使用

网络管理软件就是能够完成网络管理功能的网络管理系统，简称网管系统。

总的来说，运用好网络管理软件，可以减少企业经营成本，保障利益最大化；对网络管理人员来说，可以大大减轻日常的重复性劳动和工作压力，提高工作效率，将更多的精力用在网络的战略性目标上。

【案例描述】

为了及时有效地发现并解决网络中出现的问题，需要部署一套网络管理系统，来协助网络管理人员的工作。

【案例分析】

可以通过招标采购的方式使用某些厂商的运维管理系统，如华为的 QuidView，锐捷的

SNC、Rill 等，但是往往需要付出一定的资金代价。但对于一些资金不足的单位来说，能不能找到一款既免费又实用的网络管理软件来替代呢？实际上，免费的网络管理软件有很多，经过对比，我们选择了一款使用范围比较广又容易部署的软件，那就是 Cacti。Cacti 是一套基于 PHP、MySQL、SNMP 及 RRDtool 开发的网络流量监测图形分析工具。

【实施方案】

查找相关资料，了解 Cacti 的运行环境，进行规划部署。

Cacti 通过 snmpget 命令来获取数据，使用 RRDtool 工具绘画图形，而且完全不用了解 RRDtool 复杂的参数。Cacti 提供了非常强大的数据和用户管理功能，可以指定每一个用户能查看的树状结构、Host 及任何一张图，还可以与 LDAP 结合进行用户验证，同时能自己增加模板，功能非常强大完善，界面友好。Cacti 的发展是为了让 RRDtool 使用者更方便地使用该软件，除基本的 SNMP 流量和系统资讯监控外，Cacti 还可外挂 Scripts 及加上 Templates 来制作各式各样的监控图。Cacti 工作原理如图 8-1 所示。

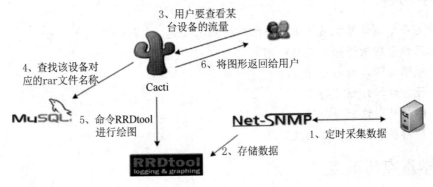

图 8-1　Cacti 工作原理

Cacti 是用 PHP 语言实现的一款软件，主要功能是用 SNMP 服务获取数据，用 RRDtool 存储和更新数据，以及当用户需要查看数据的时候，用 RRDtool 生成图表呈现给用户。

【实施步骤】

第一步：安装。

本节重点讲解如何在 VMware Workstation 中安装 CactiEZ 中文版 V10，真实环境请酌情处理。若已经能够非常熟练地安装一个 Red Hat Enterprise Linux，建议快速浏览本节。

（1）打开 VMware Workstation。

（2）单击"文件"选项卡，选择"新建虚拟机"选项，新建虚拟机如图 8-2 所示。

（3）选中"典型"单选按钮，单击"下一步"按钮，进行典型安装如图 8-3 所示。

（4）选中"稍后安装操作系统"单选按钮，如图 8-4 所示。

（5）在"客户机操作系统"（来宾操作系统，又叫虚拟操作系统）下选中"Linux"单选按钮；在"版本"下拉列表中选择"CentOS 6 64 位"选项。选择合适的操作系统如图 8-5 所示。

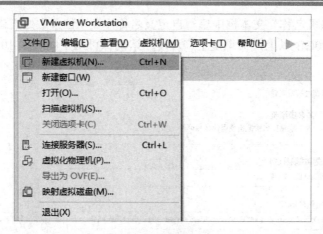

图 8-2 新建虚拟机

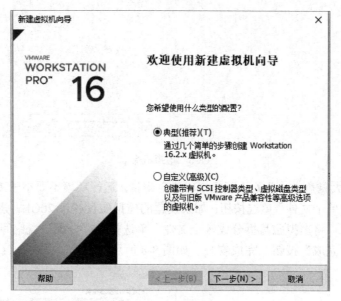

图 8-3 进行典型安装

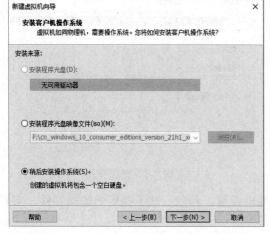

图 8-4 选中"稍后安装操作系统"单选按钮

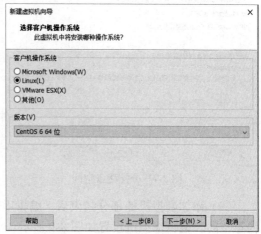

图 8-5 选择合适的操作系统

（6）在"虚拟机名称"文本框中填写自定义名称，在"位置"处选择一个较大的磁盘，确保剩余空间为 20GB 以上，如果是生产环境，请确保可用空间超过 100GB。虚拟机命名如图 8-6 所示。

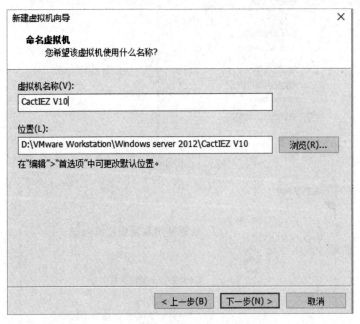

图 8-6　虚拟机命名

（7）在"最大磁盘大小"处填写虚拟机磁盘容量，运行环境不要小于 100GB，选中"将虚拟磁盘存储为单个文件"单选按钮；如果设置的虚拟磁盘超过 20GB，建议拆分成多个文件，此时应选中"将虚拟磁盘拆分成多个文件"单选按钮。分配磁盘空间如图 8-7 所示。

（8）单击"完成"按钮，完成安装，如图 8-8 所示。

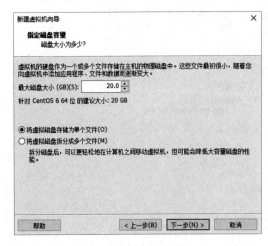

图 8-7　分配磁盘空间

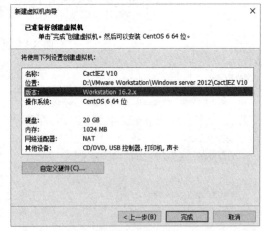

图 8-8　完成安装

（9）添加虚拟机的部分结束后，编辑虚拟机设置，移除一些不使用的虚拟硬件，节省内存空间。编辑虚拟机设置如图 8-9 所示。

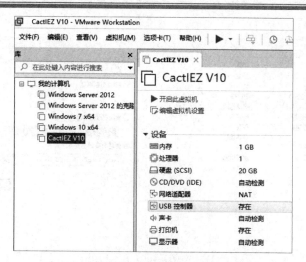

图 8-9　编辑虚拟机设置

（10）在"硬件"界面下，将内存修改为 512 MB，注意内存不得低于 512 MB，否则将无法安装。移除不使用的硬件，如图 8-10 所示。

图 8-10　移除不使用的硬件

（11）选择"CD/DVD"选项，在右侧"连接"选项组中选中"使用 ISO 映像文件"单选按钮，并选择合适的映像文件，如图 8-11 所示，单击"确定"按钮。

图 8-11 选择合适的映像文件

（12）至此，虚拟机配置完成，单击"开启此虚拟机"命令，开始安装 CactiEZ 中文版 V10，如图 8-12 所示。

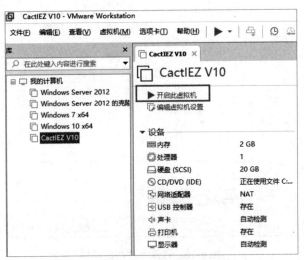

图 8-12 开始安装 CactiEZ 中文版 V10

（13）CactiEZ 中文版 V10 安装共分为两步，第一步是进入 CactiEZ 中文版 V10 安装界面，单击“Install CactiEZ 10.1 x86_64”命令，如图 8-13 所示。

CactIEZ V10 - VMware Workstation
文件(F) 编辑(E) 查看(V) 虚拟机(M) 选项卡(T) 帮助(H)
库
在此处键入内容进行搜索
我的计算机
Windows Server 2012
Windows 7 x64
Windows 10 x64
CactIEZ V10
Welcome to CactiEZ 10.1
Install CactiEZ 10.1 x86_64
Boot from local drive
Press [Tab] to edit options
CACTIEZ
中文版 10.1
www.cactiez.com

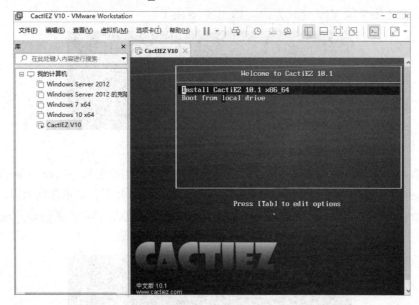

图 8-13　单击“Install CactiEZ 10.1 x86_64”命令

（14）按下回车键后进入第二步，CactiEZ 中文版 V10 安装进度如图 8-14 所示。

Package Installation
37%
Packages completed: 105 of 277
Installing vim-common-7.2.411-1.4.el6.x86_64 (16 MB)
The common files needed by any version of the VIM editor

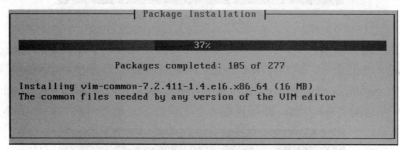

图 8-14　CactiEZ 中文版 V10 安装进度

（15）安装结束后，按下回车键或空格键，系统将自动重启，并进入系统。如果之前设置了光盘优先启动，请不要忘了改成硬盘优先启动，重启系统如图 8-15 所示。

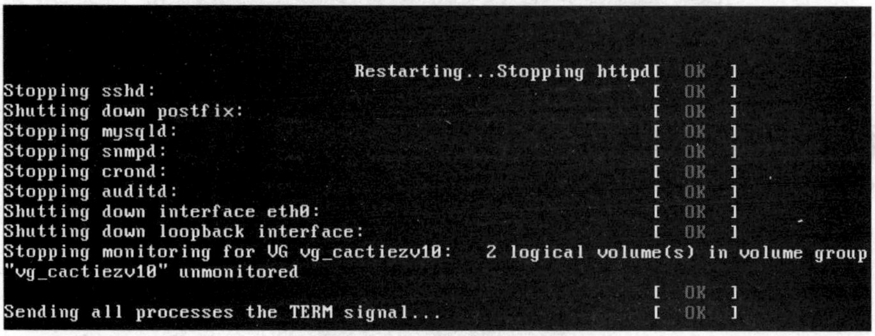

Restarting...Stopping httpd[OK]
Stopping sshd: [OK]
Shutting down postfix: [OK]
Stopping mysqld: [OK]
Stopping snmpd: [OK]
Stopping crond: [OK]
Stopping auditd: [OK]
Shutting down interface eth0: [OK]
Shutting down loopback interface: [OK]
Stopping monitoring for VG vg_cactiezv10: 2 logical volume(s) in volume group
"vg_cactiezv10" unmonitored
[OK]
Sending all processes the TERM signal... [OK]

图 8-15　重启系统

第二步：登录并配置网络，如果已经成功安装 CactiEZ 中文版 V10，那么现在可以开始登录了。

（1）如果是虚拟机，则单击虚拟机屏幕内任意一个地方；如果是物理机，那么首先看到的是 CactiEZ 中文版 V10 登录界面，如图 8-16 所示。

CactiEZ Chinese Version 10.1
www.cactiez.com
CactiEZ login: root
Password:
Last login: Thu Sep 15 12:10:05 on tty1
[root@CactiEZ ~]# _

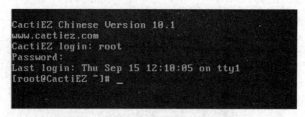

图 8-16　CactiEZ 中文版 V10 登录界面

（2）输入用户名和密码登录系统，所有 Linux 的管理员用户名都是 root，CactiEZ V10 的密码是 CactiEZ（请注意区分大小写）。在输入密码时，屏幕并不会显示任何内容，这是为了防止有人偷看。请直接输入密码，然后按下回车键。如果登录成功，将会看到[root@localhost～]#的提示，在这里，可以开始输入命令。登录成功如图 8-17 所示。

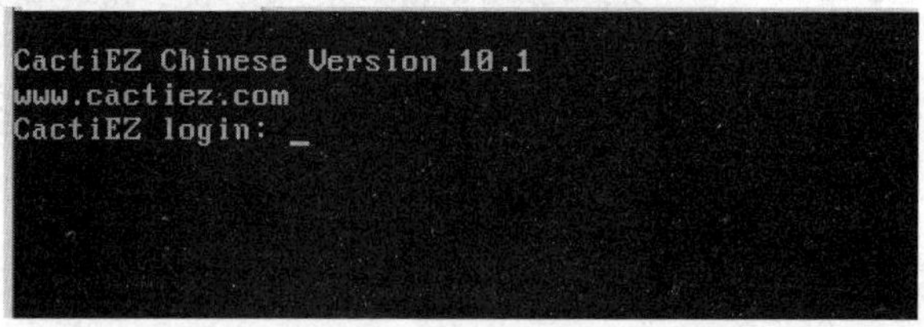

CactiEZ Chinese Version 10.1
www.cactiez.com
CactiEZ login: _

图 8-17　登录成功

（3）如果要退出系统，则直接输入 exit 命令即可；要重启系统，输入 reboot 命令；要关闭系统，输入 halt 命令。成功登录 CactiEZ 中文版 V10 以后，便可以开始配置网络了。

（4）输入 system-config-network 命令配置网络。提示：只需要先输入“syst”，然后按下字母“Q”左边的“Tab”键，即可自动补充完整命令。配置网络参数如图 8-18 所示。

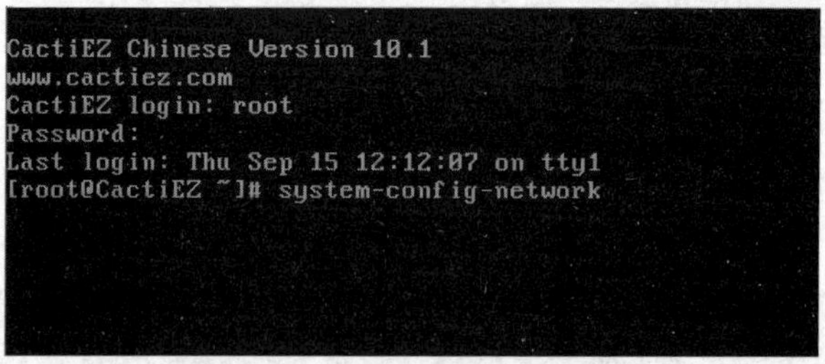

CactiEZ Chinese Version 10.1
www.cactiez.com
CactiEZ login: root
Password:
Last login: Thu Sep 15 12:12:07 on tty1
[root@CactiEZ ~]# system-config-network

图 8-18　配置网络参数

（5）单击“Device configuration”命令，进入设备配置界面，如图 8-19 所示。

Select Action
Device configuration
DNS configuration
Save&Quit
Quit

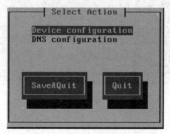

图 8-19　进入设备配置界面

（6）此时会列出计算机内可用的网络设备，现在看到的是 eth0（第一块以太网网卡），按下回车键配置对应的网络设备，如图 8-20 所示。

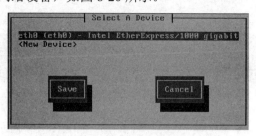

图 8-20　配置对应的网络设备

（7）在这里可以配置网络设备的 IP 地址、子网掩码、默认网关、主要和次要 DNS 服务器。请自行输入合适的配置，使用"Tab"键可以跳到下一个输入框，使用"Shift＋Tab"键可以跳到上一个输入框。配置完成后，单击"OK"按钮即可。配置设备的相关网络参数如图 8-21 所示。

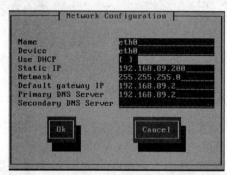

图 8-21　配置设备的相关网络参数

（8）单击"Save"按钮，保存网络参数配置，如图 8-22 所示。

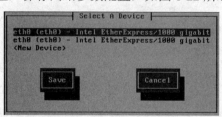

图 8-22　保存网络参数配置

（9）单击"Save&Quit"按钮，保存并退出设备配置界面，如图 8-23 所示。

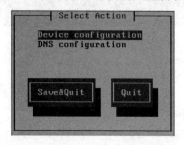

图 8-23　保存并退出设备配置界面

（10）退出后即返回之前的控制台界面，新配置的网络参数不会立刻生效，要么重启系统，要么重启网络服务。现在输入“service network restart”命令重启网络服务，如图8-24所示。

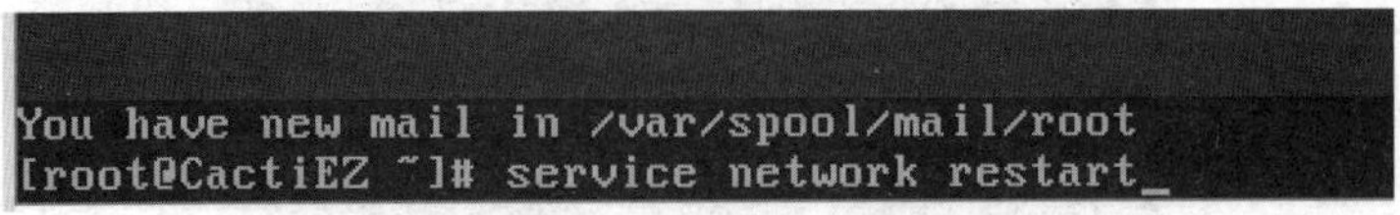

```
You have new mail in /var/spool/mail/root
[root@CactiEZ ~]# service network restart_
```

图8-24　重启网络服务

（11）如果看到图8-25中的四个或更多的绿色“OK”，即表示网络配置完成。如果看到有其他红色提示等，则请重新配置网络，重点检查语法。

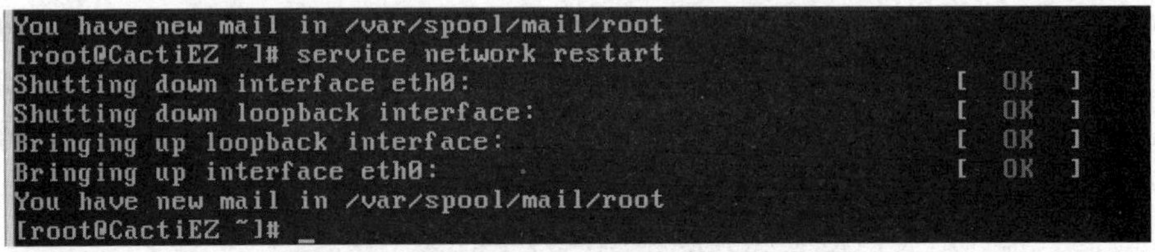

```
You have new mail in /var/spool/mail/root
[root@CactiEZ ~]# service network restart
Shutting down interface eth0:                              [  OK  ]
Shutting down loopback interface:                          [  OK  ]
Bringing up loopback interface:                            [  OK  ]
Bringing up interface eth0:                                [  OK  ]
You have new mail in /var/spool/mail/root
[root@CactiEZ ~]# _
```

图8-25　网络配置完成

（12）如果已经配置完成，则可以开始测试网络是否正常。输入“ping 192.168.0.1”命令（192.168.0.1请自行修改为自己的网关），如果看到如图8-26所示的网络测试结果，则表示网络配置已成功。如果需要使用CactiEZ V10自动发送邮件报警，则需要确保CactiEZ V10能访问互联网，访问互联网需要正确的网关和DNS。建议输入“ping smtp.163.com”命令检查DNS解析是否正常。

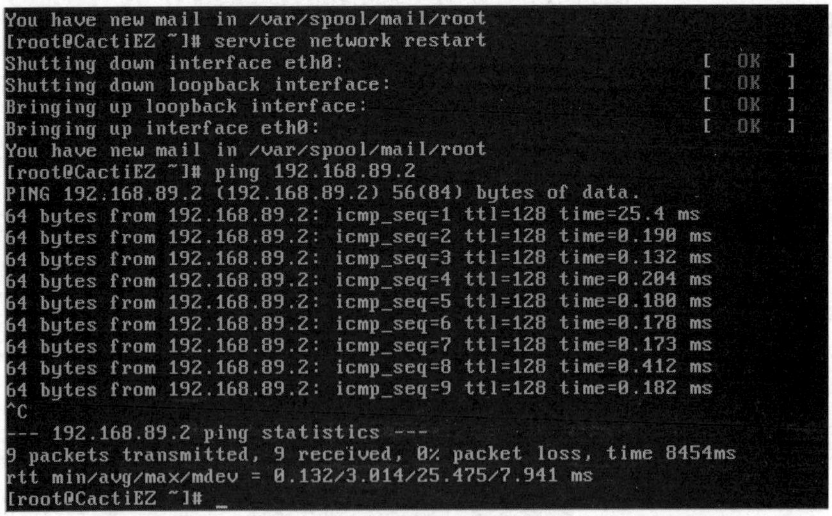

```
You have new mail in /var/spool/mail/root
[root@CactiEZ ~]# service network restart
Shutting down interface eth0:                              [  OK  ]
Shutting down loopback interface:                          [  OK  ]
Bringing up loopback interface:                            [  OK  ]
Bringing up interface eth0:                                [  OK  ]
You have new mail in /var/spool/mail/root
[root@CactiEZ ~]# ping 192.168.89.2
PING 192.168.89.2 (192.168.89.2) 56(84) bytes of data.
64 bytes from 192.168.89.2: icmp_seq=1 ttl=128 time=25.4 ms
64 bytes from 192.168.89.2: icmp_seq=2 ttl=128 time=0.190 ms
64 bytes from 192.168.89.2: icmp_seq=3 ttl=128 time=0.132 ms
64 bytes from 192.168.89.2: icmp_seq=4 ttl=128 time=0.204 ms
64 bytes from 192.168.89.2: icmp_seq=5 ttl=128 time=0.180 ms
64 bytes from 192.168.89.2: icmp_seq=6 ttl=128 time=0.178 ms
64 bytes from 192.168.89.2: icmp_seq=7 ttl=128 time=0.173 ms
64 bytes from 192.168.89.2: icmp_seq=8 ttl=128 time=0.412 ms
64 bytes from 192.168.89.2: icmp_seq=9 ttl=128 time=0.182 ms
^C
--- 192.168.89.2 ping statistics ---
9 packets transmitted, 9 received, 0% packet loss, time 8454ms
rtt min/avg/max/mdev = 0.132/3.014/25.475/7.941 ms
[root@CactiEZ ~]# _
```

图8-26　网络测试结果

（13）至此，网络配置已完成。

（14）如果网络配置成功，那么请使用另一台Windows或Linux计算机，使用浏览器登录CactiEZ V10。大量的使用和配置都是基于浏览器操作的，用户登录界面如图8-27所示。

（15）在此输入用户名和密码，注意该用户名和密码与系统的用户名和密码不同。默认管理员用户名为admin，默认密码为admin，单击“登录”按钮，如图8-28所示。

图 8-27　用户登录界面 　　　　　　　　　　图 8-28　单击"登录"按钮

（16）不用担心别人登录自己的系统，因为第一次登录需要修改密码，建议修改为绝对牢记的密码（CactiEZ V10 没有找回密码功能），修改新的密码如图 8-29 所示。

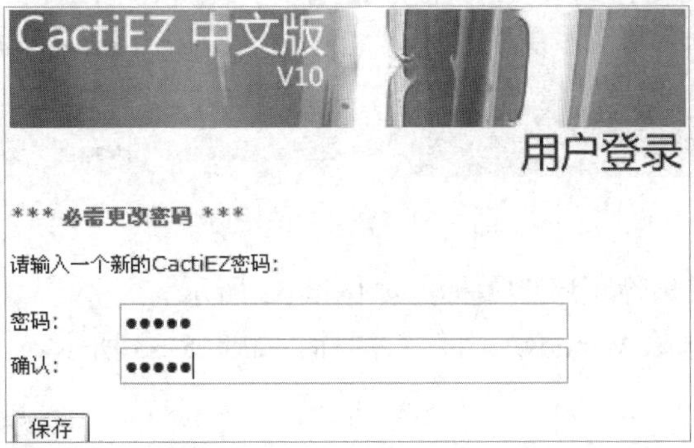

图 8-29　修改新的密码

（17）欢迎进入 CactiEZ V10 的操作界面，如图 8-30 所示。

图 8-30　进入 CactiEZ V10 的操作界面

第三步：监控主机与网络设备。

（1）监控主机（以 Windows 系统为例）。

要监控一台 Windows 主机，需要在被监控的主机上安装简单网络管理协议（SNMP），并进行基本配置。

（2）进入控制面板，如图 8-31 所示。

图 8-31　进入控制面板

（3）单击"添加或删除程序"图标，如图 8-32 所示。

（4）单击"添加/删除 Windows 组件"图标，如图 8-33 所示。

图 8-32　单击"添加或删除程序"图标　　　图 8-33　单击"添加/删除 Windows 组件"图标

（5）勾选"管理和监视工具"复选框，如图 8-34 所示，单击"下一步"按钮。

图 8-34　勾选"管理和监视工具"复选框

（6）按提示插入光盘，如图 8-35 所示。

图 8-35　按提示插入光盘

（7）可以插入光盘，也可以将光盘解压缩到磁盘某个目录中，选择有安装文件的目录如图 8-36 所示。

（8）Windows 可能会多次要求插入光盘，只需要选择相同位置即可。单击"完成"按钮，完成组件安装，如图 8-37 所示。

图 8-36　选择有安装文件的目录

图 8-37　完成组件安装

（9）运行"services.msc"，如图 8-38 所示。

注意：也可以右击"我的电脑"图标，在弹出的快捷菜单中选择"管理"选项，打开"计算机管理"窗口，选择"服务和应用程序"索引中的"服务"选项，双击可以达到同样的效果。正所谓"条条大路通罗马"，读者可以根据自身的习惯选择不同的方法。

（10）双击"SNMP Service"，如图 8-39 所示。

图 8-38　运行"services.msc"

图 8-39　双击"SNMP Service"

（11）添加或修改团体名称，如图 8-40 所示，但在 CactiEZ-Web 界面中添加主机时要对应，单击"确定"按钮完成设置。

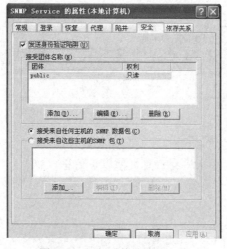

图 8-40　添加或修改团体名称

至此，我们已经完成 CactiEZ V10 的基本配置，可以开始添加主机及网络设备了。在添加主机及网络设备时，应注意主机及网络设备添加界面中各个选项的参数设置是否和我们初始配置时的基本参数相符合。

（12）登录 CactiEZ-Web 界面，依次选择"控制台"→"主机"→"添加"选项，添加主机如图 8-41 所示。

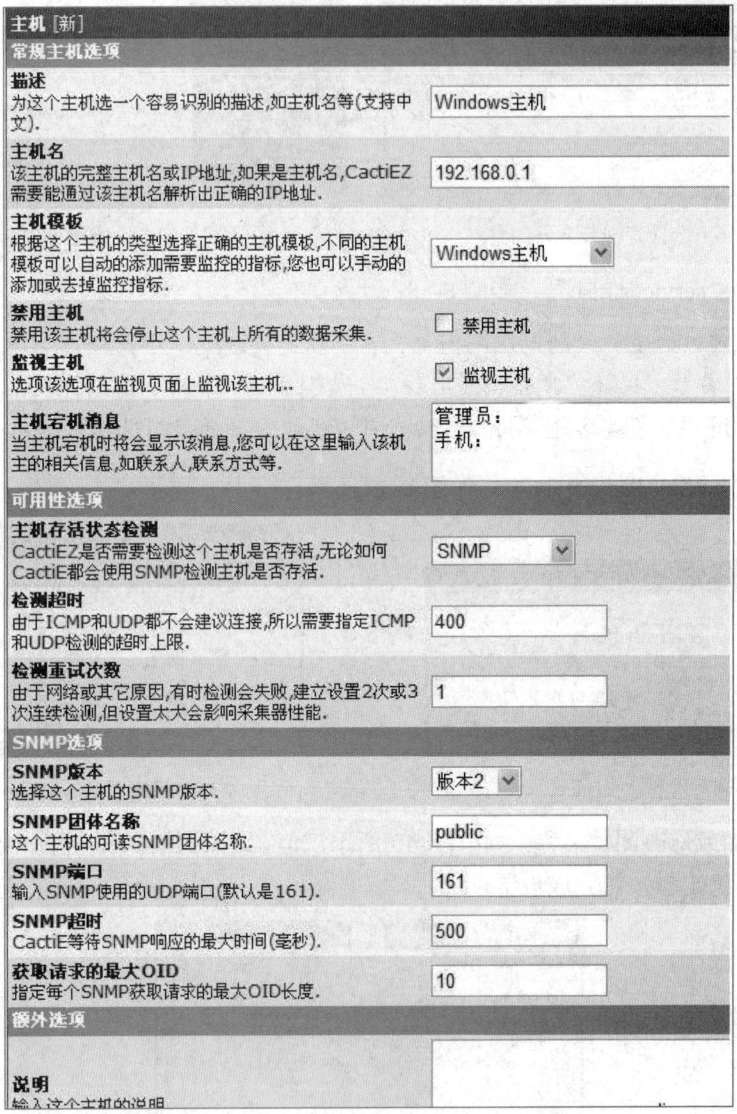

图 8-41　添加主机

注意"SNMP 团体名称"是否和我们初始配置时一致。

（13）如果一切正常，那么将会看到类似以下信息。

```
Windows 主机 (192.168.0.1)
SNMP 信息
操作系统:Hardware: x86 Family 6 Model 37 Stepping 2 AT/AT COMPATIBLE -
Software: Windows 2003 Version 5.1 (Build 2600 Multiprocessor Free)
运行时间: 56379 (0 天, 0 小时, 9 分钟)
```

主机名: Windows-host
位置:
联系人:

（14）单击"为这台主机添加图形"按钮，勾选需要监控的各种指标。注意 32 位和 64 位系统的区别。

（15）要监控路由交换设备（以 Cisco 设备为例），需要在被监控的设备上启用 SNMP。可使用以下命令启用。

```
Router#configure terminal
Enter configuration commands, one per line.  End with CNTL/Z.
Router(config)#snmp-server community ORARO ro
Router(config)#end
```

（16）登录 CactiEZ-Web 界面，依次选择"控制台"→"主机"→"添加"选项，添加路由交换设备如图 8-42 所示。

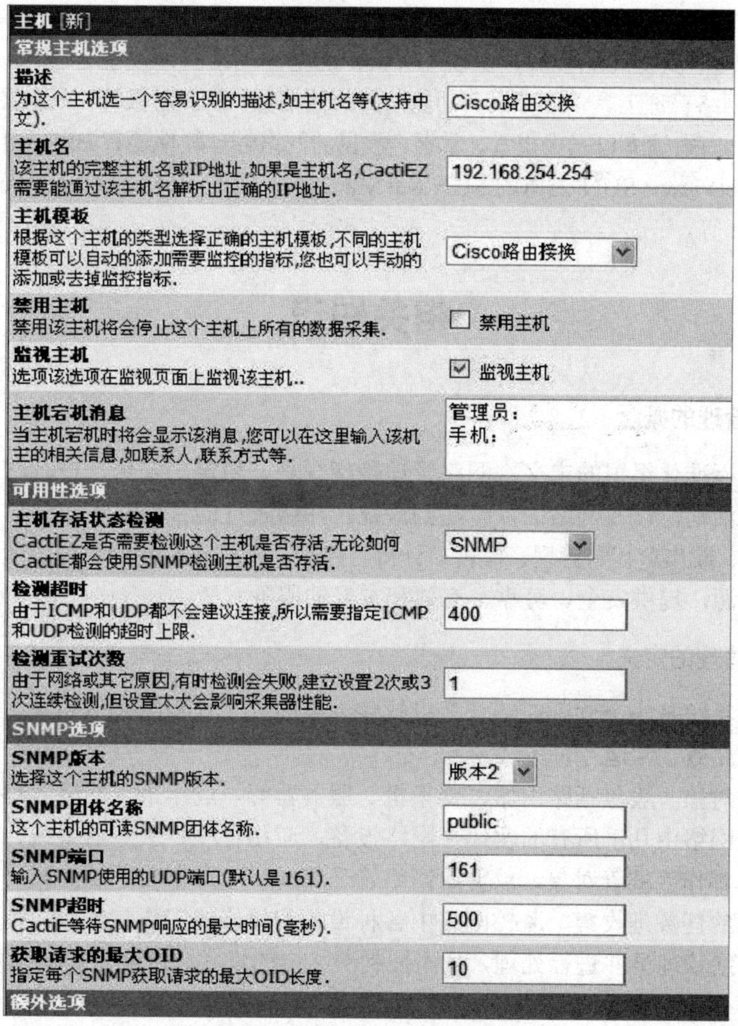

图 8-42　添加路由交换设备

（17）如果一切正常，那么将会看到类似以下信息。

```
Cisco 路由交换 （192.168.254.254）
SNMP 信息
操作系统:Cisco IOS Software, s73233_rp Software (s72033_rp-IPSERVICESK9 _WAN-M),
Version 12.2 (33) SXI2a, RELEASE SOFTWARE (fc2) Technical Support:
http://www.cisco.com/techsupport Copyright (c) 1986-2009 by Cisco
Systems, Inc. Compiled Wed 02-Sep-09 01:00 by prod
运行时间: 1881280844 （217 天, 17 小时, 46 分钟）
主机名: router-6509.local
位置: HangZhou,China
联系人: ******
```

如果情况异常，则请检查 SNMP 团体名称、IP 地址、防火墙等。

（18）在"图形模板"区域中的"Cisco - CPU 使用率"下勾选需要监控的 CPU。

（19）在"数据查询"区域中选择需要监控的网络接口，选择"流入/流出位（64 位）"选项。注意一定要选择"流入/流出位（64 位）"选项，否则流量统计会不准。

（20）单击"添加"按钮，完成配置。

经过以上几个步骤的配置后，实现了 Cacti 的基本网络管理功能。当然，Cacti 作为一款功能强大的网络管理工具，还有很多功能，如邮件报警、Syslog 报警、气象图等，在这里就不再一一介绍，有待读者自己去摸索、掌握。常见的网络管理软件还有 HP 公司的 OpenView、IBM 公司的 NetView、SUN 公司的 SUN Net Manager、Cisco 公司的 Cisco Works、3Com 公司的 Transcend 等。

相关知识

1．网络管理的概念

按照国际标准化组织的定义，网络管理是指规划、稳定、安全、控制网络资源的使用和网络的各种活动，以使网络的性能达到最优。网络管理的目的在于提供对计算机网络进行规划、设计、操作运行、管理、监视、分析、控制、评估和扩展的手段，从而合理地组织和利用系统资源，提供安全、可靠、有效和友好的服务。

2．网络管理的定义

网络管理系统是一个软硬件结合、以软件为主的分布式网络应用系统，其目的是管理网络，使网络高效正常运行。

网络管理对象一般包括路由器、交换机、服务器等。近年来，网络管理对象有扩大化的趋势，即把网络中几乎所有的实体（网络设备、应用程序、服务器系统、辅助设备，如 UPS 电源等）都作为被管对象，以便给网络管理员提供一个全面系统的网络视图。

网络管理的任务是收集、监控网络中各种设备和设施的工作参数、工作状态信息，将结果显示给网络管理员并进行处理，从而控制网络中的设备、设施、工作参数和工作状态，使网络可靠运行。

3．网络管理的目标

网络管理的目标包括缩短停机时间，改进响应时间，提高设备利用率；减少运行费用，提高效率；减少或消除网络瓶颈；适应新技术；使网络更容易使用；安全。

可见，网络管理的目标是最大限度地增加网络的可用时间，提高网络设备的利用率、网络性能、服务质量和安全性，简化网络管理和降低网络运行成本，并提供网络的长期规划。

4．网络管理的基本功能

在 OSI 网络管理标准中定义了网络管理的五个基本功能：配置管理、性能管理、故障管理、安全管理和计费管理。

（1）配置管理。

配置管理（Configuration Management）包括视图管理、拓扑管理、设备管理、网络规划和资源管理。只有当有权配置整个网络时，才可能正确地管理该网络，排除出现的问题，因此配置管理是网络管理最重要的功能。配置管理的关键是设备管理，它由以下两个方面构成。

① 布线系统的维护。

做好布线系统的日常维护工作，确保底层网络连接完好，是计算机网络正常、高效运行的基础。对布线系统的测试和维护一般借助双绞线测试仪、光纤测试仪、规程分析仪和信道测试仪等。

② 关键设备管理。

网络中的关键设备一般包括网络的主干交换机、中心路由器及关键服务器。对这些关键网络设备的管理除通过网络软件实时监测外，更重要的是要做好它们的备份工作。

（2）性能管理。

网络性能主要包括网络吞吐量、响应时间、线路利用率、网络可用性等。性能管理（Performance Management）是指通过监控网络运行状态，调整网络性能参数来改善网络的性能，确保网络平稳运行。性能管理主要包括以下工作。

① 性能数据的采集和存储。

完成对网络设备和网络通道性能数据的采集和存储。

② 性能门限的管理。

性能门限的管理是为了提高网络管理的有效性，在特定的时间内为网络管理员选择监视对象、设置监视时间及提供设置和修改性能门限的手段。当性能不理想时，通过对各种资源的调整来改善网络性能。

③ 性能数据的显示和分析。

根据管理要求，定期对当前和历史数据进行显示及统计分析，生成各种关系曲线，并产生数据报告。

（3）故障管理。

故障管理（Fault Management）又称失效管理，主要是指对来自硬件设备或路径节点的报警信息进行监控、报告和存储，以及进行故障诊断、定位与处理。

故障就是那些引起系统以非正常方式运行的事件。故障可分为由损坏的部件或软件引起的故障，以及由环境引起的故障。

用户希望有一个可靠的计算机网络，当网络中某个组成失效时，必须迅速查找到故障并能及时给予排除。通常，诊断分析故障原因对于防止类似故障的再次发生相当重要。网络故障管理包括故障检测、故障诊断和故障纠正三个方面。

① 故障检测。

维护和检查故障日志，检查事件的发生率，看是否已发生故障，或者即将发生故障。

② 故障诊断。

执行诊断测试，以寻找故障发生的准确位置，并分析其产生的原因。

③ 故障纠正。

将故障点从正常系统中隔离出去，并根据故障原因进行修复。

（4）安全管理。

安全管理（Security Management）主要保护网络资源与设备不被非法访问，以及对加密机构中的密钥进行管理。

安全管理是网络系统的薄弱环节之一。网络中需要解决的安全问题有：①网络数据的私有性，保护网络数据不被侵入者非法获取；②授权，防止侵入者在网络上发送错误信息；③访问控制，控制对网络资源的访问。

相应地，网络安全管理应包括对授权机制、访问机制、加密机制和加密密钥的管理等。

（5）计费管理。

计费管理（Accounting Management）主要管理各种业务资费标准，制定计费政策，以及管理用户业务使用情况和费用等。

计费管理对网络资源的使用情况进行收集、解释和处理，提出计费报告，包括计费统计、账单通知和会计处理等内容，为网络资源的应用核算成本并提供收费依据。这些网络资源一般包括网络服务，如数据的传输；网络应用，如对服务器的使用。

根据用户所使用网络资源的种类，计费管理分为三种：基于网络流量的计费、基于使用时间的计费和基于网络服务的计费。

计费管理的作用：计算各用户使用网络资源的费用；规定用户使用的最大费用；当用户需要使用多个网络中的资源时，能计算出总费用。

5．网络管理模型

在网络管理中，一般采用基于管理者-代理的网络管理模型，如图 8-43 所示。该模型主要由管理者、代理和被管对象组成。其中，管理者负责整个网络的管理；管理者与代理之间利用网络通信协议交换相关信息，实现网络管理。

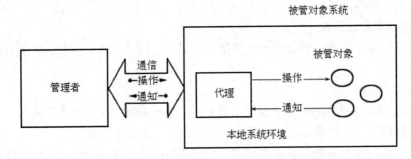

图 8-43　基于管理者-代理的网络管理模型

管理者可以是单一的 PC、单一的工作站或按层次结构在共享的接口下与并发运行的管理模块连接的几个工作站。

代理是被管对象或设备上的管理程序。代理把来自管理者的命令或信息请求转换为本设备特有的指令，监视设备的运行，完成管理者的指示，或者返回它所在设备的信息。另外，代理可以把自身系统中发生的事件主动告诉管理者。一般的代理都会返回它本身的信息，而委托代理可以提供其他系统或设备的信息。

管理者将管理要求通过管理操作指令传输给被管对象系统中的代理，代理则直接管理设备。但是，代理也可能因为某些原因而拒绝管理者的命令。管理者和代理之间的信息交换可以分为从管理者到代理的管理操作和从代理到管理者的事件通知两种。

一个管理者可以和多个代理进行信息交换。一个代理也可以接收来自多个管理者的管理操作指令，在这种情况下，代理需要处理来自多个管理者的多个管理操作之间的协调问题。

6. 网络管理软件发展趋势及网络管理软件的选择

网络管理软件正朝着集成化、智能化的方向快速发展。集成化是指能够和企业信息系统相结合，运用先进的软件技术将企业的应用整合到网络管理系统中，并且网络管理软件的接口统一。智能化是指在网络管理中引入专家分析系统，这样不仅能实时监控网络，还能进行趋势分析，提供建议，真实反映系统的状况。网络管理系统的操作界面进一步向基于 Web 的模式发展，该模式使用方便，并且降低了维护费用和培训费用。另外，软件系统的可塑性将增强，企业能够根据自身的需要定制特定的网络管理模块和数据视图。

用户在选购网络管理软件时，必须结合具体的网络条件。目前市场上销售的网络管理软件可以按功能划分为网元管理软件（主机系统和网络设备）、网络层管理软件（网络协议的使用、LAN 和 WAN 技术的应用及数据链路的选择）、应用层管理软件（应用软件）三个层次。其中最基础的是网元管理软件，最上层的是应用层管理软件。

一般来说，选择网络管理软件可以遵循以下原则。

① 结合企业网络规模，以企业应用为中心。这是购置网络管理软件的基本出发点。网络管理软件应能根据应用环境及用户需求提供端到端的管理，要综合考虑企业网络未来可能的发展并和企业当前的应用相结合。

② 网络管理软件应具有可扩展性，并支持网络管理标准。扩展性包括具有通用接口供企业进行二次开发，并支持 SNMP、RMON 等协议。

③ 支持多协议和第三方管理工具。支持多协议是指可以提供 TCP/IP、IPX 等各种网络协议的监控和管理。有些网络设备需要特殊的第三方管理工具进行管理，因此网络管理软件应该支持和这些第三方管理工具交换数据。

④ 使用手册说明详细，使用方便，网络管理软件可快速进行参数及数据视图的配置。

案例二　线路故障诊断与排除

在网络的管理运维过程中，故障可以说是不可避免的。如果有管理员企图打造零故障的网络，则只能是徒劳的。因为网络故障有太多的随机性和偶然性，何况还有人为因素。因此，管理员要做的是掌握网络排错技巧，积累经验，培养敏锐的嗅觉，从而少走弯路，快速定位并排除故障。

【案例描述】

接到用户反映，某个子网的客户端无法正常上网。

【案例分析】

管理员可以通过网络管理软件从设备的运行状态来进行判断，如果排除了设备故障，就说明是线路故障了，可以通过一些网络命令和专用的工具来对线路故障进行查找、判断和排除。

【实施方案】

前提是排除了设备故障，我们可以先从故障所在的位置进行分析，逐步通过相关网络命令和专业工具（如 FLUKE 测线仪或寻线仪、红光笔、光功率计、OTDR 等）来对网络线路进行排查与判断，以期快速找到故障点。

【实施步骤】

按照实施方案的要求，实施步骤如下。

1. 情形一

如果从主干设备到故障点所在的楼宇整个都不通的话，那说明主干线路出了问题。一般对于网络规模比较大的园区网来说，主干往往是由光缆进行连接的，光缆线路一般采用架空、地下管道埋入等方式进行铺设。我们可以通过一些外部情况来进行判断，如在光缆线路附近是否有施工，在架空的光缆附近是否有大型车辆通过等，很有可能是以上的原因造成了光缆线路的中断。如果线路过长或铺设情况比较复杂，我们往往会借助一些专业的工具进行判断。

（1）通过红光笔打光。一般需要两人配合，一人在一端打光，另一人在另一端观察，如果看不到对方打的红光，则证明光纤中断，利用此法还可以对光纤的纤芯进行配对；如果能看到对方打的红光，但仍然不通的话，则说明可能是光衰过大，这时我们就需要用到光功率计。

（2）通过光功率计测光。如果可以看到红光却不通，我们可以通过光功率计对相关纤芯的光衰进行测试，根据光纤的不同类型选择相应的标准波长。如果光衰大，则光纤两端的光模块就不能正常启动，这时我们就需要对纤芯进行清洗操作或更换光纤跳线和纤芯。

（3）通过 OTDR（Optical Time Domain Reflectometer，光时域反射仪）设备进行定位。如果光功率计没有反应，则说明光纤中断，此时我们可以借助 OTDR 设备对光纤故障点进行准确定位。

找到光纤故障点，通过光纤接续盒对断点进行连接，当然，光纤熔接设备是必不可少的。光纤接续成功，故障排除。

2．情形二

一般网络的结构都为核心层-汇聚层-接入层，如果从主干设备到楼宇的汇聚设备都没有问题，则问题有可能出在从汇聚层到接入层这一段，我们应该先通过网络命令来测试接入设备是否正常。若连不上接入设备，则有可能存在以下情况。

（1）查看楼层电源是否正常。这是经常出现的一种情况，因此，建议在施工时，针对网络设备应该专门铺设一路安全稳定的动力线。

（2）从汇聚设备到接入设备一般会采用多模光纤或 6 类双绞线进行连接，我们应该先目测线路是否有被破坏的痕迹，如被剪断或拉断，或者被老鼠咬断。如果线路铺设情况复杂，不便于目测，我们则需要借助相关测试设备进行判断（光纤线路测试设备参考情形一），如果线路是双绞线的话，我们可以借助 FLUKE 测线仪或寻线仪。

找到故障点，光纤线路参考情形一，如果线路是双绞线，则根据实际情况使用接线端子或相应模块进行接续，或者为了保证传输质量及稳定性来重新布线。

3．情形三

情形一及情形二出现的概率相对较小，更多的故障原因存在于情形三中，具体情况如下。

（1）在本地计算机中，本地连接禁用情形如图 8-44 所示。

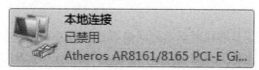

图 8-44　本地连接禁用情形

在 IP 地址配置正确的前提下，只需要右击，在弹出的快捷菜单中选择"启用"选项即可解决，一般是误操作导致的。

（2）在本地计算机中，本地连接断开情形如图 8-45 所示。

图 8-45　本地连接断开情形

对于此种情形，在排除上联设备没有断电的情况下，多半是双绞线跳线不通引起的，可能原因如下。

① 有可能是经常插拔 RJ-45 接头，造成松动或接触不良。

② 有可能是所用网线质量不好，老化。

③ 有可能是 RJ-45 接头线序错误。

④ 有可能是网卡速率与上联端口速率不匹配。

如果是前 3 种情况，只需要通过测线工具找到具体原因，重新制作 RJ-45 接头或更换双绞线跳线即可；如果是情况④，则需要调整网卡速率，一般网卡都是自适应的，这是一种特殊情况。

（3）在本地计算机中，本地连接正常情形如图 8-46 所示。

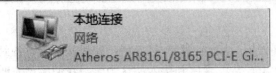

图 8-46　本地连接正常情形

对于此种情形，在排除设备故障的前提下，则可能有以下几种情况。

① 有可能是没有配置正确的 IP 地址。

② 如果用户使用的是自动获取 IP 地址的方式，则有可能是没有获取正确的 IP 地址。

③ 有可能是网络中存在环路。

④ 杀毒软件或防火墙设置所致。

对于前两种情况，及时与网络管理员联系，找到正确的 IP 地址即可，如果是自动获取 IP 地址的，则可能是在网段中有未正确设置的路由器，只需要找到并正确设置即可。对于情况③，有可能是在屋内使用了小路由器或交换机，但走线杂乱，线路未进行标记，业务走向不明，造成环路故障。对于情况④，仔细查看相关设置，更改即可。

相关知识

1．网络诊断命令

我们经常要检测服务器端和客户端之间是否连接成功、希望检查本地计算机和某个远程计算机之间的路径、检查 TCP/IP 的统计情况及在系统使用 DHCP 分配 IP 地址时掌握当前所有的 TCP/IP 网络配置情况，以便及时了解整个网络的运行情况，确保网络的连通性，保证整个网络的正常运行。

（1）查看网络配置：ipconfig 命令。

为了避免为一个个客户端分配静止的 IP 地址而增加工作量和减少重复分配的错误，在局域网中通常架设一台 DHCP 服务器，以便动态地、自动地为客户端分配 IP 地址。但是在网络维护和调试过程中，我们有时需要知道当前所有 TCP/IP 的网络配置信息，这时，ipconfig 命令就显得很有意义。

ipconfig 命令用来显示所有网络适配器的完整配置信息，包括主机名、所有 DNS 服务器列表、节点类型、系统的 IP 路由选择状态、IP 地址、子网掩码等。该命令在运行 DHCP 的系统上有特殊用途，允许用户查询 DHCP 配置的 TCP/IP 配置值。

命令格式如下。

```
ipconfig [/all | /renew [adapter] | /release [adapter]]
```

其中，参数/all 用来显示所有网络接口状态。

在没有参数/all 的情况下，ipconfig 命令只显示 IP 地址、子网掩码和每个网卡的默认网关值。

```
C:/Documents and Settings/dding>ipconfig /all
Windows IP Configuration
Host Name . . . . . . . . . . . . : ding
Primary Dns Suffix . . . . . . . :
Node Type . . . . . . . . . . . . : Hybrid
```

```
IP Routing Enabled. . . . . . . . : No
WINS Proxy Enabled. . . . . . . . : No
Ethernet adapter 本地连接:
Connection-specific DNS Suffix  . :
Description . . . . . . . . . . . : Realtek RTL8139 Family PCI Fast Ethernet NIC
Physical Address. . . . . . . . . : 00-E0-4C-5B-97-35
Dhcp Enabled. . . . . . . . . . . : Yes
Autoconfiguration Enabled . . . . : Yes
IP Address. . . . . . . . . . . . : 192.168.0.14
Subnet Mask . . . . . . . . . . . : 255.255.255.0
Default Gateway . . . . . . . . . : 192.168.0.1
DHCP Server . . . . . . . . . . . : 192.168.0.1
DNS Servers . . . . . . . . . . . : 202.106.46.151
```

（2）简单测试连通性：ping 命令。

前面已详述。

（3）路由跟踪：tracert 命令。

tracert 命令用来显示数据包到达目标主机所经过的路径，并显示到达每个节点的时间。该命令的功能同 ping 命令类似，但它所获得的信息比 ping 命令详细，可以把数据包所走的全部路径、节点的 IP 地址及花费的时间都显示出来。tracert 命令比较适用于大型网络。

命令格式如下。

```
tracert IP 地址或主机名 [-d] [-h maximumhops] [-w timeout]
```

参数含义如下。

-h maximumhops：指定搜索到目标地址的最大跳数。

-w timeout：指定超时时间间隔，程序默认的时间单位是 ms。

-d，可以指定程序在跟踪主机的路径信息时，解析目标主机的域名。

```
C:/Documents and Settings/dding>tracert www.163.com
Tracing route to www.cache.split.netease.com [61.135.253.9]
over a maximum of 30 hops:
1    67 ms    27 ms    38 ms  123.118.0.1
2    40 ms    39 ms    33 ms  202.106.49.45
3    85 ms    18 ms    19 ms  bt-227-105.bta.net.cn [202.106.227.105]
4   215 ms   385 ms   319 ms  61.148.152.129
5    19 ms    19 ms    20 ms  61.148.152.137
6   188 ms    79 ms    49 ms  61.148.157.246
7    19 ms    19 ms    19 ms  bt-229-010.bta.net.cn [202.106.229.10]
8   164 ms    76 ms    86 ms  61.49.41.22
9   124 ms    44 ms    27 ms  61.135.253.9
Trace complete.
```

（4）关注网络的每一个细节：netstat 命令。

netstat 命令用来了解网络的整体使用情况。netstat 命令可以显示当前正在活动的网络连接的详细信息，如显示网络连接、路由表和网络接口信息，可以统计目前总共有哪些网络连接正在运行。

利用命令参数，命令可以显示所有协议的使用状态，这些协议包括 TCP 协议、UDP 协议及 IP 协议等，还可以选择特定的协议并查看其具体信息，并能显示所有主机的端口号及当前主机的详细路由信息。

命令格式如下。

```
netstat [-r] [-s] [-n] [-a]
```

参数含义如下。

-r：显示本机路由表的内容。

-s：显示每个协议的使用状态（包括 TCP 协议、UDP 协议、IP 协议）。

-n：以数字表格形式显示地址和端口。

-a：显示所有主机的端口号。

```
C:/Documents and Settings/dding>netstat -r
Route Table
===================================================
Interface List
0x1 ........................ MS TCP Loopback interface
0x2 ...00 50 56 c0 00 08 ...... VMware Virtual Ethernet Adapter for VMnet8
0x3 ...00 50 56 c0 00 01 ...... VMware Virtual Ethernet Adapter for VMnet1
0x4 ...00 e0 4c 5b 97 35 ...... Realtek RTL8139 Family PCI Fast Ethernet NIC -
数据包计划程序微型端口
===================================================
===================================================
Active Routes:
Network Destination        Netmask        Gateway        Interface  Metric
0.0.0.0            0.0.0.0      192.168.0.1    192.168.0.14      20
127.0.0.0         255.0.0.0       127.0.0.1       127.0.0.1       1
169.254.0.0       255.255.0.0    192.168.0.14    192.168.0.14       30
192.168.0.0     255.255.255.0    192.168.0.14    192.168.0.14       20
192.168.0.14  255.255.255.255      127.0.0.1       127.0.0.1       20
192.168.0.255  255.255.255.255     192.168.0.14    192.168.0.14       20
192.168.139.0    255.255.255.0    192.168.139.1   192.168.139.1       20
192.168.139.1  255.255.255.255      127.0.0.1       127.0.0.1       20
192.168.139.255  255.255.255.255    192.168.139.1   192.168.139.1       20
192.168.190.0    255.255.255.0    192.168.190.1   192.168.190.1       20
192.168.190.1  255.255.255.255      127.0.0.1       127.0.0.1       20
192.168.190.255  255.255.255.255    192.168.190.1   192.168.190.1       20
224.0.0.0         240.0.0.0     192.168.0.14    192.168.0.14       20
224.0.0.0         240.0.0.0    192.168.139.1   192.168.139.1       20
224.0.0.0         240.0.0.0    192.168.190.1   192.168.190.1       20
255.255.255.255  255.255.255.255      192.168.0.14    192.168.0.14       1
255.255.255.255  255.255.255.255     192.168.139.1   192.168.139.1       1
255.255.255.255  255.255.255.255     192.168.190.1   192.168.190.1       1
Default Gateway:     192.168.0.1
===================================================
Persistent Routes:
None
C:/Documents and Settings/dding>netstat -s
IPv4 Statistics
Packets Received                  = 674726
```

```
Received Header Errors            = 0
Received Address Errors           = 34
Datagrams Forwarded               = 0
Unknown Protocols Received        = 0
Received Packets Discarded        = 1763
Received Packets Delivered        = 672547
Output Requests                   = 702740
Routing Discards                  = 0
Discarded Output Packets          = 188
Output Packet No Route            = 0
Reassembly Required               = 801
Reassembly Successful             = 385
Reassembly Failures               = 30
Datagrams Successfully Fragmented = 0
Datagrams Failing Fragmentation   = 0
Fragments Created                 = 0
ICMPv4 Statistics
            Received    Sent
Messages              4279      144
Errors                267       0
Destination Unreachable  704        25
Time Exceeded         72        30
Parameter Problems    0         0
Source Quenches       0         0
Redirects             0         0
Echos                 4         85
Echo Replies          3232      4
Timestamps            0         0
Timestamp Replies     0         0
Address Masks         0         0
Address Mask Replies  0          0
TCP Statistics for IPv4
Active Opens                      = 4415
Passive Opens                     = 1623
Failed Connection Attempts        = 159
Reset Connections                 = 1959
Current Connections               = 7
Segments Received                 = 84067
Segments Sent                     = 78923
Segments Retransmitted            = 2407
UDP Statistics for IPv4
Datagrams Received    = 591969
No Ports              = 54
Receive Errors        = 57
Datagrams Sent        = 621259
C:/Documents and Settings/dding>netstat -n
Active Connections
Proto  Local Address          Foreign Address         State
```

```
TCP    127.0.0.1:1056        127.0.0.1:27015        ESTABLISHED
TCP    127.0.0.1:27015       127.0.0.1:1056         ESTABLISHED
TCP    192.168.0.14:1066     207.46.110.37:1863     ESTABLISHED
TCP    192.168.0.14:1130     219.133.63.142:443     CLOSE_WAIT
TCP    192.168.0.14:1131     121.14.101.163:8000    CLOSE_WAIT
TCP    192.168.0.14:1595     202.108.33.122:80      TIME_WAIT
TCP    192.168.0.14:1597     60.2.251.13:80         TIME_WAIT
TCP    192.168.0.14:4236     202.106.199.35:80      CLOSE_WAIT
TCP    192.168.0.14:4250     222.141.52.119:80      CLOSE_WAIT
C:/Documents and Settings/dding>netstat -a
Active Connections
Proto  Local Address         Foreign Address        State
TCP    ding:http             ding:0                 LISTENING
TCP    ding:epmap            ding:0                 LISTENING
.........
UDP    ding:microsoft-ds     *:*
UDP    ding:isakmp           *:*
UDP    ding:1004             *:*
UDP    ding:1025             *:*
.........
UDP    ding:ntp              *:*
UDP    ding:1063             *:*
UDP    ding:5353             *:*
```

2．相关网络线路设备

红光笔如图 8-47 所示。

红光笔又叫作通光笔、笔式红光源、可见光检测笔、光纤故障检测器、光纤故障定位仪等，多用于检测光纤断点，目前按其最短检测距离划分为 5 km 红光笔、10 km 红光笔、15 km 红光笔、20 km 红光笔、25 km 红光笔、30 km 红光笔、35 km 红光笔、40 km 红光笔等。

光功率计如图 8-48 所示。

 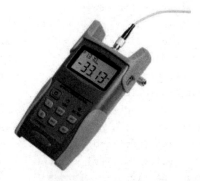

图 8-47 红光笔　　　　　　　　　图 8-48 光功率计

光功率计（Optical Power Meter）是指用于测量绝对光功率或测量一段光纤的光功率相对损耗的仪器。在光纤系统中，光功率计是很常见的，就像电子学中的万用表；在光纤测量中，光功率计是重负荷常用表。通过测量发送端或光网络的绝对功率，一个光功率计就能够评价光端设备的性能。光功率计与稳定光源组合使用，则能够测量连接损耗、检验连续性，并帮助评估光纤链路传输质量。

光功率的单位是 dBm，在光纤收发器或交换机的说明书中有它们的发送光功率和接收光功率，通常发送光功率小于 0 dBm。接收端能接收的最小光功率称为灵敏度，能接收的最大光功率减去灵敏度的值的单位是 dB（dBm-dBm=dB），称为动态范围。发送光功率减去灵敏度是允许的光纤衰耗值。在测试时，实际的发送光功率减去实际接收到的光功率的值就是光纤衰耗值。接收端接收到的光功率最佳值是能接收的最大光功率-(动态范围/2)，但一般达不到。因为每种光收发器和光模块的动态范围不一样，所以光纤具体能够允许衰耗多少要看实际情形，一般来说允许的光纤衰耗值为 15～30 dB。

OTDR 设备如图 8-49 所示。

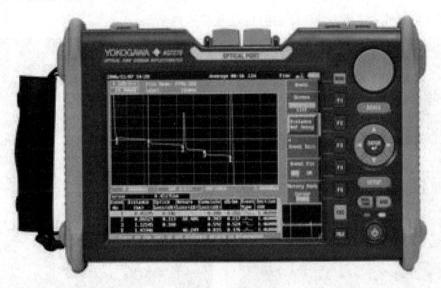

图 8-49 OTDR 设备

OTDR 是利用光线在光纤中传输时的瑞利散射和菲涅尔反射所产生的背向散射而制成的精密的光电一体化仪表，被广泛应用于光缆线路的维护、施工之中，可进行光纤长度、光纤的传输衰减、接头衰减和故障定位等的测量。

能手测线仪及 FLUKE 测线仪如图 8-50 所示，寻线仪如图 8-51 所示。

图 8-50 能手测线仪及 FLUKE 测线仪

图 8-51　寻线仪

单模光纤跳线和多模光纤跳线如图 8-52 和图 8-53 所示。

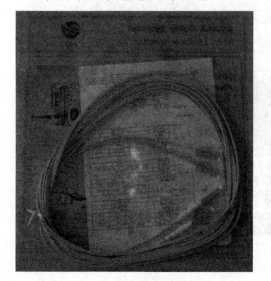

图 8-52　单模光纤跳线（黄色）　　　　图 8-53　多模光纤跳线（橙色）

光纤接口类型如图 8-54 所示。

光纤接口类型

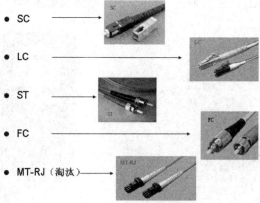

- SC
- LC
- ST
- FC
- MT-RJ（淘汰）

图 8-54　光纤接口类型

光纤连接示意图如图 8-55 所示。

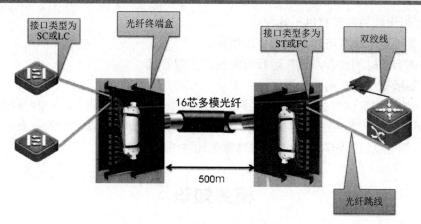

图 8-55　光纤连接示意图

案例三　设备故障诊断与排除

【案例描述】

在日常网络巡查中，通过网络监控管理软件，发现有一栋接入楼宇的线路为灰色，另一栋楼宇的设备状态不正常，同时多个用户反映不能上网，经过排查后，排除了线路故障，进一步对设备进行排查。

【案例分析】

排除了线路故障，那就基本确定是设备出问题了，我们的网络一般采用的是"核心层-汇聚层-接入层"的三级结构，只有两栋楼宇上不了网，而其他楼宇正常，说明核心设备没什么问题，很有可能问题出现在汇聚设备上或连接两端设备的模块上。

【实施方案】

现在的网络设备大部分采用模块化设计，我们可以用替换法来进行排查，同时借助一些专业网络设备和管理软件进行分析。

【实施步骤】

现在进行设备互联，在很多情况下使用的都是 SFP 光模块，在排查故障时，我们最好准备好相关的备件，实施步骤如下。

（1）用光功率计测试光衰是否正常，一般来说，光模块上都有标识，TX 为发，RX 为收。另外，需要注意的是所用模块是单模模块还是多模模块，二者是有区别的。

（2）如果光衰过大，排除线路原因外，很有可能是光模块老化导致的，我们应该给予更换。注意，如果是单模光纤，那么两端都应该是单模模块；如果是多模光纤，那么两端都应该是多模模块。此外，还应注意收发的线序，不能冲突，可以借助光功率计测试。

（3）如果又排除了光模块的原因，那么就是网络设备出故障了，这时我们需要及时替换维修。可能出现的情况有以下几种。

① 设备不通电，有可能是电源模块损坏。

② 设备启动时间过长，正常运行时间短，经常宕机。

③ 设备所有指示灯同时闪烁不停。

前两种情况均是硬件故障，必须及时给予更换维修。对于情况③，一种原因是设备硬件短路；另一种原因是网络中存在环路，排查出环路原因即可解决。一般在高端一些的设备上，端口都可以设置防环路功能，可以避免此种情况的发生。

相关知识

1．相关网络设备

网络设备固化接口和网络设备扩展插槽如图 8-56 和图 8-57 所示。

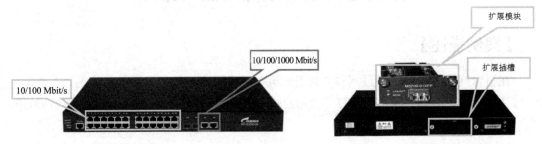

图 8-56　网络设备固化接口　　　　　图 8-57　网络设备扩展插槽

SFP（Small Formfactor Pluggable）接口及模块如图 8-58 所示。

传输标准：1000 Mbit/s，连接 Mini-GBIC 模块。

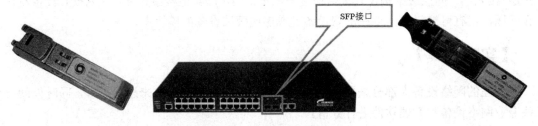

图 8-58　SFP 接口及模块

常用 Mini-GBIC 模块如图 8-59 所示。

模块型号	介质类型	传输距离	接口类型
Mini-GBIC-GT	双绞线	100 m	RJ-45
Mini-GBIC-SX	多模光纤	550 m	LC
Mini-GBIC-LX	多模光纤	550 m	LC
	单模光纤	10 km	LC
Mini-GBIC-ZX-50	单模光纤	50 km	LC
Mini-GBIC-ZX-80	单模光纤	80 km	LC

图 8-59　常用 Mini-GBIC 模块

2．以太网设备接口复用

接口复用是指在同一台设备中，某些不同类型的接口在同一时刻只能使用其中的一个，这样一来，可以提升设备接口的灵活性，降低用户成本，一般通过配置命令决定使用哪种接口。判断复用接口的方法是接口不同但编号一致，设备上的复用接口如图 8-60 所示。

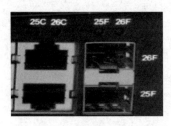

图 8-60　设备上的复用接口

3．网络设备硬件设计标准

标准尺寸的网络设备应满足：宽为 19 英寸，约为 48.26 cm；高为 1U 的倍数，1U 约为 4.445 cm；深未进行规定。

规范网络设备的尺寸，是为了使设备保持适当的尺寸以便放在机柜上。

一般网络设备的宽度都为 19 英寸，特殊需要除外。

4．模块化硬件设计

模块化硬件设计需要使用盒式设备和箱式设备，如图 8-61 所示。

优点如下。

（1）模块化设计能提升设备的灵活性与扩展性。

（2）模块化设计能方便地实现硬件冗余与更换。

类型如下。

（1）简单模块化。

中低端设备，采用"固化接口+扩展插槽"方式设计，一般盒式设备居多。

（2）全模块化。

高端设备，引擎（控制中心）、线卡（端口接入）、电源、风扇全模块化，一般箱式设备居多。

图 8-61　盒式设备和箱式设备

案例四　配置故障诊断与排除

【案例描述】

接到用户反映，不能正常上网，但从网络监控管理系统上看到设备连接正常，运行状态正常。

【案例分析】

能从网络监控管理系统上看到相关设备，说明线路是没有问题的，同时观察到设备的运行状态正常，说明设备本身硬件也没问题，那么还不能正常联网的话，就说明在设备配置上有问题了。

【实施方案】

根据分析结果，远程连接到相关设备进行配置，如果不能远程连接，则需要携带笔记本电脑及配置线等相关工具到现场进行调试。

【实施步骤】

（1）整理在项目实施时的初始配置文档。

（2）确定设备 IP 地址，采用远程连接的方式或 Web 登录的方式连接到设备上进行调试。

（3）如果设备不支持远程连接，或者由于种种原因，如忘记登录密码或密码被篡改等情况，那就携带笔记本电脑和配置线到现场进行调试。

（4）导入初始配置文档，分析相关命令，做好设备的安全防护工作。

相关知识

1. 通过 console 口登入交换机管理设备

因为交换机没有专门的输出屏幕，所以需要通过 console 线来连接配置，通过 console 口登录设备如图 8-62 所示。

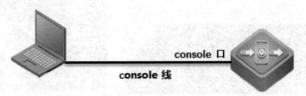

图 8-62　通过 console 口登录设备

配置要点如下。

① 需要准备一根专门的 console 线，如果不是台式计算机，那么一般没有 9 针接口，因此需要采购一根专用的 COM 口转 USB 口的线缆。

② 如果是 Windows 7 系统，则需要下载 SecureCRT 软件来登入设备。

③ 在软件设置波特率界面上需要将数据流控制功能关闭。

配置步骤如下。

（1）工具准备。

所需工具如图 8-63 所示。

带有超级终端和 COM 口的计算机，计算机上的 COM 口在机箱背面，显示器接口的旁边，上面有 9 根针。如果是没有 COM 口的笔记本电脑，则请自行购买 COM 口转 USB 口的线缆。

交换机的 console 口：设备前面面板上有一个接口，标注着"console"。

配置线：一头类似网线水晶头，为 RJ-45 接口；另一头比较大，上面有 9 个孔（DB9）。

配置线

COM 口转 USB 口的线缆

COM 口在机箱背面

COM 口

图 8-63　所需工具

（2）登录设备。

用配置线连接计算机的 COM 口和交换机的 console 口。

配置超级终端有两种方法。

方法一：用 Windows 系统自带的超级终端登录交换机。

通过计算机的设备管理器，查看当前激活可用的端口是哪个，假设是 COM1 口，如图 8-64 所示。

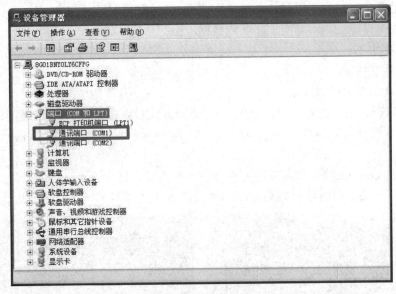

图 8-64　COM1 口

选择"开始"→"所有程序"→"附件"→"通讯"选项，打开其中的"超级终端"程序。如果是首次使用超级终端，则会出现"位置信息"对话框，如图 8-65 所示。

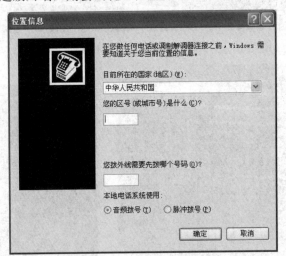

图 8-65　"位置信息"对话框

任意填入一个区号（如 099）后单击"确定"按钮，出现"电话和调制解调器选项"对话框，如图 8-66 所示。

再次单击"确定"按钮便打开了超级终端。名称任意填写，填写后单击"确定"按钮，如图 8-67 所示。

在"连接到"对话框中选择合适的 COM 口（注意，有些计算机可能会有多个 COM 口，要注意选择正确的 COM 口），单击"确定"按钮，如图 8-68 所示。

图 8-66 "电话和调制解调器选项"对话框

图 8-67 填写名称

图 8-68 选择合适的 COM 口

在"COM1 属性"对话框中单击"还原为默认值"按钮后，单击"确定"按钮，这时会打开"超级终端"配置窗口，窗口左上角可看到光标在闪烁。设备 COM1 口使用的每秒位数（波特率）是 9600 bit/s，数据流控制改为无，如图 8-69 所示。

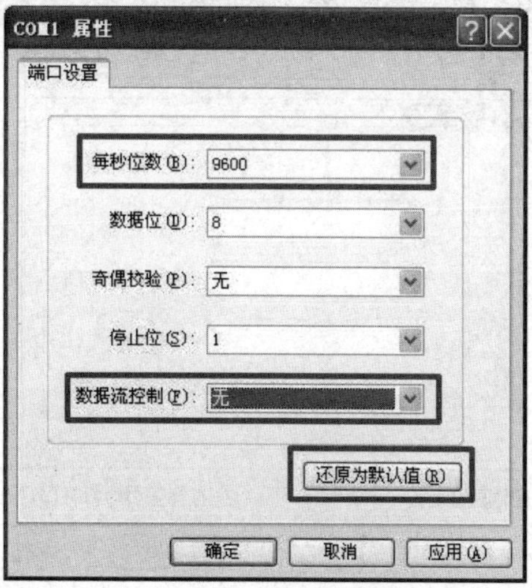

图 8-69 选择合适的参数

最终按下回车键，出现交换机的主机名提示，类似"主机名>"的字符，就表示连接成功了。

有时我们使用的系统不一定是 Windows 系统或是更高版本的 Windows 系统，找不到"超级终端"组件怎么办？那我们就可以运用第三方登录软件，这样往往会更加方便，在此我们以采用 SecureCRT 软件为例。

方法二：用 SecureCRT 软件登录交换机。

通过计算机的设备管理器，查看当前激活可用的端口是哪个，假设是 COM1，如图 8-70 所示。

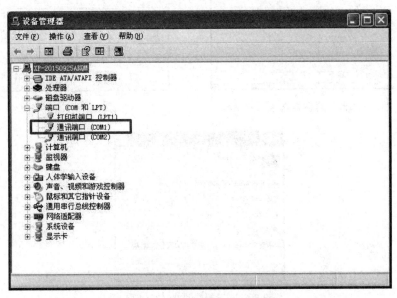

图 8-70　查看当前激活可用的端口

首先从网上下载一个 SecureCRT 软件，然后运行 SecureCRT.exe 程序。

单击图 8-71 菜单栏中的"快速连接"图标，打开 SecureCRT 软件。

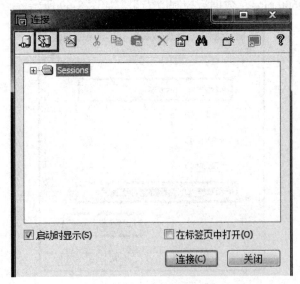

图 8-71　打开 SecureCRT 软件

设置相关参数,协议选择 Serial、端口选择 COM1、波特率设置为 9600 bit/s、RTS/CTS 取消勾选(关闭数据流控制功能),如图 8-72 所示。

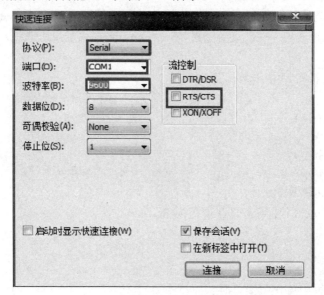

图 8-72　设置相关参数

单击图 8-72 中的"连接"按钮,交换机出现交换机的主机名提示字符,表示连接成功。

重要说明:如果没有字符提示,按下回车键没反应,那么可以尝试如下方法恢复。

① 检查超级终端的各项参数是否设置正确(特别关注 RTS/CTS、波特率)。

② 检查 console 口是否连接好,COM 口是否连接正确,可以尝试插拔一下。

③ 修改波特率为 57600 bit/s 或 115200 bit/s 再次尝试。

④ 重启交换机是否有重启日志提示、进行插拔交换机网线(确认是否为只有输出没有输入)等操作。

⑤ 更换 console 线,更换 USB 转串口线,更换计算机,更换超级终端软件。

⑥ 可以尝试连接其他交换机的 console 口,对比观察是否能正确连接。

2. 通过 telnet 功能远程登录管理设备

可以通过网络来实现 telnet 远程登录交换机,连接示意图如图 8-73 所示。

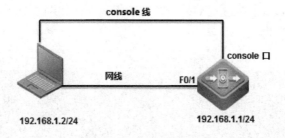

图 8-73　连接示意图

配置要点如下。

① 需要给交换机配置一个管理 IP 地址,如果 PC 地址与交换机不是同一个网段,则需要给交换机配置一个默认网关。

② 需要配置一个 enable 密码及 telnet 密码。

配置步骤（以锐捷设备为例）如下。

通过 console 线登录交换机，开启交换机的远程登录功能及配置 enable 密码。

（1）选择"日常维护"→"设备登录"→"console 方式登录"选项，配置 console 登录方式。

（2）配置交换机管理 IP 地址。

```
Ruijie>enable                              ------>进入特权模式
Ruijie#configure terminal                  ------>进入全局配置模式
Ruijie(config)#interface vlan 1            ------>进入 vlan 1 接口
Ruijie(config-if)#ip address 192.168.1.1 255.255.255.0 ------>为 vlan 1 接口配置管理 IP 地址
Ruijie(config-if)#exit                     ------>退回到全局配置模式
```

（3）配置 telnet 密码。

需求一：在 telnet 时使用密码登录交换机。

```
Ruijie(config)#line vty 0 4        ------>  进入 telnet 密码配置模式，0 4 表示共允许 5 个用户同时
telnet 登录交换机
Ruijie(config-line)#login          ------>启用需要输入密码才能 telnet 成功
Ruijie(config-line)#password ruijie        ------> 将 telnet 密码配置为 ruijie
Ruijie(config-line)#exit           ------>   回到全局配置模式
Ruijie(config)#enable password  ruijie     ------>配置进入特权模式的密码为 ruijie
Ruijie(config)#end                 ------>退出到特权模式
Ruijie#write                       ------>确认配置正确，保存配置
```

确认 telnet 配置是否正确的步骤如下。

① 单击左下角的"开始"菜单，在"运行"对话框中输入 cmd 命令，单击"确定"按钮，在弹出的 cmd 命令行中，输入 telnet 192.168.1.1 命令，如图 8-74 所示。

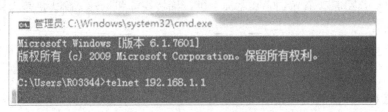

图 8-74　输入 telnet 192.168.1.1 命令

② 按下回车键后，输入"line vty 所配置的密码"，如图 8-75 所示，进入设备的用户模式，出现"Ruijie>"模式。

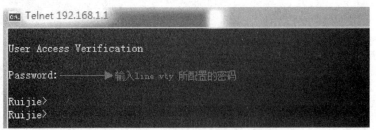

图 8-75　输入"line vty 所配置的密码"

③ 在"Ruijie>"模式下输入 enable 命令后，提示输入特权密码，输入正确的特权密码

后按下回车键，进入特权模式，如图 8-76 所示。

图 8-76　输入特权密码

需求二：在 telnet 时使用用户名及密码登录交换机。

```
Ruijie(config)#line vty 0 4            ------>进入 telnet 密码配置模式，0 4 表示共允许 5 个
用户同时 telnet 登录交换机
Ruijie(config-line)#login local        ------>在启用 telnet 功能时使用本地用户名和密码
Ruijie(config-line)#exit               ------>回到全局配置模式
Ruijie(config)#username admin password ruijie      ------>配置远程登入的用户名为 admin，密
码为 ruijie
Ruijie(config)#enable password  ruijie      ------>配置进入特权模式的密码为 ruijie
Ruijie(config)#end                     ------>退出到特权模式
Ruijie#write                           ------>确认配置正确，保存配置
```

确认 telnet 配置是否正确的步骤如下。

① 单击左下角的"开始"菜单，在"运行"对话框中输入 cmd 命令，单击"确定"按钮，在弹出的 cmd 命令行中，输入 telnet 192.168.1.1 命令，如图 8-77 所示。

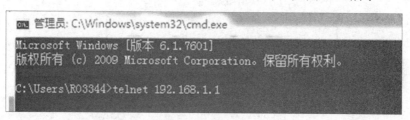

图 8-77　输入 telnet 192.168.1.1 命令

② 按下回车键后，提示输入用户名和密码，密码输入时隐藏不显示。输入正确的密码后按下回车键，进入设备的用户模式，出现"Ruijie>"模式，如图 8-78 所示。

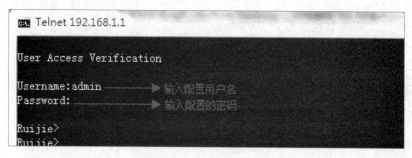

图 8-78　输入用户名和密码

③ 在"Ruijie>"模式下输入 enable 命令后，提示输入特权密码，输入正确的特权密码后按下回车键，进入特权模式，如图 8-79 所示。

图 8-79　输入特权密码

功能验证如图 8-80 所示。

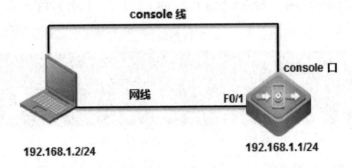

图 8-80　功能验证

在图 8-80 中，有两个用户登录交换机，一个是通过 console 线登录的，另一个是通过 telnet 登录的，登录用户的 IP 地址是 192.168.1.2。

3．通过 Web 管理功能远程管理设备

交换机的 Web 管理功能配置成功后，可以通过 Web 远程访问交换机，连接示意图如图 8-81 所示。

console 线

console 口

网线　**F0/1**

192.168.1.2/24　**192.168.1.1/24**

图 8-81　连接示意图

配置要点如下。

① 需要开启 Web 功能（打开 Web 服务）。

② Web 登录的密码默认是 enable 密码，用户名可以任意设置或使用特定用户名和密码登录。

③ 如果计算机与交换机不在同一个网段，则需要设置交换机的默认网关。

4．通过 SSH 功能远程管理设备

配置要点如下。

① 需要开启 SSH 功能。

② 需要手工生成密钥。

③ 如果计算机与交换机不在同一个网段，则需要设置交换机的默认网关。

案例五 网络抓包分析工具的使用

随着网络日益深入，互联网已经成为人们获取信息的一个重要手段，但是网络中并不纯净，网络中的各种病毒、攻击经常会造成网络中断，但存在病毒源的计算机关机后网络又恢复正常，因此查找网络故障十分复杂和困难。根据感觉和经验已经不能迅速地处理问题了，必须使用相应的工具进行判断、处理。在处理过程中，我们使用网络抓包软件进行分析，以迅速准确地处理局域网故障。

【案例描述】

（1）用户局域网使用 DHCP 进行地址分配，上网一段时间后，网络就中断；手工指定地址后，使用一段时间网络便中断。

（2）有时网络上午可用，下午不可用。

【案例分析】

网络时断时续的原因较多，主要有以下几种。

（1）病毒影响，网络中的计算机感染病毒后不断发出大量的报文，交换机 CPU 使用率过高导致网络中断，带病毒的计算机关机后，网络又恢复正常。

（2）路由器、交换机运行不稳定造成。

（3）接入的线路质量较差导致光电转换器或宽带调制解调器频繁"握手"。

【实施方案】

（1）对线路进行检查，看是否有接触不良的现象。

（2）对设备进行检查，看是否存在故障。

（3）利用抓包分析软件进行分析，看是否存在异常情况。

【实施步骤】

在客户端对光路、光电转换器、DHCP 服务器检查均没有发现问题，怀疑有病毒存在，于是使用便携机连入用户的交换机进行抓包分析。在数据包采集的过程中，发现网络中 ARP 报文数量大大超过了其他正常报文的数量，在 90%以上，而且增长较快。随后对报文进行了分析，发现有两台计算机一直在发送 ARP 报文，对每台计算机都进行发送，导致了网络中断。

因为用户网络是由 4 台交换机级联后，再连到路由器上的，所以将 4 台交换机的级联线断开，分别在每台交换机上进行抓包分析，结果在第二台交换机和第三台交换机上发现了发送 ARP 报文的计算机，将该计算机从网络中移除后，再进行抓包分析，网络就恢复了正常。

相关知识

1．网络分析软件概述

自从网络出现以来，网络故障就没有停止过。如何快速、准确地定位故障和保持网络的稳定运行一直是人们追求的目标。为了分析网络故障的原因，一类专业的网络分析软件便产生了。网络分析软件充当了网络程序错误的检修工具，开发人员使用它发现协议开发中的 Bug，很多人使用它监听网络数据，网络分析软件同时是检查安全类软件的辅助工具。

2．网络分析软件发展

第一阶段是抓包和解码阶段。早期的网络规模比较小、结构比较简单，因此网络分析软件主要把网络上的数据包抓下来，进行解码，以此来帮助协议设计人员分析软件通信的故障。

第二阶段是专家分析阶段。网络分析软件通过抓下来的数据包，根据其特征和前后时间戳的关系，来判断网络的数据流有没有问题，是哪一层的问题，问题有多严重。专家分析系统不仅局限于解码，更重要的是帮助维护人员分析网络故障，给出建议和解决方案。

第三阶段是把网络分析软件发展成网络管理工具的阶段。网络分析软件作为网络管理工具，部署在网络中心，能长期监控和主动管理网络，并能排除潜在问题。

3．常用网络分析软件的比较

（1）Wireshark。

Wireshark 是一款高效免费的网络抓包分析工具。它可以捕获并描述网线当中的数据，如同使用万用表测量电压一样直观地显示出来。在网络分析软件领域，大多数软件要么晦涩难懂，要么价格昂贵，Wireshark 改变了这样的局面，其最大的特点就是免费、开源和多平台支持。

Wireshark 几乎可以运行于所有流行的操作平台，如 Windows、MacOS、Linux、FreeBSD、HP-UX、NetBSD、Solaris/i386、Solaris/sparc 等。尽管 Wireshark 可以在很多操作平台上使用，但它支持的传输介质主要是 Ethernet。只有在 Linux 平台上，Wireshark 支持 IEEE 802.11 及 Token Ring、FDDI 和 ATM。

Wireshark 能够对大部分局域网协议进行解析，具有界面简单、操作方便、实时显示捕获数据的优点。但 Wireshark 不具有分析功能，当一个网络发生异常的时候，Wireshark 只会记录数据，它仅是一款测量工具，并不能操作网络，不能发送数据包或做其他的主动动作。

（2）Sniffer。

NAI 的网络分析工具 Sniffer 长期以来是网络分析软件的王牌。Sniffer 有长期积累的经验，但是存在长期延续旧体系而导致的问题。Sniffer 具有很强的专业分析能力，但是它一直延续 DOS、Windows 1995 时期的元素和较早期的技术，因此只能在 Windows 平台上使用。Sniffer 具有简单的往外发包的功能，同时有几个辅助测试小工具，如 ping、finger、trace、dns lookup 等。

Sniffer 具有三大主要功能：① 协议解析（Decode）；② 网络活动监视（Monitor）；

③专家分析系统（Expert）。

Sniffer 和 Wireshark 一样可以用来解析网络协议，而且支持的协议从局域网扩展到了广域网，对无线网络也有一定的支持。Sniffer 的协议解析非常详尽，对协议的描述很有层次感。尽管 Sniffer 的协议解析能力很强，但是它不能实时显示捕获的数据包，这一点在协议开发人员用来查找问题时可能带来不便。

Sniffer 的协议解析功能可以用来学习各种协议，查找网络故障。但实际上很多问题并不像故障那么明显，如网络慢或丢包，单靠协议解析是很难发现的。这时候 Sniffer 的网络活动监视功能可以直接看到网络的当前运行状况，一旦网络出现问题，就可以很快发现。Sniffer 用直观的图形实时显示网络的流量、会话、协议、包的大小、错误等信息。

Sniffer 的专家分析系统功能是它最看重的功能，也是它最为出色的功能。Sniffer 的专家分析系统在后台工作，一旦有触发条件产生，便产生相应的动作，并通过视听信号通知用户。

通过专家分析系统，Sniffer 能够帮助我们评估网络的性能，如网络的使用率、网络性能的趋势、网络中哪些应用消耗较多带宽、哪些用户消耗较多带宽、不同协议的流量状况等。

通过专家分析系统，Sniffer 也可以帮助我们评估业务运行状态，如各个应用的响应时间、一个操作需要的时间、应用带宽的消耗、应用的行为特征、应用性能的瓶颈等。

通过专家分析系统，Sniffer 还可以快速地发现异常流量和网络攻击，这就为我们尽早采取措施提供了帮助。Sniffer 能够帮助我们进行流量的趋势分析，通过长期监控，发现网络流量的发展趋势，为网络改造升级提供建议和依据。

（3）OmniPeek。

OmniPeek 是网络分析软件的后起之秀，因为它在设计时大量采用了 Windows XP 及 Windows 2000 的元素和比较流行的软件设计技术，并且更加注重网络软件的要求，面向国际化，支持多语言，所以 OmniPeek 在使用上更为简洁方便和人性化，支持更多新的技术和应用。由于使用了新技术，OmniPeek 有了很多的 Plugin，能方便地扩展功能。与 Sniffer 一样，OmniPeek 除能发送一些简单的数据包外，同样具备了三大功能：① 协议解析（Decode）；② 网络活动监视（Monitor）；③ 专家分析系统（Expert）。

OmniPeek 能很好地支持无线网络，提供丰富的无线网卡混杂抓包模式的驱动程序，是无线协议解析的利器。OmniPeek 对千兆网络也有很好的支持，无论是协议解析，还是网络活动监视，都有很好的表现。

与 Sniffer 不同的是，OmniPeek 更重视视觉形象（Visualize），它的很多操作都用图形化方式来完成。OmniPeek 侧重于整体现象的分析，以"流（TCP/UDP 通信对）"作为对象来研究，分析结果易于理解，大大提高了效率。OmniPeek 的专家分析系统就是基于"流"来分析的，对会话的整体分析效果较好，但在具体细节处略有不足。

OmniPeek 集成了分布式专家（DNX）系统功能，它提供的 Engine 可以部署在网络的各个部分。分布式专家分析系统通过一个控制台来控制多个 Engine 获取整个网络的状况，控制台操作界面与普通的网络分析界面是一样的。通过 OmniPeek 的分布式专家分析系统，我们可以将监控拓展到控制台无法直接到达的地方，可以更全面地了解网络的运行情况。

Wireshark 是典型的网络抓包工具，主要具备第一代网络分析软件的特点。随着软件的不断更新，Wireshark 具有了一点简单的图形化的监视功能。Wireshark 解析的协议主要是局域网协议，支持的介质主要是 Ethernet，功能比较单一，但是效率比较高。Wireshark 没有网络状态分析功能，对网络问题不能提供参考意见。

Sniffer 的功能涵盖了协议解析、网络活动监视和智能管理几个部分。Sniffer 的协议解析很详尽，尤其对广域网协议的解析非常全面，但扩展性不是很强，对新协议的支持更新较慢。Sniffer 的网络活动监视功能很强大，可以监视流量、带宽、协议、应用响应时间、会话主机等信息，并且以图形化的形式显示出来。Sniffer 的专家分析功能非常细致，严格按照协议进行分层，每个细节都有考虑。另外，Sniffer 对网络异常状况进行了分级，我们可以很容易地找到相应的问题。

OmniPeek 的功能和 Sniffer 大致相同，也涵盖了协议解析、网络活动监视和智能管理几个部分。OmniPeek 在协议解析上没有 Sniffer 支持的协议多，但对无线和语音的解析功能要比 Sniffer 强。OmniPeek 的专家分析功能没有 Sniffer 细致，也没有 Sniffer 强大。

通过对比，我们发现 Wireshark 是一款小巧、开源且几乎能在所有流行操作系统下使用的抓包工具软件，很适合一般人员学习网络协议使用，也是协议开发人员验证协议的好工具。由于 Wireshark 存在缓存溢出的 Bug，建议不要将它用于分析流量很大的百兆网络，也不要用于分析千兆网络。

Sniffer 具有超强的专家分析能力，并且价格昂贵，使用它来抓包分析协议有些浪费。对于大型的安全性和稳定性要求很高的网络，使用 Sniffer 的专家分析系统和预告功能是个不错的选择。Sniffer 还有一些 Report 选件和分布式硬件可供选择，配合使用可以组成一个完善的安全监视系统，这样的花费还是值得的。

OmniPeek 代表一股新生力量，它对无线网络、语音等技术都有很好的支持。OmniPeek 可以使用很多的 Plugin，因此能很快适应新出现的业务和应用。OmniPeek 适用于网络不是很大的、应用经常更新的环境。无线环境和千兆环境也可以选择 OmniPeek。

下面以 Wireshark 为例介绍抓包分析软件的使用。

Wireshark 是世界上流行的网络分析工具。这款强大的工具可以捕获网络中的数据，并为用户提供关于网络和上层协议的各种信息。与很多其他网络工具一样，Wireshark 也使用 pcap network library 来进行封包捕获。

下载 Wireshark。百度搜索 Wireshark 的官方主页，我们可以下载 Wireshark 的安装文件，在这里我们既可以下载到最新发布的版本软件安装文件，又可以下载到以前发布的旧版本软件安装文件。Wireshark 支持多个操作系统，在下载安装文件的时候注意选择与自己计算机的操作系统匹配的安装文件。下面的介绍我们以 Windows 10 系统为例。

安装步骤如下。

第一步：选择组件（Choose Components），如图 8-82 所示。

Wireshark——GUI 网络分析工具。

TShark ——命令行的网络分析工具。

Plugins & Extensions（Wireshark、TShark 分析引擎）如下。

- Dissector Plugins——分析插件，带有扩展分析功能的插件。
- Tree Statistics Plugins——树状统计插件，统计工具扩展插件。
- Mate - Meta Analysis and Tracing Engine（Experimental）——可配置的显示过滤引擎。
- SNMP MIBs——SNMP MIBs 的详细分析插件。

Tools——工具（处理捕获文件的附加命令行工具）。

- Editcap 是一个读取捕获文件的程序，还可以将一个捕获文件的部分或所有信息写入另一个捕获文件。
- Tex2pcap 是一个读取 ASCII Hex，写入数据到 Libpcap 文件的程序。
- Mergecap 是一个可以将多个捕获文件合并为一个的程序。
- Capinfos 是一个显示捕获文件信息的程序。
- Documentation 是用户手册（本地安装的用户手册）。如果不安装 Documentation，那么帮助菜单的大部分按钮的功能可能就是访问互联网。

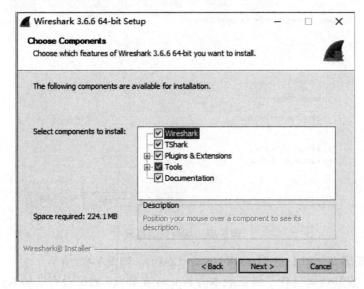

图 8-82　选择组件

第二步：选择附加任务（Additional Tasks），如图 8-83 所示。

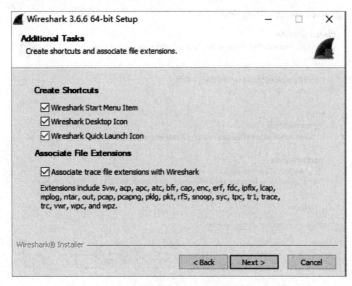

图 8-83　选择附加任务

Wireshark Start Menu Item：增加一些快捷方式到开始菜单中。

Wireshark Desktop Icon：增加 Wireshark 图标到桌面上。

Wireshark Quick Launch Icon：增加 Wireshark 图标到快速启动工具栏中。

Associate trace file extensions with Wireshark：将捕获包以默认打开方式关联到 Wireshark。

第三步：选择安装目录（Choose Install Location），如图 8-84 所示。

默认安装路径为 C 盘，用户可以根据自己的需求更改默认安装路径。

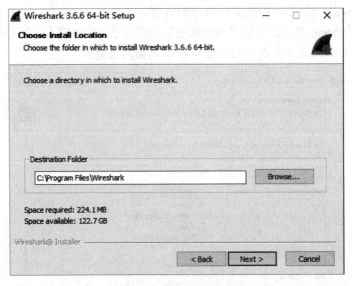

图 8-84　选择安装目录

第四步：安装 Npcap 1.60（Install Npcap 1.60），如图 8-85 所示。

Wireshark 安装包里包含了最新版本的 Npcap 安装包。如果没有安装 Npcap，那么将无法捕获网络流量，但是仍然可以打开已保存的捕获包文件。

当一切都配置完成后，单击"安装"按钮等待完成安装即可。

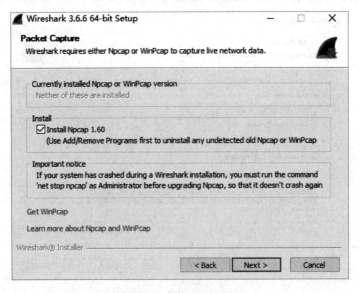

图 8-85　安装 Npcap 1.60

上面介绍了 Wireshark 软件的安装与使用方法，下面我们以捕获本机 CNTV 网络电视流量为例说明一下 Wireshark 的具体使用过程。

第一步：打开 Wireshark，会出现 Wireshark 开始界面，如图 8-86 所示。

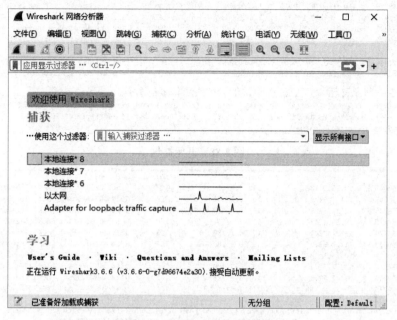

图 8-86　Wireshark 开始界面

第二步：依次执行菜单栏中的"捕获"→"选项"命令，弹出"Wireshark·捕获选项"对话框，如图 8-87 所示。

图 8-87　"Wireshark·捕获选项"对话框

第三步：从"接口"对话框中可以看到有 4 个接口，1 个为本地网卡接口，另外 3 个为虚拟机接口。我们要抓取本地流量，所以选择本地网卡接口，单击对应的"开始"按钮，开始抓包，如图 8-88 所示。

第四步：打开 CNTV 网络电视，选择节目进行播放。可以看到 Wireshark 抓包界面不断更新封包列表，如图 8-89 所示。

第五步：依次执行菜单栏中的"捕获"→"停止"命令，停止抓包，如图 8-90 所示。

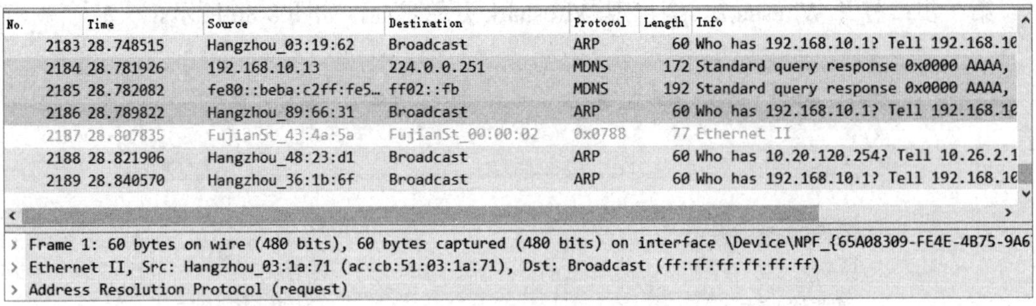

No.	Time	Source	Destination	Protocol	Length	Info
2183	28.748515	Hangzhou_03:19:62	Broadcast	ARP	60	Who has 192.168.10.1? Tell 192.168.10
2184	28.781926	192.168.10.13	224.0.0.251	MDNS	172	Standard query response 0x0000 AAAA,
2185	28.782082	fe80::beba:c2ff:fe5…	ff02::fb	MDNS	192	Standard query response 0x0000 AAAA,
2186	28.789822	Hangzhou_89:66:31	Broadcast	ARP	60	Who has 192.168.10.1? Tell 192.168.10
2187	28.807835	FujianSt_43:4a:5a	FujianSt_00:00:02	0x0788	77	Ethernet II
2188	28.821906	Hangzhou_48:23:d1	Broadcast	ARP	60	Who has 10.20.120.254? Tell 10.26.2.1
2189	28.840570	Hangzhou_36:1b:6f	Broadcast	ARP	60	Who has 192.168.10.1? Tell 192.168.10

> Frame 1: 60 bytes on wire (480 bits), 60 bytes captured (480 bits) on interface \Device\NPF_{65A08309-FE4E-4B75-9A6
> Ethernet II, Src: Hangzhou_03:1a:71 (ac:cb:51:03:1a:71), Dst: Broadcast (ff:ff:ff:ff:ff:ff)
> Address Resolution Protocol (request)

图 8-88　开始抓包

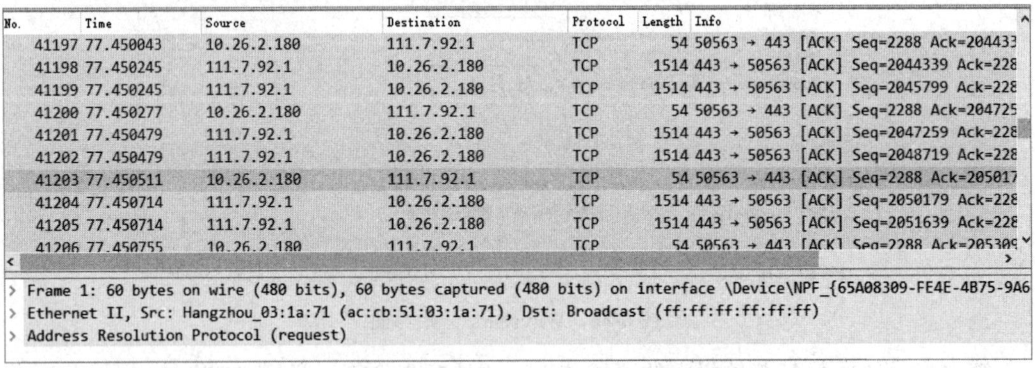

No.	Time	Source	Destination	Protocol	Length	Info
41197	77.450043	10.26.2.180	111.7.92.1	TCP	54	50563 → 443 [ACK] Seq=2288 Ack=204433
41198	77.450245	111.7.92.1	10.26.2.180	TCP	1514	443 → 50563 [ACK] Seq=2044339 Ack=228
41199	77.450245	111.7.92.1	10.26.2.180	TCP	1514	443 → 50563 [ACK] Seq=2045799 Ack=228
41200	77.450277	10.26.2.180	111.7.92.1	TCP	54	50563 → 443 [ACK] Seq=2288 Ack=204725
41201	77.450479	111.7.92.1	10.26.2.180	TCP	1514	443 → 50563 [ACK] Seq=2047259 Ack=228
41202	77.450479	111.7.92.1	10.26.2.180	TCP	1514	443 → 50563 [ACK] Seq=2048719 Ack=228
41203	77.450511	10.26.2.180	111.7.92.1	TCP	54	50563 → 443 [ACK] Seq=2288 Ack=205017
41204	77.450714	111.7.92.1	10.26.2.180	TCP	1514	443 → 50563 [ACK] Seq=2050179 Ack=228
41205	77.450714	111.7.92.1	10.26.2.180	TCP	1514	443 → 50563 [ACK] Seq=2051639 Ack=228
41206	77.450755	10.26.2.180	111.7.92.1	TCP	54	50563 → 443 [ACK] Seq=2288 Ack=205309

> Frame 1: 60 bytes on wire (480 bits), 60 bytes captured (480 bits) on interface \Device\NPF_{65A08309-FE4E-4B75-9A6
> Ethernet II, Src: Hangzhou_03:1a:71 (ac:cb:51:03:1a:71), Dst: Broadcast (ff:ff:ff:ff:ff:ff)
> Address Resolution Protocol (request)

图 8-89　Wireshark 抓包界面不断更新封包列表

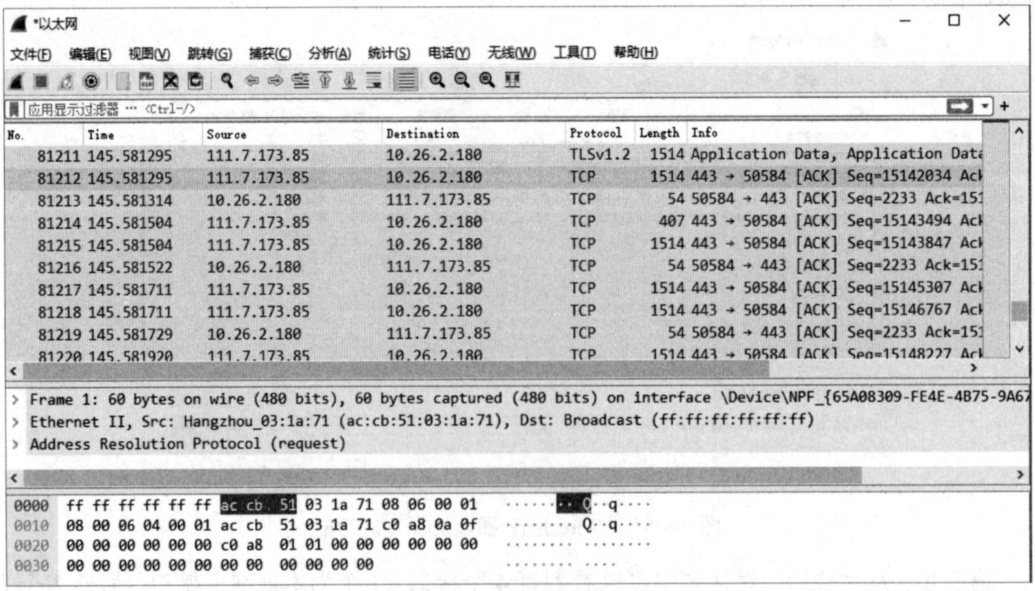

```
*以太网                                                                      —    □    ×
文件(F)  编辑(E)  视图(V)  跳转(G)  捕获(C)  分析(A)  统计(S)  电话(Y)  无线(W)  工具(T)  帮助(H)
```

No.	Time	Source	Destination	Protocol	Length	Info
81211	145.581295	111.7.173.85	10.26.2.180	TLSv1.2	1514	Application Data, Application Data
81212	145.581295	111.7.173.85	10.26.2.180	TCP	1514	443 → 50584 [ACK] Seq=15142034 Ack
81213	145.581314	10.26.2.180	111.7.173.85	TCP	54	50584 → 443 [ACK] Seq=2233 Ack=151
81214	145.581504	111.7.173.85	10.26.2.180	TCP	407	443 → 50584 [ACK] Seq=15143494 Ack
81215	145.581504	111.7.173.85	10.26.2.180	TCP	1514	443 → 50584 [ACK] Seq=15143847 Ack
81216	145.581522	10.26.2.180	111.7.173.85	TCP	54	50584 → 443 [ACK] Seq=2233 Ack=151
81217	145.581711	111.7.173.85	10.26.2.180	TCP	1514	443 → 50584 [ACK] Seq=15145307 Ack
81218	145.581711	111.7.173.85	10.26.2.180	TCP	1514	443 → 50584 [ACK] Seq=15146767 Ack
81219	145.581729	10.26.2.180	111.7.173.85	TCP	54	50584 → 443 [ACK] Seq=2233 Ack=151
81220	145.581920	111.7.173.85	10.26.2.180	TCP	1514	443 → 50584 [ACK] Seq=15148227 Ack

> Frame 1: 60 bytes on wire (480 bits), 60 bytes captured (480 bits) on interface \Device\NPF_{65A08309-FE4E-4B75-9A67
> Ethernet II, Src: Hangzhou_03:1a:71 (ac:cb:51:03:1a:71), Dst: Broadcast (ff:ff:ff:ff:ff:ff)
> Address Resolution Protocol (request)

```
0000  ff ff ff ff ff ff ac cb  51 03 1a 71 08 06 00 01   ········ Q··q····
0010  08 00 06 04 00 01 ac cb  51 03 1a 71 c0 a8 0a 0f   ········ Q··q····
0020  00 00 00 00 00 00 c0 a8  01 01 00 00 00 00 00 00   ················
0030  00 00 00 00 00 00 00 00  00 00 00 00               ············
```

图 8-90　停止抓包

第六步：保存当前捕获包。选择保存文件的路径及文件名，保存类型如果没有特殊需求默认选择 pcapng，单击"保存"按钮即完成一个本地 CNTV 流量包的保存，如图 8-91 所示。

4．网络管理与维护新趋势

（1）网络管理系统的应用现状及存在的问题。

对于当前的计算机网络管理系统而言，国外某些发达国家已拥有较为成熟的产品且这些产品得到了广泛的应用，如惠普公司的 OpenView、SunSoft 公司的 NetManager 等。从当前国内的网络管理系统发展情况看，尽管在全球信息化的冲击下，其得到了一定的发展，也出现了很多产品，但是由于存在一定的缺陷性和不规范性，无法进行大范围的普及，仅在一些国家行业（邮电、行政单位等）和企业有所使用。存在问题主要集中体现在：第一，信息资源无法

图 8-91　保存当前捕获包

得到有效反馈；第二，缺乏一定的创新性；第三，系统稳定性存在一定的缺陷；第四，能力范围太狭小。

（2）改善网络管理系统现状的建议。

第一，应以我国现有实际情况为基点，强化网络管理系统的能力，进而研发出符合我国实际情况的应用平台；第二，为保证网络管理系统拥有良好的运行环境，拥有更高的输出效能，在加大研发的投入和力度的同时，应加大对技术人员的培训，让其具备相应的技术技能，进而保证网络管理系统的运行质量；第三，应积极学习国外的先进经验，有条件的单位可以聘请国外专业人员进行相应的技术指导；第四，在研发时应融入多元化思维模式，因为当前的网络环境日趋复杂，若仍采用传统方式，即使研究出相应的产品，也无法满足当前的市场需求；第五，政府部门应构建良好的研发环境，对于研发机构应给予一定的物质和经济支持，同时应优化研发的市场环境；第六，应遵循当前的发展趋势，对于研发机构而言，应深入分析当前的市场环境，按照发展趋势进行相应的研发。

（3）网络管理系统的发展趋势。

从当前的计算机网络管理系统的发展可以看出，其趋向于多元化，如应用领域的研发。传统的计算机网络管理系统主要为各类网络产品和设备提供相应的服务，并运用 SNMP 技术管理和控制相应的网络设备，其工作的主要中心为各类网络设备。然而，随着网络技术的快速发展，计算机网络所包含的功能得到了扩展，这就有了更严格的网络要求。例如，现下的实时音频数据需要时间因素的支撑，然而在带宽的限制下，没有相应的数据传输效能。为满足新的网络需求，应优化网络资源配置，提升管理效能，对相应的数据进行合理的优化，进而达到高效传输的目的。上述因素的存在影响了计算机网络管理系统的应用层面，让其向网络应用层面发展。经归纳总结，网络管理系统主要有以下两个发展趋势。

① 网络管理系统的分布式发展趋势。

分布式发展是为了解决不同平台的数据交换问题。因为每个平台的数据兼容性存在一定差异，所以在进行数据交换时，可能会出现数据异常问题。例如，CORBA 平台的原理为

通过管理网络平台中的"域"来实现对平台的管理，通俗地讲就是通过"域"下达相应的指令，管理平台中的应用程序，进而协调各个进程的数据交换问题。这样的管理模式能在一定程度上提升数据的传输效率，提升服务器的效能，从而达到便捷管理的目的。在当前的分布式网络管理研发环境中，具有两个研发方向，第一个为 CORBA 方向，第二个为移动代理方向。前者还处于研发的过程，而后者的研发也尚未成功。至于这两者何时能成功地运用到计算机管理系统中，还是一个未知数。因此，在今后的计算机网络管理系统应用过程中，可以通过搭建集中分布式的模型进行计算机网络管理，也就是通过网络基站对网络数据进行管理。在网络数据采集方面，对于带宽和内存有相当高的要求，可以通过分布式模型获取。具体的实现方法是基站拥有分发相关代码的职能，当在网络层级中发现网关时，可以通过分发的相关代码进行子网信息采集。这种方式能够降低基站的网络负担并优化网络传输效率。

② 网络管理系统的综合化发展趋势。

综合化发展是当前较为流行的一种发展趋势，能进一步提升网络管理系统的性能。想实现这一目标就要赋予网络管理系统相应的权限，如数据分析、数据处理、数据定位、服务内容等。在社会高速发展的背景下，若没有对网络管理系统进行优化，不仅会出现各类系统问题，还有可能给用户带来严重的损害。基于此，各类网络管理系统被研发出来。例如，针对 IP 网络的系统、针对 SDH 网络的管理系统，尽管这些系统具有明确的分工，但是由于其某些特性的相似性，因此无法排除一个系统存在多个网络管理系统同时运作的情况，而这些情况都会使得网络管理系统的运行环境更加拥堵，甚至有可能造成系统崩溃。以网络电视为例，因为其所涵盖的范围较广，包含设备维护、环境监测、设备供电、干线传输等，所以要想将这些因素全部纳入一个统一的系统中进行管理是无法实现的。基于此，相应的研发机构提出了网络管理综合化的应用模式，主要原理是运用一个集成系统，其最上层为单一的控制系统，中间层为各个管理系统，底层基于不同管理的特性进行区分，为其划定特定的运行区域。研发机构发现，网络系统的综合化管理可以通过两种方式实现：第一种方式是在原有的管理系统基础上，进行各个系统的融合，近而构建完善的综合管理系统；第二种方式是根据目标需求，直接构建相应的系统体系。

本章小结

本章主要结合相关网络管理软件的使用方法和技巧，对网络管理中常见的线路故障、设备故障、配置故障进行了逐一的讲解。通过本章的学习，学生在以后的生活和学习中可以增强网络管理的技能，提高对局域网网络的维护能力，为具备相应的网络工程实践能力打下良好的基础。

实训项目

1. 安装 Cacti。
2. 利用 Wireshark 抓包工具捕获并分析数据包。